Python语言科研绘图与学术图表绘制

关东升◎编著

内 容 提 要

本书系统介绍了使用Python语言进行数据处理、分析和科研绘图的相关知识和技能。

全书共11章，第1章讲解Python基础，第2章讲解数据处理与分析，第3章讲解科研绘图与学术图表绘制库，第4章讲解绘制单变量图形，第5章讲解绘制双变量图形，第6章讲解绘制多变量图形，第7章讲解绘制其他2D图形，第8章讲解绘制3D图形，第9章讲解地理信息可视化，第10章讲解数据学术报告和学术论文，第11章讲解实战训练营。

本书包含大量实例，内容由浅入深，循序渐进，既可作为Python与数据科学相关技能的教材，也可作为研究人员的实用手册，尤其适合需要绘制高质量科研图表的研究人员和在读研究生。

图书在版编目(CIP)数据

Python语言科研绘图与学术图表绘制从入门到精通 / 关东升编著. — 北京：北京大学出版社，2024.4

ISBN 978-7-301-34962-5

Ⅰ. ①P… Ⅱ. ①关… Ⅲ. ①软件工具 – 程序设计 Ⅳ. ①TP311.561

中国国家版本馆CIP数据核字（2024）第067215号

书　　名　Python语言科研绘图与学术图表绘制从入门到精通
Python YUYAN KEYAN HUITU YU XUESHU TUBIAO HUIZHI CONG RUMEN DAO JINGTONG

著作责任者　关东升　编著

责 任 编 辑　刘　云　刘　倩

标 准 书 号　ISBN 978-7-301-34962-5

出 版 发 行　北京大学出版社

地　　址　北京市海淀区成府路205号　100871

网　　址　http://www.pup.cn　新浪微博: @ 北京大学出版社

电 子 邮 箱　编辑部 pup7@pup.cn　总编室 zpup@pup.cn

电　　话　邮购部 010-62752015　发行部 010-62750672　编辑部 010-62570390

印 刷 者　北京宏伟双华印刷有限公司

经 销 者　新华书店

787毫米×1092毫米　16开本　17.25印张　415千字

2024年4月第1版　2024年4月第1次印刷

印　　数　1–3000册

定　　价　109.00元

随着数据科学和人工智能技术的发展，Python语言已成为科研工作尤其是数据处理和可视化的重要工具。然而，大多数科研人员缺乏使用Python绘制高质量学术图表的知识和经验。本书提供了系统、专业、实用的Python科研绘图教程，正好供有需要的读者使用。

本书内容涵盖使用Python进行数据处理分析、学术图表绘制的方方面面。在介绍 Python语言基础知识后，详细介绍了NumPy、Pandas、Matplotlib、Seaborn等重要库和工具的用法。接着深入探讨了各类图表的绘制方法，从简单的单变量图表到复杂的多变量图表、地理信息图表以及3D图表。本书特别将注意力放在科研中常用图表类型的绘制，每种图表都配有具体实际数据的示例。最后还介绍了撰写学术报告以及发表研究成果的相关内容。

谁需要这本书?

这本书适合以下类型的读者：

- 学术界的研究人员和教育工作者；
- 硕士研究生和博士研究生；
- 科研机构和实验室的科学家；
- 工程师和技术人员；
- 数据分析师和数据科学家；
- 政府部门的政策制定者；
- 企业领域的专业人员。

配套资源及服务

本书附赠全书案例源代码及相关软件工具等资源，读者可扫描下方左侧二维码关注“博雅读书社”微信公众号，输入本书 77 页的资源下载码，即可获得本书的下载学习资源。

本书提供答疑服务，可扫描下方右侧二维码留言“北大科技绘图”，即可进入学习交流群。

感谢

感谢所有参与本书内容编写和知识分享的Python社区成员。你们丰富的经验和技能，使本书的内容更加实用和优质。没有你们的无私奉献，这本书就不会有今天的成果。

最后，衷心祝愿每一位读者在学习和使用本书后，能够在科研工作尤其是数据分析和学术绘图方面取得进步和成果。希望本书可以成为您分析科研数据和提高学术图表质量的有效工具。

目录

第 1 章 Python 基础 1

第 2 章 数据处理与分析 39

第 11 章 实战训练营 241

附录 科研论文中图表的绘制与配色 259

01 第1章 Python基础

Python是一种强大且流行的编程语言，广泛应用于科学研究、数据分析、机器学习、Web开发等领域。本章将介绍Python的基础知识。

1.1 Python语言简介

Python是一种高级编程语言，以其简洁、易读的语法和强大的功能而闻名。以下是有关Python语言的一些重要信息。

1.1.1 Python的应用领域

Python是一种高级语言，它不能直接访问硬件，也不能编译为本地代码运行。此外，Python几乎可以做任何事情。下面是Python语言主要的应用领域。

（1）桌面应用开发。Python语言可以开发传统的桌面应用程序，Tkinter、PyQt、PySide、wxPython和PyGTK等Python库可以快速开发桌面应用程序。

（2）Web应用开发。Python也经常被用于Web开发。有很多网站是基于Python Web开发的，如豆瓣、知乎和Dropbox等。有很多成熟的Python Web框架，如Django、Flask、Tornado 、Bottle和web2py等，可以帮助开发人员快速开发Web应用。

（3）自动化运维。Python可以编写服务器运维自动化脚本。很多服务器采用Linux和UNIX系统，以前很多运维人员编写系统管理Shell脚本实现运维工作。而现在使用Python编写系统管理，在可读性、性能、代码可重用性、可扩展性等方面都优于普通Shell脚本。

（4）科学计算。Python语言广泛地应用于科学计算，NumPy、SciPy和Pandas是优秀的数值计算和科学计算库。

（5）数据可视化。Python语言也可以将复杂的数据通过图表展示出来，便于数据分析。Matplotlib库是优秀的可视化库。

（6）网络爬虫。Python语言很早就被用来编写网络爬虫。谷歌等搜索引擎公司大量地使用Python语言编写网络爬虫。Python语言有很多这方面的工具，如urllib、Selenium和BeautifulSoup等，还有网络爬虫框架Scrapy。

（7）人工智能。Python广泛应用于深度学习、机器学习和自然语言处理等方向。由于Python语言的动态特点，很多人工智能框架是采用Python语言实现的。

（8）大数据。大数据分析中涉及的分布式计算、数据可视化、数据库操作等，Python中都有成熟库可以完成这些工作。Hadoop和Spark都可以直接使用Python编写计算逻辑。

（9）游戏开发。Python可以直接调用Open GL实现3D绘制，这是高性能游戏引擎的技术基础。有很多Python语言实现的游戏引擎，如Pygame、Pyglet和Cocos2d等。

1.1.2 Python的特点

Python语言能够流行起来，并长久不衰，得益于它的很多特点，其特点如下。

（1）简单易学。Python的语法简单易懂，代码可读性高，非常适合初学者。它使你能够专注于解决问题，而不是过多关注语言本身。

（2）面向对象。与C++和Java相比，Python以一种非常强大又简单的方式实现面向对象编程。

（3）解释性。Python是解释执行的，即Python程序不需要编译成二进制代码，可以直接从源代码运行程序。在计算机内部，Python解释器把源代码转换为中间字节码形式，再把它解释为计算机使用的机器语言并执行。

（4）免费开源。Python是免费开放源代码软件。简单说，你可以阅读它的源代码、对它做改动、把它的一部分用于新的软件中。

（5）可移植性。Python解释器已经被移植在许多平台上，Python程序无需修改就可以在多个平台上运行。

（6）胶水语言。Python被称为胶水语言，所谓胶水语言是用来连接其他语言编写的软件组件或模块。Python能够称为胶水语言是因为标准版本Python是用C编译的，称为CPython。所以Python可以调用C语言，借助C接口，Python可以驱动所有已知的软件。

（7）丰富的库。Python标准库（官方提供的）种类繁多，它可以帮助处理各种工作，这些库不需要安装可以直接使用。除了标准库以外，还有许多高质量的库可以使用。

（8）规范的代码。Python采用强制缩进的方式使得代码具有极佳的可读性。

（9）支持函数式编程。虽然Python并不是一种单纯的函数式编程，但是也提供了函数式编程的支持，如函数类型、Lambda表达式、高阶函数和匿名函数等。

（10）动态类型。Python是动态类型语言，它不会检查数据类型，在变量声明时不需要指定数据类型。

1.2 Python环境搭建

在开始学习Python技术之前，先了解如何搭建Python开发环境是非常重要的。

1.2.1 安装Python

安装Python的步骤根据操作系统的不同而有所不同。

在Windows平台安装Python，首先需要下载Python，如图1-1所示，读者可以到Python官网，单击Download Python 3.11.5按钮下载Python安装文件。

Python安装文件下载完成后，双击该文件开始安装。在安装过程中，会弹出如图1-2所示的内容选择对话框，选中复选框Add python.exe to PATH，将Python的安装路径添加到环境变量PATH中，这样就可以在任何文件夹下使用Python命令了。选择Customize installation可以自定义安装；选择Install Now则会进行默认安装。

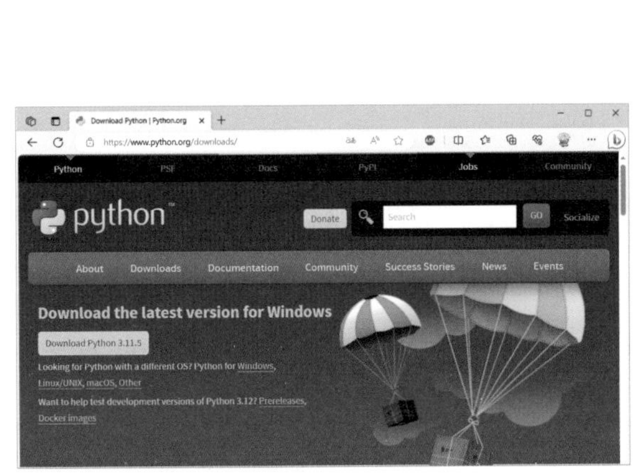

图1-1　下载Python

图1-2　安装内容选择对话框

1.2.2 IDE工具

选择合适的集成开发环境（IDE）是Python开发的关键之一，它可以提供代码编辑、调试、项目管理等功能，使开发过程更加高效。以下是一些常用的IDE工具，读者可以根据需求和喜好选择一个适合自己的。

（1）PyCharm：它是一款由JetBrains开发的强大Python IDE。它提供了全面的代码编辑、调试和项目管理功能，支持代码自动完成、重构、单元测试等。PyCharm专业版还具有更多高级功能，如集成的科学计算和数据分析工具。

（2）Visual Studio Code：它是一个轻量级、跨平台的文本编辑器，支持多种编程语言，包括Python。它具有丰富的插件生态系统，可以通过安装插件来扩展其功能，如Python扩展和Jupyter扩展，使其适用于量化交易策略开发。

（3）Jupyter Notebook / JupyterLab：Jupyter Notebook 和 JupyterLab 是基于 Web 的交互式开发环境，可以在其中编写和运行 Python 代码，并且能够将代码、可视化内容和文档组合在一起。它们特别适用于探索性数据分析、快速原型开发和可视化量化交易策略。

（4）Spyder：Python 是专为科学计算和数据分析而设计的 Python IDE。它提供了丰富的功能，如代码编辑器、变量查看器、对象检查器等，适用于量化交易策略的开发和调试。

这些 IDE 工具都有自己的特点和优势，笔者推荐使用 Jupyter Notebook 工具。此外，还有一些 Python IDE，如 Sublime Text、Atom 等，读者也可以根据个人需求进行配置和扩展，用于数据分析和绘图等。

1.2.3 安装 Jupyter Notebook

可以使用 pip 工具安装 Jupyter Notebook。

pip 是 Python 的包管理器，用于安装、升级和卸载 Python 包。以下是一些常用的 pip 指令。

（1）安装包。

```
pip install package_name
```

这将从 Python Package Index（PyPI）下载并安装指定名称的包。

（2）安装指定版本的包。

```
pip install package_name==version
```

使用 == 运算符可以安装指定版本的包。

（3）升级包。

```
pip install --upgrade package_name
```

这将检查已安装的包的最新版本，并进行升级。

（4）卸载包。

```
pip uninstall package_name
```

这将从系统中卸载指定名称的包。

（5）列出已安装的包。

```
pip list
```

这将列出当前 Python 环境中已安装的所有包及其版本。

（6）搜索包。

```
pip search search_term
```

这将在 PyPI 中搜索与指定搜索词相关的包。

（7）查看包的详细信息。

```
pip show package_name
```

这将显示指定包的详细信息，包括版本、作者和依赖关系等。

这些常用的pip指令可以帮助我们管理Python包和依赖项。我们可以在命令行中运行这些指令，确保已正确设置Python环境和pip命令的路径。

使用pip在命令行中安装Jupyter Notebook的过程如图1-3所示。

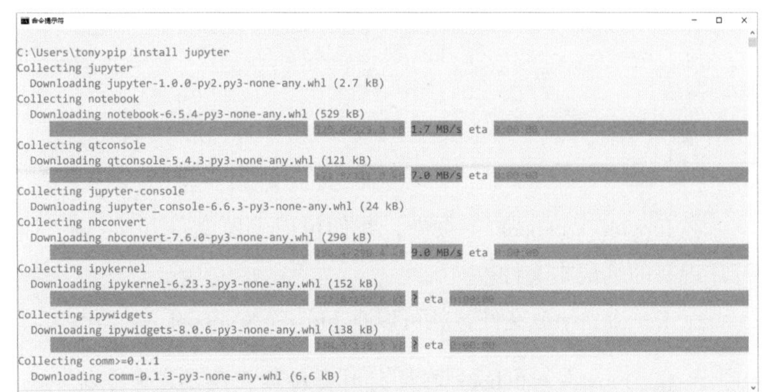

图 1-3　使用pip在命令行中安装Jupyter Notebook的过程

1.2.4 启动Jupyter Notebook

使用Jupyter Notebook工具时，首先需要启动它，我们可以按照以下步骤进行操作。

步骤一 打开终端（在macOS和Linux系统）或命令提示符（在Windows系统）。

步骤二 在终端或命令提示符中输入以下命令并按下“Enter”键。

```
jupyter notebook
```

这将启动Jupyter Notebook服务器，并在默认的Web浏览器中打开如图1-4所示的Jupyter Notebook的主页。

如果默认浏览器没有自动打开，终端或命令提示符中会显示一个网址，如图1-5所示，我们可以将该网址复制并粘贴到自己喜欢的浏览器中。

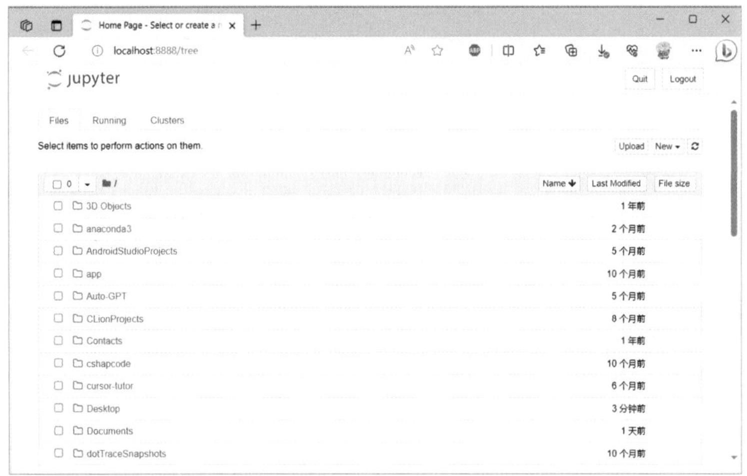

图 1-4　Jupyter Notebook的主页

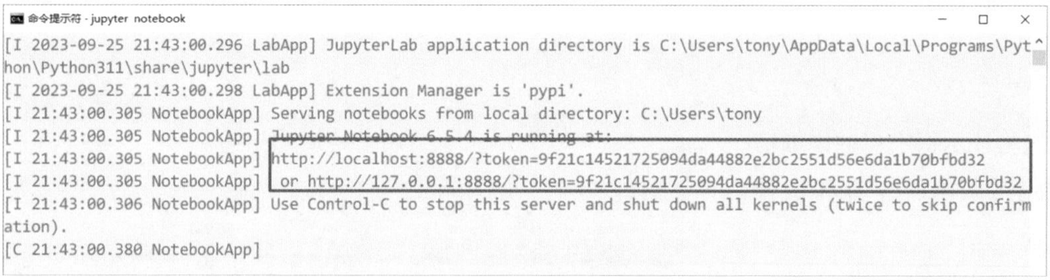

```
命令提示符 - jupyter notebook
[I 2023-09-25 21:43:00.296 LabApp] JupyterLab application directory is C:\Users\tony\AppData\Local\Programs\Pyt
hon\Python311\share\jupyter\lab
[I 2023-09-25 21:43:00.298 LabApp] Extension Manager is 'pypi'.
[I 21:43:00.305 NotebookApp] Serving notebooks from local directory: C:\Users\tony
[I 21:43:00.305 NotebookApp] Jupyter Notebook 6.5.4 is running at:
[I 21:43:00.305 NotebookApp] http://localhost:8888/?token=9f21c14521725094da44882e2bc2551d56e6da1b70bfbd32
[I 21:43:00.305 NotebookApp]  or http://127.0.0.1:8888/?token=9f21c14521725094da44882e2bc2551d56e6da1b70bfbd32
[I 21:43:00.306 NotebookApp] Use Control-C to stop this server and shut down all kernels (twice to skip confirm
ation).
[C 21:43:00.380 NotebookApp]
```

图 1-5　Jupyter Notebook 的主页网址

在Jupyter Notebook 主页中，我们可以浏览文件和文件夹，新建Python笔记本文件(.ipynb)或打开现有的笔记本文件。

点击一个.ipynb 文件，就可以在Jupyter Notebook 中打开它，然后开始编写和执行代码。

提示 ⚠ Jupyter Notebook 在运行时会持续在终端或命令提示符中显示输出和日志信息。如果你关闭了终端或命令提示符窗口，Jupyter Notebook 服务器也会停止运行。

另外，在默认情况下启动 Jupyter Notebook后，对应的目录是当前用户目录，如果想进入特定路径，可以在jupyter notebook指令的后面跟特定目录，指令如下所示。

```
jupyter notebook D:\code
```

1.3 第一个Python程序

“Hello World!”程序通常是我们在学习编程语言时的第一个示例程序，它用来展示一个基本的输出语句，并且可以验证编程环境是否正确配置。

Python程序可以通过以下两种方式来运行。

(1)通过交互式运行。

(2)通过脚本文件运行。

读者可以根据自己的需求和代码的复杂性，选择适合的方式来运行Python程序。交互式解释器运行适用于快速测试和交互式开发，而脚本文件运行适用于执行完整的程序或可重复运行的脚本。

1.3.1 使用Jupyter Notebook编写和运行第一个Python程序

Jupyter Notebook是一种交互运行IDE工具，用它来编写 Python 程序非常简单。以下是在 Jupyter Notebook 中编写第一个 Python 程序的基本步骤。

步骤一 启动 Jupyter Notebook：按照前面提到的步骤，在终端或命令提示符中输入 jupyter notebook 指令，启动 Jupyter Notebook 服务器，并在浏览器中打开 Jupyter Notebook 主页。

步骤二 创建一个新的笔记本：在 Jupyter Notebook 主页中，单击右上角的“New”(新建)按钮，然后选择“Python 3”(或其他可用的内核)来创建一个新的Python笔记本，如图 1-6所示。

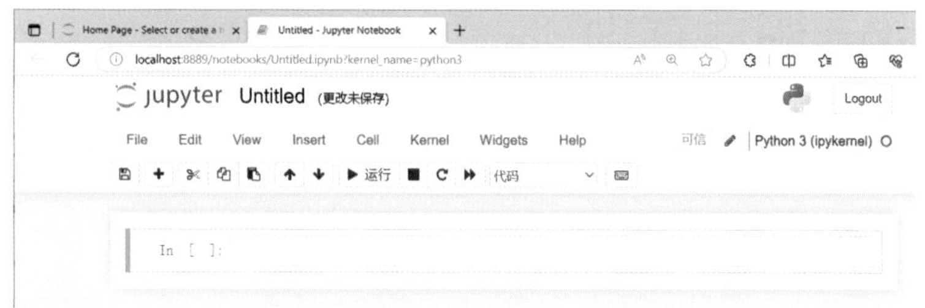

图1-6　创建一个新的Python笔记本

步骤三 在笔记本中编写代码：在新创建的笔记本中，我们将看到一个空的代码单元格。单击该单元格，然后开始编写Python代码，如图1-7所示。

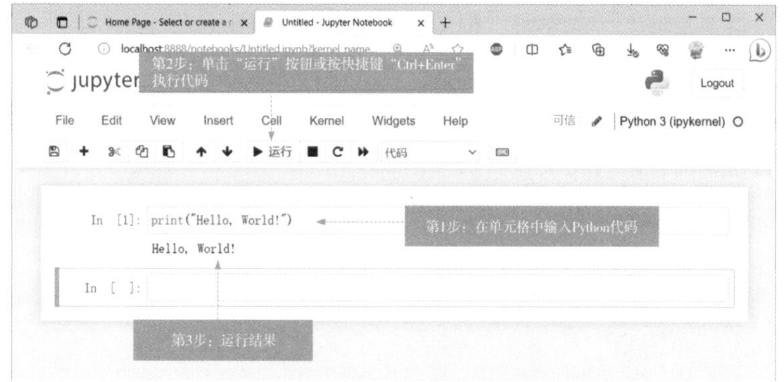

图1-7　编写和运行Python程序代码

1.3.2 编写脚本文件运行第一个Python程序

首先，使用文本编辑工具编写如下程序代码。

```
print("Hello, World!")
```

笔者使用Windows系统的"记事本"应用程序编写Python程序，如图1-8所示。

然后保存文件为"hello.py"，"hello.py"就是脚本文件了。可以通过在命令行终端中输入"python hello.py"来执行脚本文件，如图1-9所示。

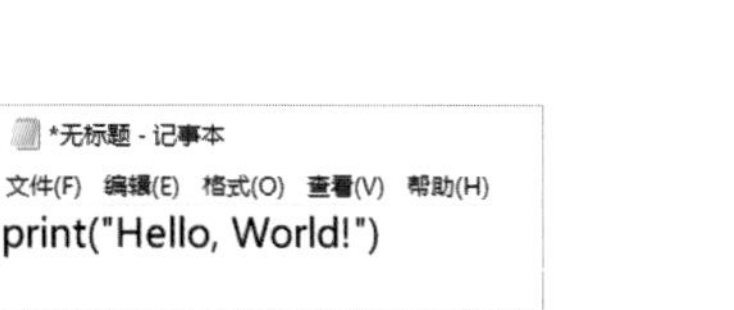

图1-8　使用"记事本"应用程序编写程序

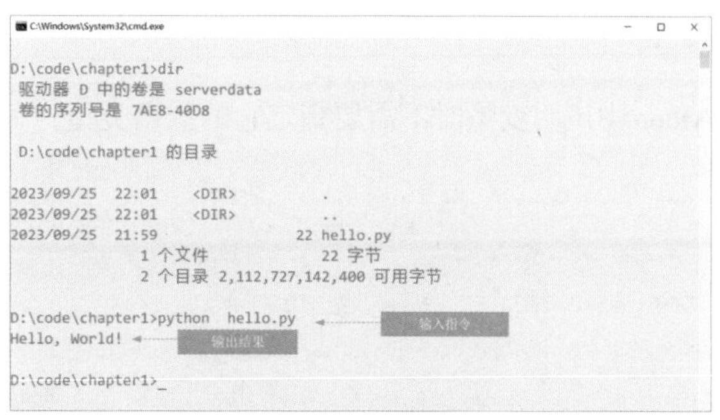

图1-9　运行Python脚本文件

1.4 Python语法基础

本节主要介绍Python中一些最基础的语法，包括标识符、关键字、变量声明、语句、代码块和模块等内容。

1.4.1 标识符

标识符就是变量、常量、函数、属性、类、模块和包等由程序员指定的名字。构成标识符的字符均有一定的规范，Python语言中标识符的命名规则如下：

- 区分大小写，Myname与myname是两个不同的标识符；
- 首字符可以是下画线“_”或字母，但不能是数字；
- 除首字符外的其他字符，可以是下画线“_”、字母和数字；
- 关键字不能作为标识符；
- 不能使用Python内置函数作为自己的标识符。

例如，identifier、userName、User_Name、_sys_val等为合法的标识符，而2mail、room#、$Name和class为非法的标识符，“#”和“$”不能构成标识符。

1.4.2 关键字

关键字是类似于标识符的保留字符序列，是由语言本身定义好的。Python语言中的关键字有33个，其中只有3个关键字的首字母要大写，即False、None和True，其他关键字的首字母全部小写。具体内容如表1-1所示。

表1-1 Python关键字

Python中的33个关键字										
False	def	if	raise	None	del	import	return	True	elif	in
try	and	else	is	while	as	except	lambda	with	assert	finally
nonlocal	yield	break	for	not	class	from	or	continue	global	pass

1.4.3 变量声明

在Python中声明变量时不需要指定它的数据类型，只要给一个标识符赋值就声明了变量，示例代码如下。

```
_hello = "HelloWorld"          ①
score_for_student = 0.0        ②
y = 20                         ③
y = True                       ④
```

代码解释如下。

代码第①～③行分别声明了三个变量，这些变量声明不需要指定数据类型，你赋给它什么数值，它就是该类型的变量了。

代码第④行是给y变量赋布尔值True，虽然y已经保存了整数类型20，但它也可以接收其他类型数据。

1.4.4 语句

Python代码是由关键字、标识符、表达式和语句等内容构成的，语句是代码的重要组成部分。在Python语言中，一行代码表示一条语句，语句结束可以加分号，也可以省略分号，示例代码如下。

```
_hello = "HelloWorld"
score_for_student = 0.0;  # 没有错误发生            ①
y = 20

name1 = "张三";name2 = "李四"                      ②
# 链式赋值语句
a = b = c = 10                                     ③
```

代码解释如下。

代码第①行在语句结束时使用了分号，但是实际编程时通常省略分号。

代码第②行有两条语句，但这样编写代码是不规范的，Python官方推荐一行代码只有一条语句。

代码第③行采用链式赋值语句，同时将“10”赋值给a、b、c三个变量。

1.4.5 代码块

if、for和while等语句中包含了多条代码，这些代码会放在一个代码块中。Python语言中的代码块与C和Java等语言中的差别很大，Python是通过缩进来界定代码块的，示例代码如下。

```
_hello = "HelloWorld"
score_for_student = 10.0
y = 20
if y > 10:
    print(y)                                       ①
    print(score_for_student)                       ②
else:
    print(y * 10)                                  ③
print(_hello)                                      ④
```

代码解释如下。

代码第①行和第②行是同一个缩进级别，它们在相同的代码块中。

代码第③行和第④行不在同一个缩进级别中，它们在不同的代码块中。

提示 ⚠ 一个缩进级别一般是一个制表符（Tab）或4个空格，考虑到不同的编辑器制表符显示的宽度不同，大部分编程语言规范推荐使用4个空格作为一个缩进级别。

1.4.6 模块

Python中一个模块就是一个“.py”文件，模块是保存代码的最小单位，模块中可以声明变量、常量、函数、属性和类等Python程序元素。一个模块可以访问另外一个模块中的程序元素。

下面通过示例介绍如何创建和使用模块。首先在“*.ipynb”（Jupyter Notebook文件）的同级当前目录下使用记事本等文本编辑工具创建一个module1.py文件，并编辑module1.py文件，示例代码如下。

```
# coding: utf-8                ①
y = True                       ②
z = 10.10                      ③
```

代码解释如下。

上述代码第①行是一个注释行，用于指定脚本文件的编码格式。在这个例子中，它指定使用UTF-8编码来处理脚本文件中的字符。

其他代码不再赘述。

那么如何在Jupyter Notebook代码文件中使用module1模块呢？可以使用import语句导入module1模块，示例代码如下。

```
import module1                                 ①
from module1 import z                          ②
y = 20
print(y)  # 访问当前模块变量 y                  ③
print(module1.y)  # 访问 module1 模块变量 y     ④
print(z)  # 访问 module1 模块变量 z             ⑤
```

代码解释如下。

代码第①行使用import<模块名>方式导入模块所有代码元素（包括变量、函数、类等）。访问代码元素时需要加“模块名.”，如代码第④行中的“module1.y”，其中“module1”是模块名，“y”是模块“module1”中的变量。

代码第②行使用from<模块名>import<代码元素>方式指定模块中特定的代码元素。

代码第③行访问当前模块变量y。

代码第⑤行访问module1模块变量z。需要注意，当z变量在当前模块中也存在时，z不能导入，即z是当前模块中的变量。

在Jupyter Notebook中执行上述代码，结果如图1-10所示。

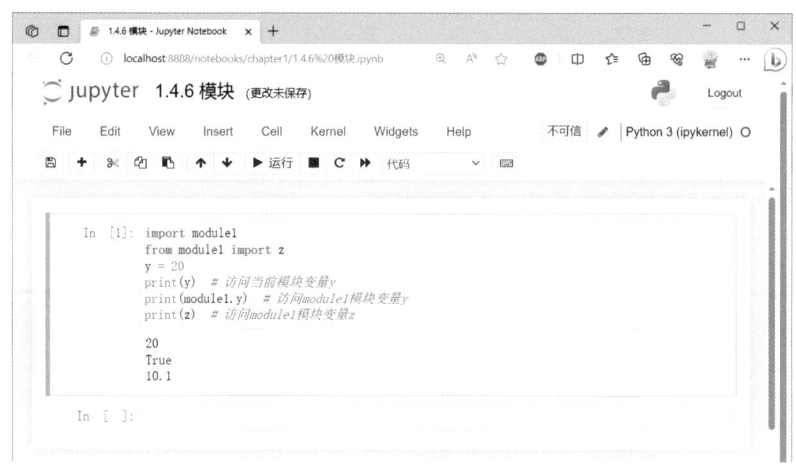

图1-10 执行代码的结果

1.5 数据类型与运算符

数据类型与运算符是构成Python表达式的重要组成部分。本节我们将介绍Python中的数据类型和运算符。

1.5.1 数据类型

Python有6种标准数据类型：数字、字符串、列表、元组、集合和字典，其中列表、元组、集合和字典可以保存多项数据，它们每一个都是一种数据结构。

数字类型有4种：整数类型、浮点类型、复数类型和布尔类型。需要注意的是，布尔类型也是数字类型，它事实上是整数类型的一种，本节先介绍数字类型。

1. 整数类型

Python中的整数类型表示为int，整数类型的范围可以很大，表示很大的整数，这只受所在计算机硬件的限制。

2. 浮点类型

Python中的浮点类型表示为float，主要用来储存小数数值。Python只支持双精度浮点类型，而且与本机相关。浮点类型可以用小数表示，也可以用科学记数法表示，在科学记数法中会使用大写或小写的e表示10的指数，如e2表示10^2。

3. 复数类型

复数在数学中是非常重要的概念，无论是在理论物理学，还是在电气工程实践中都经常使用。但是很多计算机语言都不支持复数，而Python是支持复数的，这使得Python能够很好地用来进行科学计算。

4. 布尔类型

Python中的布尔类型表示为bool，bool是int的子类，它只有两个值：True和False。注意：任何类型的数据都可以通过bool()函数转换为布尔值，那些被认为"没有的""空的"值会转换为False，反之转换为True。如None（空对象）、False、0、0.0、0j（复数）、''（空字符串）、[]（空列表）、()（空元组）和{}（空字典）这些数值会转换为False，否则是True。

示例代码如下。

```
# coding=utf-8

# 整数表示
int1 = 28                          ①
int2 = 0b11100                     ②
int3 = 0O34                        ③
int4 = 0o34                        ④
int5 = 0x1C                        ⑤
int6 = 0X1C                        ⑥

print('int1 = ', int1)
print('int2 = ', int2)
print('int3 = ', int3)
print('int4 = ', int4)
print('int5 = ', int5)
print('int6 = ', int6)

# 浮点数表示
f1 = 1.0
f2 = 3.36e2                        ⑦
f3 = 1.56e-2
print('f1 = ', f1)
print('f2 = ', f2)
print('f3 = ', f3)

# 复数表示
complex1 = 1 + 2j                  ⑧
complex2 = complex1 + (1 + 2j)

print('complex1 = ', complex1)
print('complex2 = ', complex2)

# 测试 bool 函数
print('(bool(0) = ', (bool(0)))       # 0 转换为 False              ⑨
```

```
print('(bool(1) = ', (bool(1)))          # 1 转换为 True
print("(bool('') = ", (bool('')))        # 空字符串转 '' 转换为 False
print("(bool(' ') = ", (bool(' ')))      # 空格字符串 ' ' 转换为 True
print('(bool([]) = ', (bool([])))        # 空列表 ([] 转换为 False          ⑩
```

示例代码运行后，输出结果如下。

```
int1 =  28
int2 =  28
int3 =  28
int4 =  28
int5 =  28
int6 =  28
f1 =  1.0
f2 =  336.0
f3 =  0.0156
complex1 =  (1+2j)
complex2 =  (2+4j)
(bool(0) =  False
(bool(1) =  True
(bool('') =  False
(bool(' ') =  True
(bool([]) =  False
```

代码解释如下。

- 代码第①至⑥行都是整数值28的表示方式。
- 代码第②行是二进制28的表示方式，其前缀是0b或0B。
- 代码第③和④行是八进制28的表示方式，其前缀是0o 或0O。
- 代码第⑤和⑥行是十六进制28的表示方式，其前缀是0x或0X。
- 代码第⑦行是使用科学记数法表示浮点数。
- 代码第⑧行是使用复数表示。
- 代码第⑨至⑩行是使用bool函数将数值转换为布尔类型数据。

1.5.2 运算符

运算符(也称操作符)，包括算术运算符、关系运算符、逻辑运算符、赋值运算符和其他运算符。下面我们重点介绍算术运算符、关系运算符、逻辑运算符和赋值运算符。

1. 算术运算符

Python中的算术运算符有7种，具体说明如表1-2所示。

表1-2　算术运算符

运算符	名称	例子	说明
+	加	a + b	两个对象相加，或是其他类型数据的连接
-	减	a - b	两个对象相减
*	乘	a * b	两个对象相乘，或是返回一个重复若干次的其他类型数据
/	除	a / b	两个对象相除，结果为浮点数（小数）
%	取余	a % b	返回两个对象相除的余数
**	幂	a ** b	返回乘方结果
//	整除	a // b	两个对象相除，结果为向下取整的整数

2. 关系运算符

关系运算是比较两个表达式大小关系的运算，它的结果是布尔类型数据，即True或False。关系运算符有6种：==、!=、>、<、>=和<=，具体说明如表1-3所示。

表1-3　关系运算符

运算符	名称	例子	说明
==	等于	a == b	a等于b时返回True，否则返回False
!=	不等于	a != b	与==相反
>	大于	a > b	a大于b时返回True，否则返回False
<	小于	a < b	a小于b时返回True，否则返回False
>=	大于等于	a >= b	a大于或等于b时返回True，否则返回False
<=	小于等于	a <= b	a小于或等于b时返回True，否则返回False

3. 逻辑运算符

逻辑运算符对布尔型变量进行运算，其结果也是布尔型，具体说明如表1-4所示。

表1-4　逻辑运算符

运算符	名称	例子	说明
not	逻辑非	not a	a为True时，值为False，a为False时，值为True
and	逻辑与	a and b	a、b全为True时，计算结果为True，否则为False
or	逻辑或	a or b	a、b全为False时，计算结果为False，否则为True

4. 赋值运算符

赋值运算符只是一种简写，一般用于变量自身的变化。Python的赋值运算符有8种，具体说明如表1-5所示。

表1-5　赋值运算符

运算符	名称	例子	说明
=	常规赋值	a = 10	将运算结果10赋值给变量a

续表

运算符	名称	例子	说明
+=	加赋值	a += b	等价于 a = a + b
-=	减赋值	a -= b	等价于 a = a - b
*=	乘赋值	a *= b	等价于 a = a * b
/=	除赋值	a /= b	等价于 a = a / b
%=	取余赋值	a %= b	等价于 a = a % b
**=	幂赋值	a **= b	等价于 a = a ** b
//=	取整赋值	a //= b	等价于 a = a // b

示例代码如下。

```
print('2 * 3 = ', 2 * 3)
print('3 / 2 = ', 3 / 2)
print('3 % 2 = ', 3 % 2)
print('3 // 2 = ', 3 // 2)
print(' -3 // 2 = ', -3 // 2)

a = 10
b = 9

print('a > b = ', a > b)
print('a < b = ', a < b)
print('a >= b = ', a >= b)
print('a <= b = ', a <= b)
print('1.0 == 1 = ', 1.0 == 1)
print('1.0 != 1 = ', 1.0 != 1)

i = 0
a = 10
b = 9

if a > b or i == 1:
    print(" 或运算为 真 ")
else:
    print(" 或运算为 假 ")

if a < b and i == 1:
    print(" 与运算为 真 ")
else:
    print(" 与运算为 假 ")
```

```
a = 1
b = 2

a += b  # 相当于a = a + b

print("a + b =", a)  # 输出结果 3

a += b + 3  # 相当于 a = a + b + 3

print("a + b + 3 =", a)  # 输出结果 8

a -= b  # 相当于a = a - b
print("a - b =", a)  # 输出结果 6

a *= b  # 相当于a = a * b
print("a * b =", a)  # 输出结果 12

a /= b  # 相当于a = a / b
print("a / b =", a)  # 输出结果 6.0

a %= b  # 相当于a = a % b
print("a % b =", a)  # 输出结果 0.0
```

示例代码运行后，输出结果如下。

```
2 * 3 =  6
3 / 2 =  1.5
3 % 2 =  1
3 // 2 =  1
 -3 // 2 =  -2
a > b =  True
a < b =  False
a >= b =  True
a <= b =  False
1.0 == 1 =  True
1.0 != 1 =  False
或运算为 真
与运算为 假
a + b = 3
a + b + 3 = 8
a - b = 6
a * b = 12
```

```
a / b = 6.0
a % b = 0.0
```

1.6 控制语句

程序设计中的控制语句有三种，即顺序、分支和循环语句。Python程序通过控制语句来管理程序流，完成一定的任务。程序流是由若干个语句组成的，语句既可以是一条单一的语句，也可以是复合语句。Python中的控制语句有以下3类。

- 分支语句：if。
- 循环语句：while和for。
- 跳转语句：break、continue和return。

1.6.1 分支语句

Python中的分支语句只有if语句。if语句有if结构、if…else…结构和if…elif…else…结构三种。

1. if结构

如果条件计算为True时就执行语句组，否则就执行if结构后面的语句，语法结构如下。

```
if 条件 :
    语句组
```

if结构示例代码如下。

```
score = 95

if score >= 85:
    print(" 您真优秀！ ")

if score < 60:
    print(" 您需要加倍努力！ ")

if (score >= 60) and (score < 85):
    print(" 您的成绩还可以，仍需继续努力！ ")
```

示例代码运行后，输出结果如下。

```
您真优秀！
```

2. if…else…结构

几乎所有的计算机语言都有if…else…结构，而且结构的格式基本相同，语法结构如下。

```
if 条件 :
```

```
    语句组 1
else :
    语句组 2
```

当程序执行到if语句时，先判断条件，如果值为True，则执行语句组1，然后跳过else语句及语句组2，继续执行后面的语句。如果条件为False，则忽略语句组1而直接执行语句组2，然后继续执行后面的语句。

if…else…结构示例代码如下。

```
score = 95
if score >= 60:
    print(" 及格 ")
else:
    print(" 不及格 ")
```

示例代码运行后，输出结果如下。

```
及格
```

3. if…elif…else…语法结构

if…elif…else…语法结构如下。

```
if 条件 1 :
    语句组 1
elif 条件 2 :
    语句组 2
elif 条件 3 :
    语句组 3
...
elif 条件 n :
    语句组 n
else :
    语句组 n+1
```

可以看出，if…elif…else…结构实际上是if…else…结构的多层嵌套，它明显的特点就是在多个分支中只执行一个语句组，而其他分支都不执行，所以这种结构可以用于有多种判断结果的分支中。

if…elif…else…结构示例代码如下。

```
score = 95
if score >= 90:
    grade = 'A'
elif score >= 80:
    grade = 'B'
elif score >= 70:
```

```
    grade = 'C'
elif score >= 60:
    grade = 'D'
else:
    grade = 'F'

print("Grade = " + grade)
```

示例代码运行后，输出结果如下。

```
Grade = A
```

1.6.2 循环语句

循环语句能够使程序代码重复执行。Python 支持 while 和 for 两种循环类型。

1. while 循环

while 循环是一种先判断的循环结构，语法结构如下。

```
while 循环条件 :
    语句组
[else:
    语句组 ]
```

while 循环没有初始化语句，循环次数是不可知的。只要循环条件满足，循环就会一直执行循环体。while 循环中可以带有 else 语句。

示例代码如下。

```
i = 0

while i * i < 100000:
    i += 1

print("i = ", i)
print("i * i =", (i * i))
```

示例代码运行后，输出结果如下。

```
i = 317
i * i = 100489
```

2. for 循环

for 循环是应用最广泛、功能最强的一种循环语句。Python 语言中没有 C 语言风格的 for 语句，它的 for 语句相等于 Java 中的增强 for 循环语句，只用于序列，序列包括字符串、列表和元组。

for 循环的语法结构如下。

```
for 迭代变量 in 序列 :
    语句组
[else:
    语句组 ]
```

“序列”表示所有的实现序列的类型都可以使用for循环。“迭代变量”是从序列中迭代取出的元素。for循环中也可以带有else语句。

示例代码如下。

```
print("---- 范围 -------")
for num in range(1, 10):  # 使用范围                          ①
    print("{0} x {0} = {1}".format(num, num * num))          ②
print("---- 字符串 -------")
#  for 语句
for item in 'Hello':                                         ③
    print(item)

# 声明整数列表
numbers = [43, 32, 53, 54, 75, 7, 10]                        ④

print("---- 整数列表 -------")

#  for 语句
for item in numbers:
    print("Count is : {0}".format(item))                     ⑤
```

示例代码运行后，输出结果如下。

```
---- 范围 -------
1 x 1 = 1
2 x 2 = 4
3 x 3 = 9
4 x 4 = 16
5 x 5 = 25
6 x 6 = 36
7 x 7 = 49
8 x 8 = 64
9 x 9 = 81
---- 字符串 -------
H
e
l
l
o
```

```
---- 整数列表 -------
Count is : 43
Count is : 32
Count is : 53
Count is : 54
Count is : 75
Count is : 7
Count is : 10
```

代码解释如下。

代码第①行中的“range(1,10)”函数是创建范围（range）对象，它的取值是“1≤range(1,10)<10”，步长为“1”，共9个整数，范围也是一种整数序列。

代码第②行中的“format”函数用于字符串格式化输出，{0}是占位符，format函数中的参数会在运行时替换占位符。

代码第③行是循环字符串“Hello”，字符串也是一个序列，所以可以用for循环变量。

代码第④行是定义整数列表。

代码第⑤行是遍历列表“numbers”。

1.6.3 跳转语句

跳转语句能够改变程序的执行顺序，可以实现程序的跳转。Python有3种跳转语句：break、continue和return。本节先介绍break和continue语句的使用方法。

1. break 语句

break语句可用于while和for循环结构，它的作用是强行退出循环体，不再执行循环体中剩余的语句。

示例代码如下。

```
for item in range(10):
    if item == 3:
        # 跳出循环
        break
    print("Count is : {0}".format(item))
```

示例代码运行后，输出结果如下。

```
Count is : 0
Count is : 1
Count is : 2
```

2. continue 语句

continue语句用来结束本次循环，跳过循环体中尚未执行的语句，进行终止条件的判断，以决定是否继续循环。

示例代码如下。

```
for item in range(10):
    if item == 3:
        continue
    print("Count is : {0}".format(item))
```

示例代码运行后，输出结果如下。

```
Count is : 0
Count is : 1
Count is : 2
Count is : 4
Count is : 5
Count is : 6
Count is : 7
Count is : 8
Count is : 9
```

1.7 序列

序号	数值
0	张三
1	李四
2	王五
3	董六
4	张三

图 1-11　序列

序列（Sequence）是一种可迭代的[①]、元素有序、可以重复出现的数据结构。序列可以通过索引访问元素。图 1-11 所示的是一个班级序列，其中有一些学生，这些学生是有序号的，即他们被放到序列中的顺序，可以通过序号访问他们。这就像老师给进入班级的人分配学号，第一个报到的是张三，老师给他分配的是“0”，第二个报到的是李四，老师给他分配的是“1”，以此类推，最后一个序号应该是“学生人数 -1”。

序列包括的结构有列表、字符串、元组、范围和字节序列。序列可进行的操作有索引、切片、加和乘。

1.7.1 索引操作

序列中第一个元素的索引是“0”，其他元素的索引是第一个元素的偏移量。可以有正偏移量，称为正向索引；也可以有负偏移量，称为反向索引。正向索引的最后一个元素索引是“序列长度 -1”，反向索引的最后一个元素索引是“-1”。例如“Hello”字符串，它的正向索引如图 1-12（a）所示，反向索引如图 1-12（b）所示。

① 可迭代（iterable），是指它的成员能返回一次的对象。

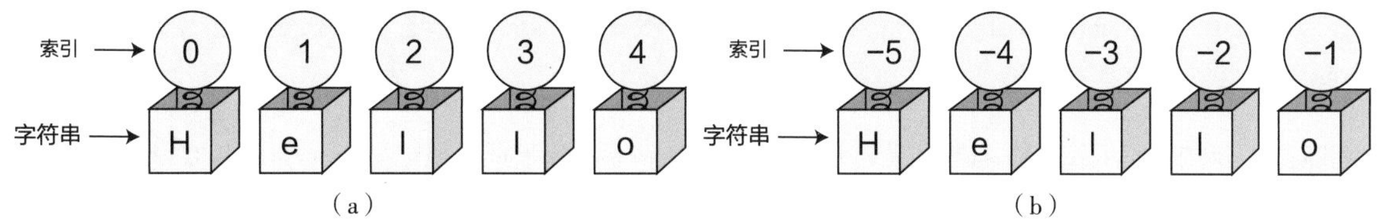

图 1-12　索引

序列中的元素是通过索引下标访问的，即中括号 [index] 方式访问。

示例代码如下。

```
a = 'Hello'                          ①
print('a[0] = ', a[0])               ②
print('a[1] = ', a[1])
print('a[4] = ', a[4])
print('a[-1] = ', a[-1])             ③
print('a[-2] = ', a[-2])
print('a[5] = ', a[5])               ④
```

示例代码运行后，输出结果如下。

```
a[0] =  H
a[1] =  e
a[4] =  o
a[-1] =  o
a[-2] =  l
------------------------------------------------------IndexError
Traceback (most recent call last)
Cell In[1], line 7      5 print('a[-1] = ', a[-1])        6 print('a[-2] = ',
a[-2])----> 7 print('a[5] = ', a[5])
IndexError: string index out of range
```

代码解释如下。

代码第①行声明字符串变量 a，它是一个列表类型。

代码第②行 a[0] 表达式获得字符串的第 1 个元素。

代码第③行 a[-1] 表达式获得反向索引返回 “-1” 是字符串的最后一个元素。

代码第④行 a[5] 表达式执行时会发送错误 “IndexError”，这是索引越界错误。

1.7.2 序列切片

序列的切片（Slicing）就是从序列中切分出小的子序列。切片使用切片运算符，切片运算符有以下两种形式。

- [start: end]：start 是开始索引，end 是结束索引。

● [start: end: step]：start是开始索引，end是结束索引，step是步长，步长是在切片时获取元素的间隔。步长可以是正整数，也可以是负整数。

提示 ⚠ 切下的切片包括start位置的元素，但不包括end位置的元素，start和end都可以省略。

切片示例代码如下。

```
a = 'Hello'
print('a[1:3] = ', a[1:3])  # el                    ①
print('a[:3] = ', a[:3])  # Hel                     ②

print('a[0:] = ', a[0:])  # Hello                   ③

print('a[0:5] = ', a[0:5])  # Hello
print('a[:] = ', a[:])  # Hello
print('a[1:-1] = ', a[1:-1])  # ell                 ④

print('a[1:5] = ', a[1:5])  # ello                  ⑤
print('a[1:5:2] = ', a[1:5:2])  # el
print('a[0:3] = ', a[0:3])  # Hel
print('a[0:3:2] = ', a[0:3:2])  # Hl
print('a[0:3:3] = ', a[0:3:3])  # H                 ⑥
print('a[::-1] = ', a[::-1])  # olleH               ⑦
```

代码解释如下。

代码第①行表达式a[1:3]是切出1～3的子字符串，注意不包括3，所以结果是el。

代码第②行表达式a[:3]省略了开始索引，默认开始索引是0，所以a[:3]与a[0:3]切片的结果是一样的。

代码第③行表达式a[0:]省略了结束索引，默认结束索引是序列的长度，即5，所以a[0:]与a[0:5]切片的结果是一样的。

代码第④行表达式a[1:−1]使用了反向索引，对照图1-12（b），不难计算出a[1:−1]的结果是ell。

代码第⑤行表达式a[1:5]省略了步长参数，步长默认值是1。表达式a[1:5:2]的步长为2，结果是el。

代码第⑥行表达式a[0:3:3]步长为3，切片的结果是H字符。

代码第⑦行表达式a[::−1]切片的步长为负数，步长负数时是从右往左获取元素，所以a[::−1]的切片结果是原始字符串的倒置。

注意 ⚠ 步长与当次元素索引、下次元素索引之间的关系如下：

下次元素索引 = 当次元素索引 + 步长

1.7.3 可变序列——列表

列表（List）是一种具有可变性的序列结构，我们可以追加、插入、删除和替换列表中的元素。可以使用以下两种方式创建列表。

- 使用中括号 [] 将元素括起来，元素之间用逗号分隔。
- list([iterable]) 函数。

示例代码如下。

```
# 通过元素之间用逗号分隔创建列表
L1 = [20, 10, 50, 40, 30]                ①
print('L1: ', L1)

L2 = ['Hello', 'World', 1, 2, 3]         ②

# 通过 list 函数创建列表
L3 = list((20, 10, 50, 40, 30))          ③

a1 = [10]                                ④
a2 = [10, ]                              ⑤
print('a1 数据类型是: ', type(a1))          ⑥

print('a2 数据类型是: ', type(a2))

s_list = ['张三', '李四', '王五']
print(s_list)
s_list.append('董六')                      ⑦
print(s_list)
s_list.remove('王五')                      ⑧
print(s_list)
```

示例代码运行后，输出结果如下。

```
L1:  [20, 10, 50, 40, 30]
a1 数据类型是:  <class 'list'>
a2 数据类型是:  <class 'list'>
['张三', '李四', '王五']
['张三', '李四', '王五', '董六']
['张三', '李四', '董六']
```

代码解释如下。

代码第①行通过元素之间用逗号分隔创建列表对象。

代码第②行创建列表对象 L2，它是字符串和数字混合的列表对象，可见列表中的元素没有对数据类型进行要求，只要是对象都可以放到列表中。

代码第③行通过list函数创建列表对象。

代码第④行创建只有一个元素的列表，注意中括号不能省略。

代码第⑤行还是创建只有一个元素的列表，只是最后一个元素的逗号没有省略，如果省略则与代码第④行的形式一样。

代码第⑥行通过type函数可以获得当前数据对象的数据类型，列表的对象数据类型是list。

代码第⑦行通过列表对象的append函数追加元素。

代码第⑧行通过列表对象的remove函数删除元素。

1.7.4 不可变序列——元组

元组（Tuple）是一种不可变序列结构，一旦创建就不能修改。元组可以使用以下两种方式创建。

- 使用逗号“,”分隔元素。
- 使用tuple([iterable])函数。

示例代码如下。

```
# 通过元素之间用逗号分隔创建元组
T1 = 21, 32, 43, 45                                    ①
T2 = (21, 32, 43, 45)                                  ②

print('T1: ', T1)
print('T2: ', T2)

print('T1 数据类型是: ', type(T1))

T3 = ['Hello', 'World', 1, 2, 3]                       ③
# 通过 tuple 函数创建元组
T4 = tuple([21, 32, 43, 45])                           ④
```

示例代码运行后，输出结果如下。

```
T1:  (21, 32, 43, 45)
T2:  (21, 32, 43, 45)
T1 数据类型是:  <class 'tuple'>
```

代码解释如下。

代码第①行是使用逗号分隔元素创建元组对象，创建元组时使用小括号把元素括起来不是必需的。

代码第②行也是使用逗号分隔元素创建元组对象。

代码第③行创建了字符串和整数混合的元组。Python中没有强制声明数据类型，因此元组中的元素可以是任何数据类型。

代码第④行使用了tuple([iterable])函数创建元组对象，参数iterable可以是任何可迭代对象，实

参 [21,32,43,45] 是一个列表，因为列表是可迭代对象，所以可以使用 tuple() 函数参数创建元组对象。

1.7.5 列表推导式

Python 中有一种特殊表达式——推导式，它可以将一种数据结构作为输入，经过过滤、映射等计算处理，最后输出另一种数据结构。根据数据结构的不同可分为列表推导式、集合推导式和字典推导式。本节先介绍列表推导式。

如果想获得 0～9 中偶数的平方数列，可以通过 for 循环实现，示例代码如下。

```
# 通过 for 循环实现的偶数的平方数列
print('for 循环实现的偶数的平方数列 ')
n_list = []                                  ①
for x in range(10):                          ②
    if x % 2 == 0:                           ③
        n_list.append(x ** 2)                ④
print(n_list)
```

示例代码运行后，输出结果如下。

```
for 循环实现的偶数的平方数列 [0, 4, 16, 36, 64]
```

代码解释如下。

代码第①行创建空列表对象。

代码第②行 range 函数创建 0～9 范围数列。

代码第③行判断当前元素是不是偶数。

代码第④行中表达式 (x ** 2) 是计算当前元素的平方。

通过列表推导式实现，示例代码如下。

```
n_list = [x ** 2 for x in range(10) if x % 2 == 0]            ①
print(n_list)
```

其中代码第①行就是列表推导式，输出的结果与 for 循环是一样的。图 1-13 所示是列表推导式的语法结构，其中 in 后面的表达式是“输入序列”，for 前面的表达式是“输出表达式”，它的运算结果会保存在一个新列表中; if 条件语句用来过滤输入序列，符合条件的才传递给输出表达式，“条件语句”是可以省略的，所有元素都传递给输出表达式。

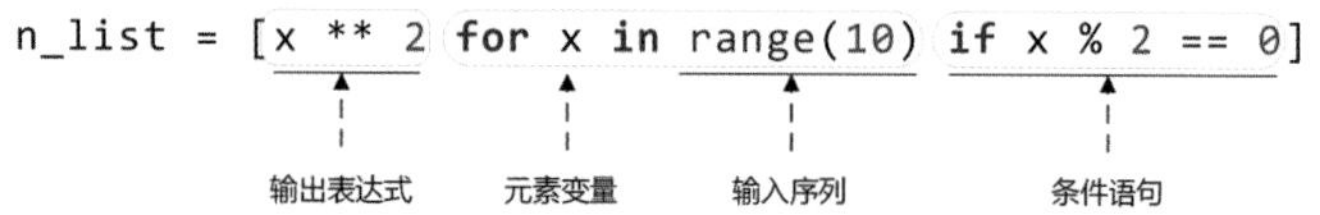

图 1-13　列表推导式

示例代码运行后，输出结果如下。

```
[0, 4, 16, 36, 64]
```

条件语句可以包含多个条件，例如找出0～99中可以被5整除的偶数数列，示例代码如下。

```
n_list = [x for x in range(100) if x % 2 == 0 if x % 5 == 0]
print(n_list)
```

列表推导式的条件语句有两个if x % 2 == 0和if x % 5 == 0，可见它们之间是“与”的关系。

示例代码运行后，输出结果如下。

```
[0, 10, 20, 30, 40, 50, 60, 70, 80, 90]
```

1.8 集合

集合是一种可迭代的、无序的、不能包含重复元素的数据结构。图1-14所示是一个班级的集合，其中包含一些学生，这些学生是无序的，不能通过序号访问，而且不能重复。

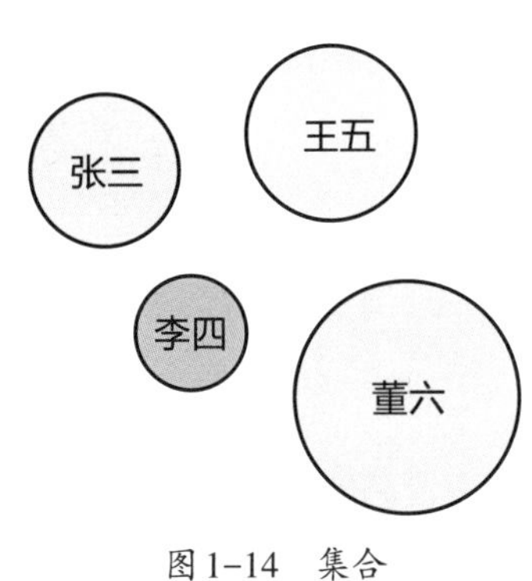

图1-14　集合

提示 ⚠ 序列中的元素是有序的，可以重复出现，而集合中的元素是无序的，且不能有重复的元素。序列强调的是有序，集合强调的是不重复。当不考虑顺序，而且没有重复的元素时，序列和集合可以互相替换。

1.8.1 创建集合

创建集合有以下两种方法。

- 使用大括号{}将元素括起来，元素之间用逗号分隔。
- 使用set([iterable])函数。

示例代码如下。

```
# 创建集合对象
a = {'张三', '李四', '王五'}                ①
print(a)
b = set((20, 10, 50, 40, 30))              ②
print('b变量数据类型是: ', type(b))         ③
```

示例代码运行后，输出结果如下。

```
{'王五', '李四', '张三'}
b变量数据类型是: <class 'set'>
```

代码解释如下。

代码第①行通过大括号{}将元素括起来创建集合对象。

代码第②行是通过set函数创建集合对象。

代码第③行type(b)表达式可以获得集合对象“b”的数据类型。

1.8.2 集合推导式

集合推导式与列表推导式类似，只是输出结果是集合，示例代码如下。

```
n_set = {x for x in range(100) if x % 2 == 0 if x % 5 == 0}            ①
print(n_set)
```

示例代码运行后，输出结果如下。

```
{0, 70, 40, 10, 80, 50, 20, 90, 60, 30}
```

代码解释如下。

代码第①行是集合推导式，返回集合对象n_set。

1.9 字典

字典(dict)是可迭代的、可变的数据结构，通过键来访问元素。字典结构比较复杂，它是由两部分视图构成的，一个是键(key)视图，另一个是值(value)视图。键视图不能包含重复元素，而值集合可以，键和值是成对出现的。

图1-15所示的是字典结构的“国家代号”。键是国家代号，值是国家。

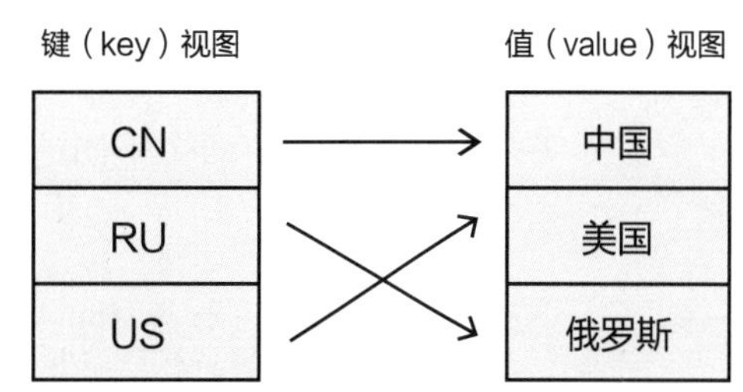

图 1-15　字典结构的“国家代号”

提示 ▲ 字典更适合通过键快速访问值，就像查英文字典一样，键就是要查的英文单词，而值是英文单词的翻译和解释等内容。有的时候，一个英文单词会对应多个翻译和解释，这也是与字典特性相对应的。

1.9.1 创建字典

字典可以使用以下两种方式创建。

- 使用大括号{}包裹键值对创建字典。
- 使用dict()函数创建字典。

示例代码如下。

```
dict1 = {'102': '张三', '105': '李四', '109': '王五'}            ①
print(dict1)
```

```
print('dict1 数据类型是: ', len(dict1))                              ②
dict2 = dict(((102, '张三'), (105, '李四'), (109, '王五')))
print(dict2)
dict3 = {}                                                            ③
print('dict3 数据类型是: ', type(dict3))                             ④
```

示例代码运行后，输出结果如下。

```
{'102': '张三', '105': '李四', '109': '王五'}
dict1 数据类型是:  3
{102: '张三', 105: '李四', 109: '王五'}
dict3 数据类型是:  <class 'dict'>
```

代码解释如下。

代码第①行通过大括号{}包裹键值对创建字典对象。

代码第②行通过len函数获得字典的长度。

代码第③行创建空的字典对象，注意{}是创建一个空的字典对象，而不创建集合对象。

代码第④行通过type函数获得字典对象dict3的数据类型。

1.9.2 字典推导式

因为字典包含了键和值两个不同的结构，所以字典推导式结果可以非常灵活，语法结构如图1-16所示。

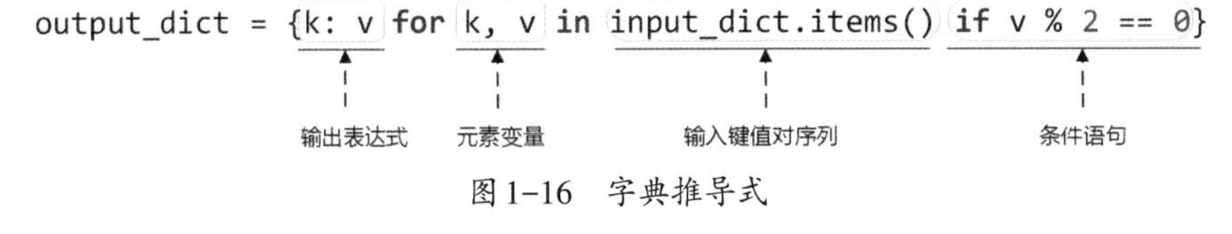

```
output_dict = {k: v for k, v in input_dict.items() if v % 2 == 0}
```

输出表达式 元素变量 输入键值对序列 条件语句

图1-16　字典推导式

字典推导式示例代码如下。

```
input_dict = {'one': 1, 'two': 2, 'three': 3, 'four': 4}

output_dict = {k: v for k, v in input_dict.items() if v % 2 == 0}   ①
print(output_dict)

keys = [k for k, v in input_dict.items() if v % 2 == 0]              ②
print(keys)
```

示例代码运行后，输出结果如下。

```
{'two': 2, 'four': 4}
['two', 'four']
```

代码解释如下。

代码第①行是字典推导式，注意输入结构不能直接使用字典，因为字典不是序列，可以通过字典的item()方法返回字典中键值对序列。

代码第②行是字典推导式，但只返回键结构。

1.10 字符串类型

由字符组成的一串字符序列称为“字符串”，字符串是有顺序的，从左到右，索引从“0”开始依次递增。Python中的字符串类型是str。

1.10.1 字符串表示方式

Python中字符串的表示方式有以下3种。

- 普通字符串：采用单引号“'”或双引号“"”包裹起来的字符串。
- 原始字符串（rawstring）：在普通字符串前加“r”，字符串中的特殊字符不需要转义，按照字符串的本来“面目”呈现。
- 长字符串：字符串中包含了换行缩进等排版字符，可以使用三重单引号“'''”或三重双引号“"""”包裹起来，这就是长字符串。

很多程序员习惯使用单引号“'”表示字符串。下面示例代码中表示的都是“Hello World”字符串。

```
s1 = 'Hello World'
s2 = "Hello World"
s3 = '\u0048\u0065\u006c\u006c\u006f\u0020\u0057\u006f\u0072\u006c\u0064'
s4 = "\u0048\u0065\u006c\u006c\u006f\u0020\u0057\u006f\u0072\u006c\u0064"
```

Python中的字符采用Unicode编码，所以字符串中可以包含中文等亚洲字符。

如果想在字符串中包含一些特殊的字符，例如换行符、制表符等，在普通字符串中则需要转义，前面要加上反斜杠“\”，这称为字符转义。表1-6所示的是常用的几个转义符。

表1-6 转义符

字符表示	Unicode编码	说　明	字符表示	Unicode编码	说　明
\t	\u0009	水平制表符	\"	\u0022	双引号
\n	\u000a	换行	\'	\u0027	单引号
\r	\u000d	回车	\\	\u005c	反斜线

示例代码如下。

```
s1 = 'Hello World'
s2 = "Hello World"
s3 = '\u0048\u0065\u006c\u006c\u006f\u0020\u0057\u006f\u0072\u006c\u0064'
```

```
s4 = "\u0048\u0065\u006c\u006c\u006f\u0020\u0057\u006f\u0072\u006c\u0064"

print(s3)
print(s4)

s5 = r'C:\Users\tony\OneDrive\ 原稿 '              ①
print(s5)

s6 = '''Hello                                    ②
 World'''
print(s6)
```

示例代码运行后，输出结果如下。

```
Hello World
Hello World
C:\Users\tony\OneDrive\ 原稿
Hello
 World
```

代码解释如下。

代码第①行是原始字符串，就是在字符串前面加字母r。其中的特殊字符串代码第②行是长字符串的表示方式，其中包含了换行缩进等排版字符。

1.10.2 字符串格式化

在实际的编程过程中，经常会遇到将其他类型变量与字符串拼接到一起并进行格式化输出的情况，例如计算的金额需要保留小数点后四位、数字需要右对齐等。字符串格式化时可以使用字符串的format函数及占位符实现。

示例代码如下。

```
name = 'Mary'
age = 18
s = ' 她的年龄是 {0} 岁。'.format(age)                    ①
print(s)
s = '{0} 芳龄是 {1} 岁。'.format(name, age)
print(s)
s = '{1} 芳龄是 {0} 岁。'.format(age, name)
print(s)
s = '{n} 芳龄是 {a} 岁。'.format(n=name, a=age)          ②
print(s)
```

示例代码运行后，输出结果如下。

```
她的年龄是 18 岁。
Mary 芳龄是 18 岁。
Mary 芳龄是 18 岁。
Mary 芳龄是 18 岁。
```

代码解释如下。

代码第①②行使用format函数格式化字符串，在运行时format函数中的参数会替换占位符{}。

代码第①行"{0}"是采用索引形式的占位符，中括号中的数字表示format函数中的参数索引。所以"{0}"表示使用format函数中的第一个参数替换占位符。"1"表示第2个参数，以此类推。

代码第②行"{n}"是采用参数名形式的占位符，中括号中的"n"和"a"都是format函数中的参数名字。

1.11 函数

Python语言经常用到函数，有些基础的函数是官方提供的，称为内置函数。但是很多函数都是自定义的，这些自定义的函数必须先定义后调用，也就是定义函数必须在调用函数之前，否则会有错误发生。

自定义函数的语法格式如下。

```
def 函数名（参数列表）：
    函数体
    return 返回值
```

在Python中定义函数时，关键字是def，函数名需要符合标识符命名规范。多个参数列表之间可以用逗号","分隔，当然函数也可以没有参数。如果函数有返回数据，就需要在函数体最后使用return语句将数据返回；如果没有返回数据，在函数体中可以使用return None或省略return语句。

函数定义示例代码如下。

```
def rectangle_area(width, height):          ①
    area = width * height
    return area                             ②

r_area = rectangle_area(320.0, 480.0)       ③

print("320x480 的长方形的面积 :{0:.2f}".format(r_area))
```

示例代码运行后，输出结果如下。

```
320x480 的长方形的面积 :153600.00
```

代码解释如下。

代码第①行是定义计算长方形面积的函数rectangle_area，它有两个参数，分别是长方形的宽和高，“width”和“height”是参数名。

代码第②行通过return返回函数计算结果。

代码第③行调用了rectangle_area函数。

1.11.1 匿名函数与lambda表达式

有时在使用函数时不需要给函数分配一个名字，这就是“匿名函数”，Python语言中使用lambda表达式表示匿名函数，声明lambda表达式的语法如下。

```
lambda 参数列表 : lambda体
```

lambda是关键字声明，这是一个lambda表达式，“参数列表”与函数的参数列表是一样的，但不需要用小括号括起来，冒号后面是“lambda体”，lambda表达式的主要代码在此处编写，类似于函数体。

提示 ⚠ lambda体部分不能是一个代码块，不能包含多条语句，只能有一条语句，语句会计算一个结果返回给lambda表达式，但是与函数不同的是，不需要使用return语句返回。与其他语言中的lambda表达式相比，Python中提供的lambda表达式只能进行一些简单的计算。

lambda表达式的示例代码如下。

```
def calculate_fun(opr):
    if opr == '+':
        return lambda a, b: (a + b)          ①
    else:
        return lambda a, b: (a - b)          ②

f1 = calculate_fun('+')                      ③
f2 = calculate_fun('-')                      ④

print(type(f1))                              ⑤

print("10 + 5 = {0}".format(f1(10, 5)))      ⑥
print("10 - 5 = {0}".format(f2(10, 5)))      ⑦
```

示例代码运行后，输出结果如下。

```
<class 'function'>
10 + 5 = 15
10 - 5 = 5
```

代码解释如下。

代码第①行lambda表达式实现两个整数相加，其中“a, b”是lambda表达式参数列表，“(a + b)”

是lambda体，即匿名函数体。

代码第②行lambda表达式实现两个整数相减，其中“a, b”是lambda表达式参数列表，“(a - b)”是lambda体，即匿名函数体。

代码第③行调用calculate_fun函数返回“f1”对象，“f1”是一个函数对象，该函数事实上是代码第①行定义的lambda表达式。

代码第④行调用calculate_fun函数返回“f2”对象，“f2”也是一个函数对象，该函数事实上是代码第②行定义的lambda表达式。

代码第⑤行是输出“f1”对象的数据类型，从输出结果可见，函数类型是“'function'”。

代码第⑥行是调用“f1”对象指向的函数。事实上就是调用代码第①行定义的lambda表达式。

代码第⑦行是调用“f2”对象指向的函数。事实上就是调用代码第②行定义的lambda表达式。

1.11.2 数据处理中的两个常用函数

在数据处理时经常用到两个重要的函数：filte和map。

1. 过滤函数 filter

过滤操作使用filter函数，它可以对可迭代对象的元素进行过滤，filter函数的语法如下。

```
filter(function, iterable)
```

其中参数“function”是一个函数，参数“iterable”是可迭代对象。filter()函数调用时iterable会被遍历，它的元素被逐一传入function函数，function函数返回布尔值。在function函数中编写过滤条件，结果为True的元素被保留，结果为False的元素被过滤掉。

下面通过一个示例介绍filter函数的使用，示例代码如下。

```
users1 = ['Tony', 'Tom', 'Ben', 'Alex']
print(users1)
users_filter = filter(lambda u: u.startswith('T'), users1)      ①

print(users_filter)
users2 = list(users_filter)             ②
print(users2)

users3 = list(users_filter)             ③
print(users3)
```

示例代码运行后，输出结果如下。

```
['Tony', 'Tom', 'Ben', 'Alex']
<filter object at 0x000001D5B0171880>
['Tony', 'Tom']
[]
```

代码解释如下。

代码第①行调用了filter函数过滤users列表，过滤条件是T开头的元素，“lambda u:u.startswith('T')”是一个lambda表达式，它提供了过滤条件。注意：filter函数返回的并不是一个列表对象，而是filter对象。

代码第②行将filter函数返回的filter对象转换为列表对象，这个转换是使用list函数实现的。

提示 ▲ 代码第③行再次从filter对象中转换列表数据，但是从运行的结果可见，返回的users3列表对象是空的。这是因为filter对象是一种生成器，生成器特别适合用于遍历一些大序列对象，它无须将对象的所有元素都载入内存后才开始进行操作，仅在迭代至某个元素时才会将该元素载入内存，因此filter对象不能多次提取。由于上述示例已经在代码第②行提取一次列表数据，因此在代码第③行提取数据时返回的列表是空的。

2. 映射函数 map

映射操作使用map函数，它可以对可迭代对象的元素进行变换，map函数的语法如下。

```
map(function, iterable)
```

其中参数“function”是一个函数，参数“iterable”是可迭代对象。map函数调用时iterable会被遍历，它的元素被逐一传入function函数，在function函数中对元素进行变换。

下面通过一个示例介绍map函数的使用，示例代码如下。

```
users1 = ['Tony', 'Tom', 'Ben', 'Alex']
print(users1)

users_map = map(lambda u: u.lower(), users1)      ①
print(users_map)

users2 = list(users_map)                          ②
print(users2)
```

示例代码运行后，输出结果如下。

```
['Tony', 'Tom', 'Ben', 'Alex']
<map object at 0x000001F7E2051A00>
['tony', 'tom', 'ben', 'alex']
```

代码解释如下。

代码第①行调用map函数将“users”列表元素转换为小写字母，变换时列表中的每一个元素对会调用一个匿名函数，即lambda表达式，从而实现将字列表中的每一个元素都转换为小写字母。map函数返回的不是一个列表对象，而是一种map对象。注意：map对象也是生成器对象，不能反复提取数据。

代码第②行将map函数返回的map对象转换为列表对象，这个转换是使用list函数实现的。

1.12 文件读取

文件读取操作是通过文件对象（file object）实现的。

1. 打开文件

在文件读写之前先要打开文件，打开文件可以通过open函数实现，该函数返回文件对象。open函数是Python的内置函数，它屏蔽了创建文件对象的细节，使得创建文件对象变得简单。open函数的语法如下。

```
open(file, mode='r', buffering=-1, encoding=None, errors=None, newline=None,
closefd=True, opener=None)
```

open函数共有8个参数，其中参数file和mode是最为常用的，其他的参数一般情况下很少使用，下面分别重点介绍file和mode两个参数的含义。

- file参数。file参数是要打开的文件，可以是字符串或整数。如果file是字符串则表示文件名，文件名可以是相对当前目录的路径，也可以是绝对路径；如果file是整数则表示文件描述符，文件描述符指向一个已经打开的文件。
- mode参数。mode参数用来设置文件打开模式。文件打开模式用字符串表示，最基本的文件打开模式如表1-7所示。

表1-7　文件打开模式

字符串	说明
r	只读模式打开（默认）
w	写入模式打开文件，会覆盖已经存在的文件
x	独占创建模式，如果文件不存在时创建并以写入模式打开，如果文件已存在则抛出异常FileExistsError
a	追加模式，如果文件存在，写入内容追加到文件末尾
b	二进制模式
t	文本模式（默认）
+	更新模式

表1-7中的“b”和“t”是文件类型模式，如果是二进制文件，需要设置rb、wb、xb、ab，如果是文本文件，需要设置rt、wt、xt、at。由于t是默认模式，可以省略为r、w、x、a。

+必须与r、w、x或a组合使用才能设置文件为读写模式，对于文本文件可以使用r+、w+、x+或a+，对于二进制文件可以使用rb+、wb+、xb+或ab+。

提示 ⚠ r+、w+和a+的区别如下：r+打开文件时，如果文件不存在则抛出异常；w+打开文件时，如果文件不存在则创建文件，文件存在则清除文件内容；a+类似于w+，打开文件时，如果文件不存在则创建文件，文件存在则在文件末尾追加。

示例代码如下。

```
fobj = open('test1.txt', 'w+', encoding='utf-8')        ①
fobj.write(' 大家好 ')                                     ②

fname1 =r'D:\code\chapter1\test1.txt'
fobj = open(fname1, 'a+', encoding='utf-8')             ③

fobj.write('！ ')
```

代码解释如下。

代码第①行通过w+模式打开文件“test1.txt”，由于文件“test1.txt”不存在所以会创建“test1.txt”文件。

代码第②行通过write函数写入字符串到文件。

代码第③行通过a+模式打开文件“test1.txt”，该文件是绝对路径文件名。注意：字符串中有反斜杠时，要么用转义字符“\\”表示，要么用原始字符串表示。

2. 关闭文件

当使用open函数打开文件后，若不再使用文件，应该调用文件对象的close函数关闭文件。文件的操作往往会抛出异常，为了保证文件操作无论正常结束还是异常结束都能够关闭文件，我们也可以使用with as代码块进行自动资源管理，

示例代码如下。

```
fobj = open('test1.txt', 'a+', encoding='utf-8')                  ①
fobj.write(' 大家好！ ')
fobj.close()                                                       ②

# 使用 with as 自动资源管理
with open('test1.txt', 'a+', encoding='utf-8') as fobj:           ③
    fobj.write(' 大家好！ ')
```

代码解释如下。

代码第①行通过a+模式打开文件“test1.txt”文件。

代码第②行关闭文件。

代码第③行使用了with as打开文件，返回文件对象赋值给“fobj”变量。在with代码块中进行读写文件操作，最后在with代码结束时关闭文件。

1.13 本章总结

本章介绍了Python的基础概念和环境设置，包括语言特点、环境安装、编写第一个程序、基本语法、数据类型、控制语句、数据结构、函数和文件操作。了解这些知识是学习Python编程的前提。

第2章 数据处理与分析

02

本章着眼于数据处理与分析，详细地介绍了NumPy数组、二维数组、三维数组、访问数组、Pandas数据结构、Series数据结构和DataFrame数据结构，以及数据的读写操作。这些工具和技术是进行数据科学和分析的基础。

2.1 NumPy数组

NumPy（Numerical Python的缩写）是一个Python库，用于处理多维数组和矩阵，是数据分析和科学计算的重要工具之一。本节我们将深入探讨NumPy数组的基础知识和操作。

2.1.1 安装NumPy库

可以使用pip工具安装NumPy库，安装过程如图2-1所示。

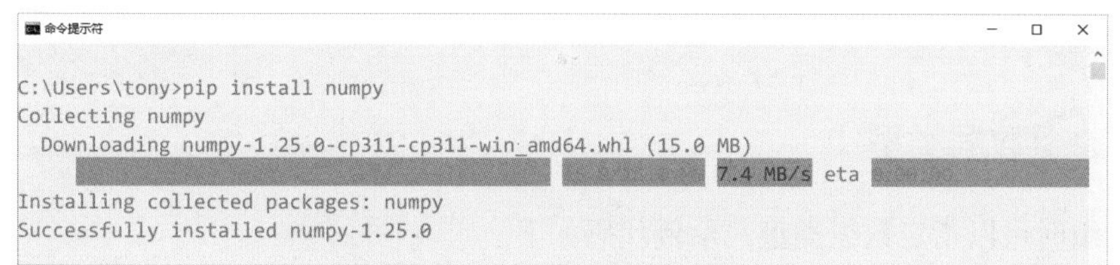

```
C:\Users\tony>pip install numpy
Collecting numpy
  Downloading numpy-1.25.0-cp311-cp311-win_amd64.whl (15.0 MB)
                                     7.4 MB/s eta
Installing collected packages: numpy
Successfully installed numpy-1.25.0
```

图2-1　安装NumPy库的过程

2.1.2 创建数组

NumPy库中最重要的数据结构是多维数组（ndarray），它是一系列同类型数据的集合，下标索引从0开始。ndarray中的每个元素在内存中都有相同存储大小的区域。

ndarray可以创建多维数组和多维数组对象，但是为了便于掌握，我们先介绍一维数组。

创建一维数组的示例代码如下。

```
import numpy as np                        ①
a = np.array([1, 2, 3])                   ②
print(a)
```

示例代码运行后，输出结果如下。

```
[1 2 3]
```

代码解释如下。

代码第①行导入NumPy库。

代码第②行通过array函数创建ndarray对象，其中的参数可以是如下类型。

（1）Python列表。

（2）Python元组。

提示 ⚠ Jupyter Notebook是交互式的Python IDE工具，输出变量可以不使用print()函数，而且Jupyter Notebook非常适合直接输出NumPy的数组对象，输出上述示例代码中的“a”数组，如图2-2所示。

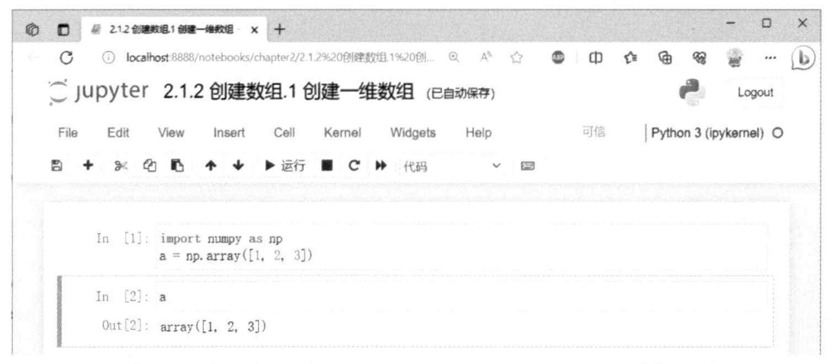

图2-2　在Jupyter Notebook中输出NumPy数组

NumPy数组与Python列表的主要区别是：数组只能存储相同的数据类型，而Python列表可以存储任何数据类型。

2.1.3 指定数组数据类型

在创建数组时可以指定数组类型，示例代码如下。

```
import numpy as np
# 使用 dtype 参数指定数组类型
b = np.array((1, 2, 3, 4), dtype=float)                    ①
print(b)
print(b.dtype)
```

示例代码运行后，输出结果如下。

```
[1. 2. 3. 4.]
float64
```

代码解释如下。

代码第①行使用dtype参数指定数组类型。

2.2 二维数组

二维数组是指具有两个维度的数组，也称为矩阵，图2-3所示的是一个二维数组。

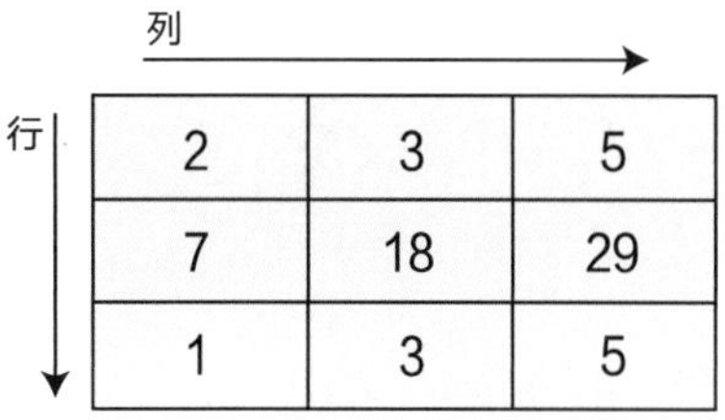

2	3	5
7	18	29
1	3	5

（列：横向；行：纵向）

图2-3　二维数组

2.2.1 创建二维数组

在NumPy中，可以使用多种方法来创建二维数组。以下是一些常用的方法。

1. 使用列表嵌套

可以使用Python的列表嵌套来表示二维数组。每个内部列表表示矩阵的一行。

使用列表嵌套创建二维数组的示例代码如下。

```
import numpy as np
L = [[1,2,3], [4,5,6], [7,8,9]]
a = np.array(L)   # 嵌套列表创建 ndarray 数组
print(a)
print(a.dtype)
```

示例代码运行后，输出结果如下。

```
[[1 2 3]
 [4 5 6]
 [7 8 9]]
int32
```

2. 使用reshape()函数

使用NumPy的reshape()函数可以通过一维数组创建一个新的二维数组，并指定其形状，用数组的shape属性表示，该属性的返回值是一个元组，例如形状(3, 3)数组，表示数组有3行和3列。

使用reshape()函数创建二维数组的示例代码如下。

```
import numpy as np
d = np.arange(1, 10)
print(d)
print("d 的形状 :", d.shape)
dd = d.reshape((3, 3)) # 从一维到二维

print(dd)
print("dd 的形状 :", dd.shape)
```

示例代码运行后，输出结果如下。

```
[1 2 3 4 5 6 7 8 9]
d 的形状 : (9,)
```

```
[[1 2 3]
 [4 5 6]
 [7 8 9]]
dd 的形状：(3, 3)
```

2.2.2 数组的属性

在 NumPy 中，数组对象有很多属性，这些属性可以提供有关数组的信息。以下是一些常用的数组属性。

- ndim：数组的维度数。
- shape：数组的形状，即每个维度的大小。
- size：数组中元素的总数。
- dtype：数组中元素的数据类型。
- itemsize：数组中每个元素的字节大小。
- nbytes：数组占用的总字节数。

以下示例代码展示了如何使用这些属性。

```
import numpy as np

arr = np.array([[1, 2, 3], [4, 5, 6]])

print("数组的维度数：", arr.ndim)
print("数组的形状：", arr.shape)
print("数组中元素的总数：", arr.size)
print("数组中元素的数据类型：", arr.dtype)
print("数组中每个元素的字节大小：", arr.itemsize)
print("数组占用的总字节数：", arr.nbytes)
```

示例代码运行后，输出结果如下。

```
数组的维度数： 2
数组的形状： (2, 3)
数组中元素的总数： 6
数组中元素的数据类型： int32
数组中每个元素的字节大小： 4
数组占用的总字节数： 24
```

2.2.3 数组的轴

在 NumPy 中，轴（axis）是指数组的维度。对于一个二维数组，第一个轴是行轴（axis 0），第二个轴是列轴（axis 1）。在更高维的数组中，每增加一个新的轴会增加一个维度。

图2-4所示的是一个二维数组轴。

轴索引=1

轴索引=0

2	3	5
7	18	29
1	3	5

图2-4　二维数组轴

2.3 三维数组

三维数组是有三个轴的数组，每个轴都可以看作数组的一个维度。在NumPy中，可以使用多种方式创建三维数组，包括使用NumPy函数和从其他数据结构转换。

创建三维数组的示例代码如下。

```
import numpy as np
# 创建三维数组
a3 = np.array([[[10, 11, 12], [13, 14, 15], [16, 17, 18]],
               [[20, 21, 22], [23, 24, 25], [26, 27, 28]],
               [[30, 31, 32], [33, 34, 35], [36, 37, 38]]])
print(a3)
```

示例代码运行后，输出结果如下。

```
[[[10, 11, 12],
  [13, 14, 15],
  [16, 17, 18]],

 [[20, 21, 22],
  [23, 24, 25],
  [26, 27, 28]],

 [[30, 31, 32],
  [33, 34, 35],
  [36, 37, 38]]]
```

示例中三维数组a3的轴如图2-5所示。

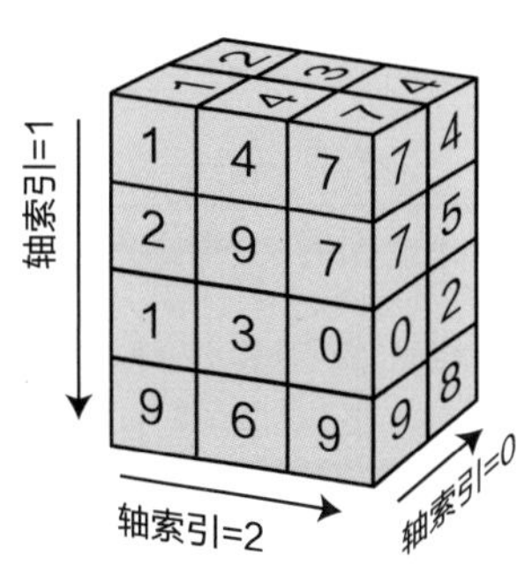

图2-5　三维数组轴

2.4 访问数组

访问数组元素是指通过索引或切片操作获取数组中特定位置的值。在NumPy中，可以使用不同的方式访问数组元素，包括基本索引、切片操作和花式索引。

2.4.1 索引访问

1. 一维数组索引访问

NumPy一维数组索引访问与Python内置序列索引访问一样，使用中括号+下标([index])。

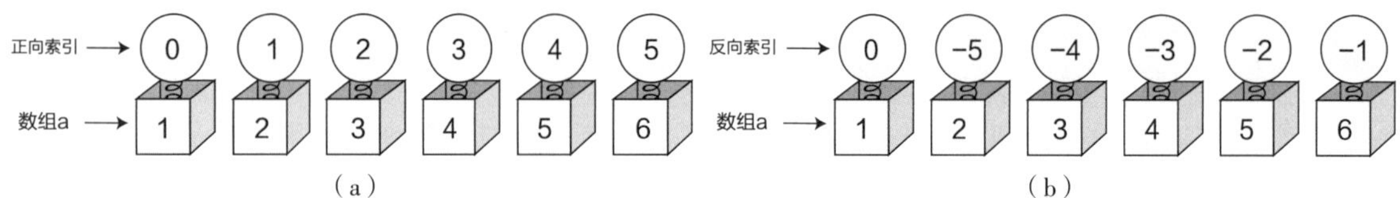

图2-6 一维数组索引

图2-6所示的是数组a的索引，索引分为正向索引和反向索引。

(1)正向索引：正向索引是从数组的起始位置开始的索引。它从0开始，并按照递增顺序指定元素的位置。例如，a[0]表示数组的第一个元素，a[1]表示数组的第二个元素，以此类推。

(2)反向索引：反向索引是从数组的末尾位置开始的索引。它从-1开始，并按照递减顺序指定元素的位置。例如，a[-1]表示数组的最后一个元素，a[-2]表示数组的倒数第二个元素，以此类推。

一维数组索引访问的示例代码如下。

```
import numpy as np
a = np.array([1, 2, 3, 4, 5, 6])
print(a[5])
print(a[-1])
```

示例代码运行后，输出结果如下。

```
6
6
```

2. 二维数组索引访问

多维数组索引访问有以下两种表达式。

```
表达式 1: np.array[ 所在 0 轴索引 ][ 所在 1 轴索引 ]...[ 所在 n-1 轴索引 ]
表达式 2: np.array[ 所在 0 轴索引 , 所在 1 轴索引 ,..., 所在 n-1 轴索引 ]
```

这两种表达式实际上是等价的，它们都用于按照指定的轴索引来访问多维数组的元素。

下面的示例代码演示了如何使用这两种表达式进行多维数组的索引访问。

```
import numpy as np

arr = np.array([[1, 2, 3],
                [4, 5, 6],
                [7, 8, 9]])

# 使用表达式 1 进行索引访问
```

```
print("表达式1: ")
print("第一行第二列元素: ", arr[0][1])  # 输出: 2
print("第三行第三列元素: ", arr[2][2])  # 输出: 9

# 使用表达式2进行索引访问
print("表达式2: ")
print("第一行第二列元素: ", arr[0, 1])  # 输出: 2
print("第三行第三列元素: ", arr[2, 2])  # 输出: 9
```

在上述示例代码中，我们使用了表达式1和表达式2来访问二维数组中的元素。无论是使用嵌套的索引表达式还是使用逗号分隔的索引表达式，都可以达到相同的结果。请注意，索引值仍然是从0开始计数的。

2.4.2 切片访问

切片是一种在数组中访问连续元素范围的方法。在NumPy中，可以使用切片来访问数组的子集。

1. 一维数组切片访问

NumPy一维数组切片操作与Python内置序列切片操作一样。切片运算有以下两种形式。

（1）[start:end]：start是开始索引，end是结束索引。

（2）[start:end:step]：start是开始索引，end是结束索引，step是步长，步长是在切片时获取元素的间隔。步长可以为正整数，也可为负整数。

注意 切片包括start位置元素，但不包括end位置元素，start和end都可以省略。

一维数组切片访问的示例代码如下。

```
import numpy as np

arr = np.array([1, 2, 3, 4, 5, 6])

# 切片访问一维数组
print("一维数组切片访问: ")
print(arr[2:5])        # 输出: [3, 4, 5]
print(arr[:4])         # 输出: [1, 2, 3, 4]
print(arr[2:])         # 输出: [3, 4, 5, 6]
print(arr[::2])        # 输出: [1, 3, 5]
print(arr[::-1])       # 输出: [6, 5, 4, 3, 2, 1]
```

示例代码运行后，输出结果如下。

```
一维数组切片访问:
[3 4 5]
[1 2 3 4]
```

```
[3 4 5 6]
[1 3 5]
[6 5 4 3 2 1]
```

在上述示例代码中，我们使用切片操作对一维数组进行访问。以下是每个切片的含义。

arr[2:5] 表示从索引“2”到索引“5”之前的元素，即索引2、3、4对应的元素。

arr[:4] 表示从数组的起始位置到索引“4”之前的元素，即索引0、1、2、3对应的元素。

arr[2:] 表示从索引“2”到数组的末尾位置的元素，即索引2、3、4、5对应的元素。

arr[::2] 表示从数组的起始位置到末尾位置，以步长“2”访问元素，即索引0、2、4对应的元素。

arr[::-1] 表示逆序访问整个数组，即反向获取所有元素。

通过使用不同的切片参数，我们可以选择性地访问一维数组中的子集，并以不同的方式进行切片操作。请注意，切片是左闭右开区间，即不包含结束索引对应的元素。

2. 二维数组切片访问

二维数组切片访问是指通过切片操作获取二维数组的子集。多维数组切片访问使用逗号分隔的切片表达式来指定每个轴上的切片范围，多维数组切片访问的表达式如下。

```
np.array[所在0轴切片，所在1轴切片，...，所在n-1轴切片]
```

二维数组切片访问的示例代码如下。

```
import numpy as np

arr = np.array([[1, 2, 3],
                [4, 5, 6],
                [7, 8, 9]])

# 多维数组切片访问
print("多维数组切片访问：")
print(arr[1:3, 0:2])            # 输出：[[4, 5], [7, 8]]
print(arr[:2, 1:])              # 输出：[[2, 3], [5, 6]]
print(arr[::2, ::2])            # 输出：[[1, 3], [7, 9]]
```

示例代码运行后，输出结果如下。

```
多维数组切片访问：
[[4 5]
 [7 8]]
[[2 3]
 [5 6]]
[[1 3]
 [7 9]]
```

在上述示例代码中，我们使用切片操作对二维数组进行多维切片访问。根据切片表达式的位置，我们分别在第0轴和第1轴上进行切片。每个切片表达式都可以包含起始索引、结束索引和步长，以选择性地访问数组的子集。

2.4.3 花式索引

花式索引是一种使用整数列表或整数数组作为索引的方法，用于从数组中选择特定的元素或子集。

使用花式索引的一般步骤如下。

步骤一 创建一个整数列表或整数数组，指定要选择的元素的索引。

步骤二 将整数列表或整数数组作为索引应用于原始数组，以获取相应的元素或子集。

使用花式索引的示例代码如下。

```
import numpy as np

arr = np.array([1, 2, 3, 4, 5])

# 使用花式索引选择指定位置的元素
indices = [1, 3]
selected_arr = arr[indices]

print("原始数组：", arr)
print("花式索引：", indices)
print("选择的元素：", selected_arr)
```

示例代码运行后，输出结果如下。

```
原始数组： [1 2 3 4 5]
花式索引： [1, 3]
选择的元素： [2 4]
```

在上述示例代码中，我们创建了一个整数列表indices，其中包含要选择的元素的索引。然后，我们使用整数列表indices作为索引应用于原始数组arr，从而获取指定位置的元素。在输出结果中，可以看到原始数组、花式索引和选择的元素。

花式索引可以用于一维数组和多维数组，提供了一种灵活的方式来选择数组中的元素或子集。我们可以使用单个整数、整数列表、整数数组或布尔数组作为花式索引来满足不同的选择需求。

2.5 Pandas库

Pandas是一个开源的数据分析和数据处理库，它建立在NumPy之上，为Python提供了高效、灵活和易用的数据结构和数据分析工具。

Pandas的主要数据结构是两个核心对象：Series和DataFrame。

（1）Series是一个一维标记数组，可以存储任意类型的数据，并且具有与之相关的索引。它类似于带标签的数组或字典，可以通过索引来访问和操作数据。

（2）DataFrame是一个二维表格数据结构，可以存储多种类型的数据，并且具有行索引和列索引。它类似于电子表格或关系型数据库中的表格，提供了丰富的数据操作和处理功能。

2.5.1 为什么选择Pandas

选择Pandas的原因如下。

（1）Pandas提供简洁且一致的API，使数据处理和分析的代码易读性高。它的设计目标是提供简洁的语法和函数，以减少代码的复杂性和错误。

（2）Pandas的核心数据结构是Series和DataFrame，它们能够高效地存储和处理数据。Series适用于一维数据，DataFrame适用于二维表格数据，它们提供了丰富的功能和灵活的操作方式。

（3）Pandas数据结构的底层基于NumPy数组，NumPy底层是用C语言实现的，因此Pandas具有高性能和快速的计算能力。

（4）Pandas可以加载不同文件格式（如CSV、Excel、SQL数据库等）的数据，便于处理和分析。

（5）Pandas提供灵活的数据对齐和处理缺失数据的功能。它能够自动对齐不同索引的数据，并提供多种方法来处理缺失数据。

2.5.2 安装Pandas库

可以使用pip工具安装Pandas库，安装过程如图2-7所示。

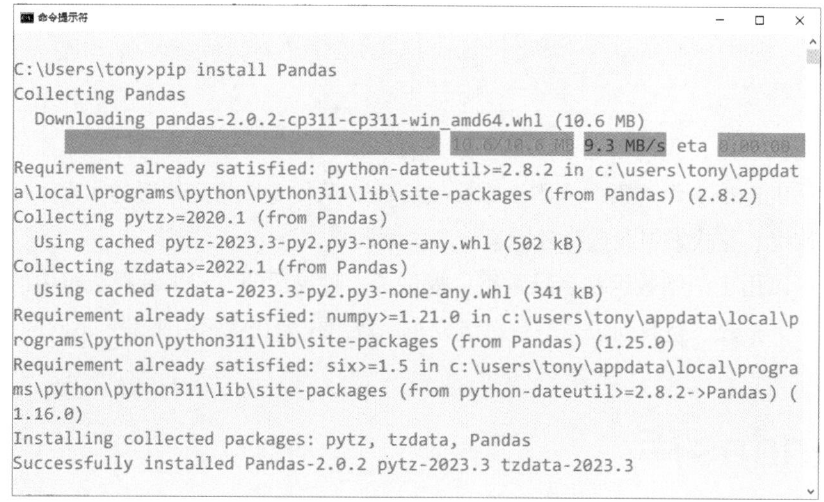

图2-7　安装Pandas库的过程

2.6 Series数据结构

Series是Pandas库中的一种基本数据结构，它类似于一维数组或列向量，可以存储不同类型的数据，并且每个数据都与一个标签（索引）相关联。

2.6.1 理解Series数据结构

Series数据结构的特点和组成部分如下。

（1）Series数据结构是一种带有标签的一维数组对象：Series是Pandas库中的一种数据结构，它表示一维数据，类似于数组或列向量。每个数据点都与一个标签（索引）相关联，这使Series在处理数据时更加直观和方便。

（2）能够存储任何数据类型：Series可以存储任何数据类型，包括整数、浮点数、字符串、布尔值等，甚至是Python对象。

一个Series对象由两个部分组成，如图2-8所示。

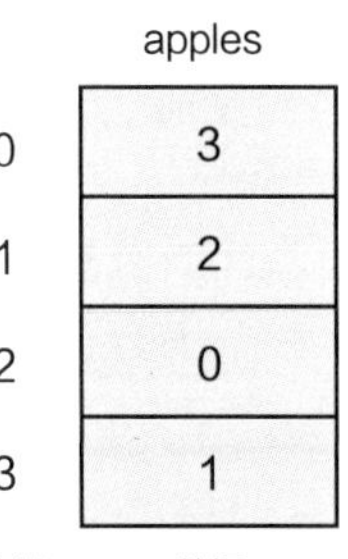

图 2-8 Series数据结构

● 数据部分：数据部分是一个NumPy的ndarray（NumPy数组）类型，用于存储实际的数据。这意味着Series对象具有NumPy数组的性质，可以对其进行高效的数值计算和操作。

● 数据索引（标签）：数据索引是与数据部分对应的一组标签，用于标识和访问数据。可以将数据索引看作Series的行标签，它提供对数据的命名和定位功能。

通过使用数据索引，可以轻松地访问和操作Series对象中的数据。例如，可以使用索引标签来获取特定位置的数据、进行切片操作或根据条件过滤数据。

总之，Series数据结构是一种灵活、强大且易于使用的数据类型，它将数据和标签（索引）结合在一起，提供了方便的数据处理和操作功能。

2.6.2 创建Series对象

Series构造函数的语法格式如下。

```
pandas.Series(data, index, dtype, ...)
```

参数的解释如下。

● data：Series的数据部分，可以是以下类型之一。

（1）Python列表：例如 [1, 2, 3, 4]。

（2）NumPy数组：例如 np.array([1, 2, 3, 4])。

（3）标量值：例如 5，此时会创建一个填充了重复标量值的Series对象。

（4）字典：字典的键将成为Series的索引，字典的值将成为Series的数据。例如 {'a': 1, 'b': 2, 'c': 3}。

● index（可选）：Series的索引部分，用于标识和访问数据。它可以是以下类型之一。

（1）Python列表或数组：例如['a', 'b', 'c', 'd']。

（2）Pandas索引对象（pd.Index）：例如 pd.Index(['a', 'b', 'c', 'd'])。

如果没有显示提供索引参数，Pandas将默认使用整数索引，从0开始递增。

- dtype（可选）：Series的数据类型。可以使用NumPy的数据类型（如 np.int32、np.float64）或Python的数据类型（如 int、float、str）来指定数据类型。如果未指定该参数，Pandas将根据数据内容自动推断数据类型。

1. 使用列表创建 Series

使用列表创建Series的示例代码如下。

```
import pandas as pd
apples = pd.Series([3,2,0,1])
print(apples)
```

示例代码运行后，输出结果如下。

```
0    3
1    2
2    0
3    1
dtype: int64
```

2. 使用 NumPy 数组创建 Series

使用NumPy数组创建Series的示例代码如下。

```
import pandas as pd
import numpy as np
a = np.array([3,2,0,1]) # 创建 NumPy 数组对象
apples  = pd.Series(a)  # 创建 Series 对象
print(apples)
```

示例代码运行后，输出结果如下。

```
0    3
1    2
2    0
3    1
dtype: int32
```

3. 指定索引

我们还可以在创建Series对象时指定索引，示例代码如下。

```
import pandas as pd
apples = pd.Series([3,2,0,1], index=['a','b','c','d'])
print(apples)
```

示例代码运行后，输出结果如下。

```
a    3
b    2
c    0
d    1
dtype: int64
```

4. 使用标量创建Series

使用标量创建Series的示例代码如下。

```
import pandas as pd
apples = pd.Series(2, index=['a','b','c','d'])
print(apples)
```

上述代码使用标量值“2”创建了一个Series对象，其中的数据部分填充了标量值“2”，还通过index参数指定了索引为['a', 'b', 'c', 'd']。

示例代码运行后，输出结果如下。

```
a    2
b    2
c    2
d    2
dtype: int64
```

5. 使用字典创建Series

使用字典创建Series的示例代码如下。

```
import pandas as pd
data = {'a' : 3, 'b' : 2, 'c' : 0, 'd' : 1}
apples = pd.Series(data)
print(apples)
```

示例代码运行后，输出结果如下。

```
a    3
b    2
c    0
d    1
dtype: int64
```

2.6.3 访问Series数据

在介绍访问Series数据之前，我们先来介绍一下Series标签与位置的区别。Series的标签和位置如图2-9所示，其中包含了两个索引类型：位置（隐式索引）和标签（显式索引）。

下面是关于标签和位置的区别。

（1）标签访问：使用标签来引用数据时，通过指定标签来访问相应的数据。标签可以是字符串或其他可哈希的数据类型。例如，对于一个Series对象s，可以使用s['label']来获取标签为“label”的数据。

（2）位置访问：使用位置来引用数据时，通过指定数据在Series中的位置（索引）来访问相应的数据。位置是基于0的整数索引，表示数据在Series中的位置顺序。例如，对于一个Series对象s，可以使用s[0]来获取第一个位置的数据。

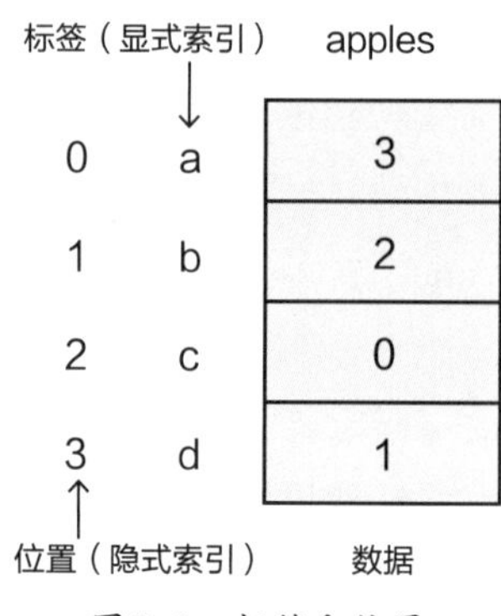

图2-9　标签和位置

2.6.4 通过下标访问Series数据

通过下标访问Series数据，具体可以分为：（1）标签下标；（2）位置下标。下面我们分别介绍一下。

1. 通过标签下标访问 Series 数据

通过标签下标访问Series数据的示例代码如下。

```
import pandas as pd
data = {'a' : 3, 'b' : 2, 'c' : 0, 'd' : 1}
apples = pd.Series(data)
# 通过标签下标访问数据
print(apples['a'])
```

示例代码运行后，输出结果如下。

```
3
```

2. 通过位置下标访问 Series 数据

通过位置下标访问Series数据的示例代码如下。

```
import pandas as pd
data = {'a' : 3, 'b' : 2, 'c' : 0, 'd' : 1}
apples = pd.Series(data)
# 通过位置下标访问数据
print(apples[0])
```

示例代码运行后，输出结果如下。

```
3
```

2.6.5 通过切片访问Series数据

通过切片访问Series数据，具体可以分为：（1）通过标签切片访问数据；（2）通过位置切片访问数据。下面我们分别介绍一下。

1. 通过标签切片访问Series数据

通过标签切片访问Series数据的示例代码如下。

```
import pandas as pd
data = {'a' : 3, 'b' : 2, 'c' : 0, 'd' : 1}
apples = pd.Series(data)
print("------apples['a':'c']-------")
print(apples['a':'c'])                                  ①
print("------apples['a':'d']-------")
print(apples['a':'d'])                                  ②
print("------apples[:'d']-------")
print( apples[:'d'])                                    ③
```

示例代码运行后，输出结果如下。

```
------apples['a':'c']-------
a    3
b    2
c    0
dtype: int64
------apples['a':'d']-------
a    3
b    2
c    0
d    1
dtype: int64
------apples[:'d']-------
a    3
b    2
c    0
d    1
dtype: int64
```

代码解释如下。

代码第①行apples['a':'c']：选择了从标签“a”到“c”的数据，包括“a”“b”和“c”。返回的Series对象包含了这个标签切片范围内的数据，图2-10所示的是apples['a':'c']标签切片的操作过程。

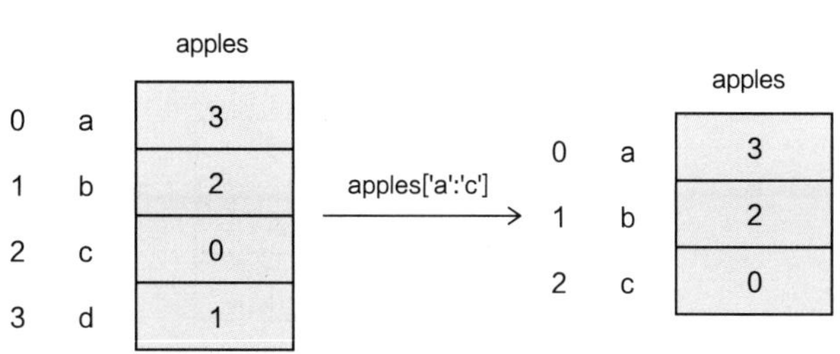

图2-10　apples['a':'c']标签切片的操作过程

代码第②行apples['a':'d']：选择了从标签“a”到“d”的数据，包括“a”“b”“c”

和“d”。返回的Series对象包含了这个标签切片范围内的数据。

代码第③行apples[:'d']：选择了从起始位置到标签“d”的数据，包括起始位置的数据和标签为“d”的数据。返回的Series对象包含了这个标签切片范围内的数据。

2. 通过位置切片访问 Series 数据

通过位置切片访问Series数据的示例代码如下。

```
import pandas as pd
data = {'a' : 3, 'b' : 2, 'c' : 0, 'd' : 1}
apples = pd.Series(data)
print("------apples[:3]-------")
print(apples[:3])                                ①
print("------: apples[0:3]-------")
print(apples[0:3])                               ②
```

示例代码运行后，输出结果如下。

```
------apples[:3]-------
a     3
b     2
c     0
dtype: int64
------: apples[0:3]-------
a     3
b     2
c     0
dtype: int64
```

代码解释如下。

代码第①行apples[:3]：选择了从起始位置到位置索引为2的数据，包括起始位置的数据和位置索引为0、1、2的数据。返回的Series对象包含了这个位置切片范围内的数据。

代码第②行apples[0:3]：选择了从位置索引为0到位置索引为2的数据，包括位置索引为0、1、2的数据。返回的Series对象包含了这个位置切片范围内的数据。图2-11所示的是apples[0:3]位置切片的操作过程。

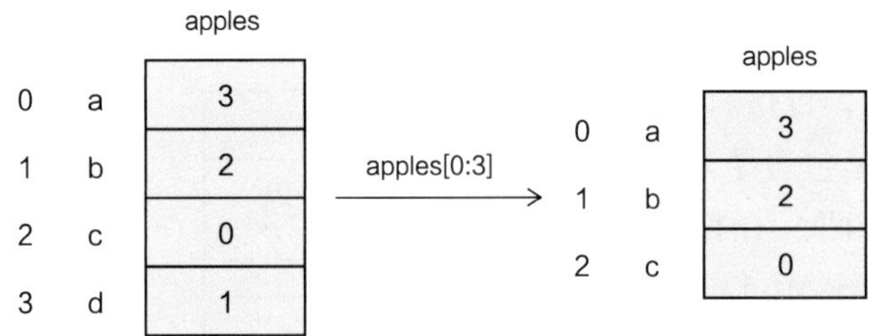

图2-11　apples[0:3]位置切片的操作过程

2.7 DataFrame数据结构

DataFrame是一种由多个Series结构构成的二维表格对象，如图2-12所示，类似于电子表格或关系型数据库中的表格。它是Pandas库中最常用的数据结构之一。

DataFrame是由多个列构成的，每一列都是一个Series对象。每个列可以具有不同的数据类型，例如整数、浮点数、字符串等。每个列代表了表格中的一种特定类型的数据。

在DataFrame对象中，行和列是带有标签的轴，DataFrame数据结构中的列标签和行标签的含义如下。

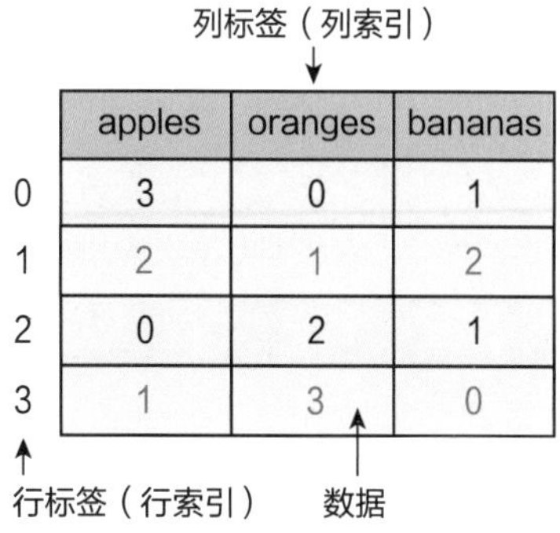

（1）列标签（列索引）：列标签是DataFrame中垂直方向的部分，它代表了数据表中的不同属性或变量。在图2-12中，列标签为apples、oranges和bananas。每一列都有一个列标签，即列索引。

列标签（列索引）

	apples	oranges	bananas
0	3	0	1
1	2	1	2
2	0	2	1
3	1	3	0

行标签（行索引）　数据

图2-12　DataFrame数据结构

（2）行标签（行索引）：行标签是DataFrame中水平方向的部分，它代表了数据表中的不同观测或实例。在图2-12中，行标签为0、1、2和3。每一行都有一个行标签，即行索引。

需要注意的是，行标签通常用于标识每一行的唯一性或提供额外的描述信息，而列标签用于标识每一列的含义或属性。通过行标签和列标签，我们可以在DataFrame中引用、访问和操作特定的行和列的数据。

DataFrame构造函数的语法格式如下。

```
pandas.DataFrame( data, index, columns, dtype, ...)
```

pandas.DataFrame()是用于创建DataFrame对象的构造函数。它接受多个参数来定义DataFrame的数据、行索引、列索引、数据类型等。

常用参数的解释如下。

- data：DataFrame的数据部分。它可以是多种形式的数据，如ndarray、Series、列表、字典等。可以是二维数组、嵌套列表、字典的列表等。
- index：DataFrame的行索引。它定义了每一行的标签或名称。默认情况下，行索引是从0开始的整数序列，可以传递一个指定行索引的参数，如列表、数组等。
- columns：DataFrame的列索引。它定义了每一列的标签或名称。默认情况下，列索引是从0开始的整数序列，可以传递一个指定列索引的参数，如列表、数组等。
- dtype：DataFrame的数据类型。它可以是Python的数据类型（如int、float、str等）或NumPy的数据类型。如果没有指定，数据类型将根据数据部分自动推断。
- 其他参数：还有其他可选的参数，如copy（指定是否复制数据，默认为False）、name（DataFrame的名称）、index_col（指定用作行索引的列）、header（指定用作列索引的行）等。

1. 使用列表创建DataFrame对象

使用列表创建DataFrame对象的示例代码如下。

```
import pandas as pd
L =[[3,0,1], [2,1,2],  [0,2,1], [1,3,0]]
df = pd.DataFrame(L)                                    ①
print(df)
```

示例代码运行后，输出结果如下。

```
   0  1  2
0  3  0  1
1  2  1  2
2  0  2  1
3  1  3  0
```

代码解释如下。

代码第①行通过列表创建DataFrame对象，由于没有指定行标签和列标签，则会采用默认的行标签和列标签，如图2-13所示，默认的行标签和列标签，即从0开始的整数序列。这就是为什么输出结果中的行标签是0、1、2、3，列标签是0、1、2。

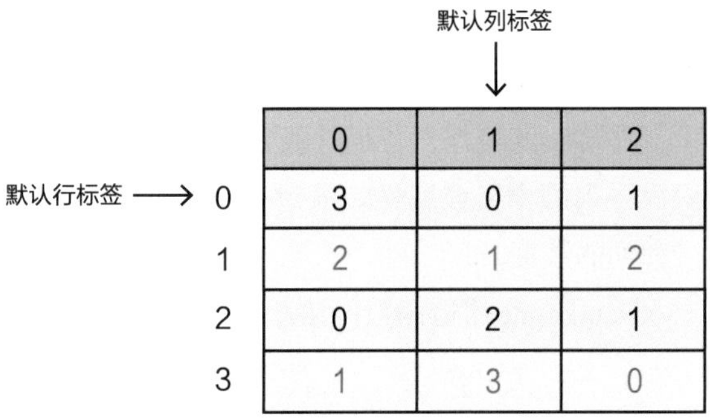

默认列标签

默认行标签

	0	1	2
0	3	0	1
1	2	1	2
2	0	2	1
3	1	3	0

图2-13　默认的行标签和列标签

2. 指定行标签和列标签

在创建DataFrame对象时可以指定行标签和列标签，示例代码如下。

```
import pandas as pd
L =[[3,0,1], [2,1,2],  [0,2,1], [1,3,0]]
df1 = pd.DataFrame(L,columns=['apples','oranges','bananas']) # 指定列标签
print("------df1-------")
print(df1)

df2 = pd.DataFrame(L,
                    columns=['apples','oranges','bananas'],   # 指定列标签
                    index=['June','Robert','Lily','David'])   # 指定行标签
print("------df2-------")
print(df2)
```

示例代码运行后，输出结果如下。

```
------df1-------
```

```
   apples  oranges  banana s
0       3        0        1
1       2        1        2
2       0        2        1
3       1        3        0
-------df2-------
        apples  oranges  bananas
June         3        0        1
Robert       2        1        2
Lily         0        2        1
David        1        3        0
```

在上述代码中，创建df1对象时指定了指定列标签，在创建df2对象时指定了指定列标签和列标签，创建成功的df2对象结果如图2-14所示。

	apples	oranges	bananas
June	3	0	1
Robert	2	1	2
Lily	0	2	1
David	1	3	0

图 2-14　df2 对象

3. 使用字典创建 DataFrame 对象

使用字典创建DataFrame对象的示例代码如下。

```
import pandas as pd

data ={  'apples': [3, 2, 0, 1],
        'oranges': [0, 1, 2, 3],
        'bananas': [1, 2, 1, 0]
       }

df1 = pd.DataFrame(data)                          # 使用字典创建 DataFrame
print("-------df1-------")
print(df1)

# 指定行标签创建 DataFrame
df2 = pd.DataFrame(data, index=['June','Robert','Lily','David'])
print("-------df2-------")
print(df2)
```

示例代码运行后，输出结果如下。

```
-------df1-------
   apples  oranges  bananas
0       3        0        1
```

```
1      2      1      2
2      0      2      1
3      1      3      0
------df2-------
        apples  oranges  bananas
June         3        0        1
Robert       2        1        2
Lily         0        2        1
David        1        3        0
```

2.8 访问DataFrame数据

要访问DataFrame结构中的数据，你可以使用不同的方法和操作符。以下是几种常见的访问DataFrame的方式：（1）列访问；（2）行访问；（3）切片访问。

2.8.1 访问DataFrame列

列访问：可以使用列标签来访问DataFrame中的特定列。列访问有以下两种方式。

（1）使用点操作符：df.column_name，其中column_name是列标签。

（2）使用下标操作符（[]）：df['column_name']，其中column_name是列标签。

访问DataFrame列数据的示例代码如下。

```
import pandas as pd

data = {'apples': [3, 2, 0, 1], 'oranges': [2, 4, 6, 8], 'bananas': [1, 3, 5, 
7]}
df = pd.DataFrame(data)

# 使用点操作符
print(df.apples)

# 使用下标操作符
print(df['apples'])
```

示例代码运行后，输出结果如下。

```
0    3
1    2
2    0
3    1
Name: apples, dtype: int64
```

```
0    3
1    2
2    0
3    1
Name: apples, dtype: int64
```

2.8.2 访问DataFrame行

行访问：可以使用行索引来访问DataFrame中的特定行。行访问有以下两种方式。

（1）使用.loc属性加上行索引：df.loc[row_index]，其中row_index是行的标签。

（2）使用.iloc属性加上行的位置索引：df.iloc[row_position]，其中row_position是行的位置索引。

访问DataFrame行数据的示例代码如下。

```
import pandas as pd

data = {'apples': [3, 2, 0, 1], 'oranges': [2, 4, 6, 8], 'bananas': [1, 3, 5,
7]}
index = ['A', 'B', 'C', 'D']
df = pd.DataFrame(data, index=index)

# 使用 .loc 访问行
print(df.loc['A'])

# 使用 .iloc 访问行
print(df.iloc[0])
```

示例代码运行后，输出结果如下。

```
apples     3
oranges    2
bananas    1
Name: A, dtype: int64
apples     3
oranges    2
bananas    1
Name: A, dtype: int64
```

2.8.3 切片访问

切片访问：可以使用切片操作来访问DataFrame中的连续行或列的子集。切片访问有以下两种方式。

（1）使用.loc属性加上行切片：df.loc[start_row:end_row]，其中start_row和end_row是起始行和结

束行的标签。

（2）使用.iloc属性加上行的位置切片：df.iloc[start_position:end_position]，其中start_position和end_position是起始位置和结束位置的索引。

使用切片访问DataFrame数据的示例代码如下。

```
import pandas as pd

data = {'apples': [3, 2, 0, 1], 'oranges': [2, 4, 6, 8], 'bananas': [1, 3, 5, 7]}
index = ['A', 'B', 'C', 'D']
df = pd.DataFrame(data, index=index)

# 使用 .loc 切片访问行
print(df.loc['A':'C'])

# 使用 .iloc 切片访问行
print(df.iloc[0:3])

# 使用 .loc 切片访问列
print(df.loc[:, 'apples':'oranges'])

# 使用 .iloc 切片访问列
print(df.iloc[:, 0:2])
```

示例代码运行后，输出结果如下。

```
   apples  oranges  bananas
A       3        2        1
B       2        4        3
C       0        6        5
   apples  oranges  bananas
A       3        2        1
B       2        4        3
C       0        6        5
   apples  oranges
A       3        2
B       2        4
C       0        6
D       1        8
   apples  oranges
A       3        2
B       2        4
C       0        6
D       1        8
```

2.9 读写数据

Pandas库提供了丰富的功能来读取和写入各种数据格式，包括CSV、Excel、SQL数据库等。

2.9.1 CSV文件

CSV文件是一种常见的文件格式，它代表逗号分隔值（Comma-Separated Values）。CSV文件是一种纯文本文件，其中的数据以逗号为分隔符进行字段的分隔。每行数据代表一条记录，而每个字段则在该行内通过逗号进行分隔。

CSV文件的优点是简单和广泛支持。它可以使用任何文本编辑器进行创建和编辑，并且可以被许多软件应用程序和编程语言轻松读取和处理。CSV文件通常用于存储表格数据，例如电子表格数据、数据库导出数据等。

以下是一个包含表头和三行数据的简单示例。

```
姓名，年龄，性别
爱丽丝，25，女
鲍勃，30，男
查理，35，男
```

我们需要先将CSV代码复制到文本编辑器中，如图2-15所示。然后将文件保存为“.csv”文件格式，如图2-16所示。

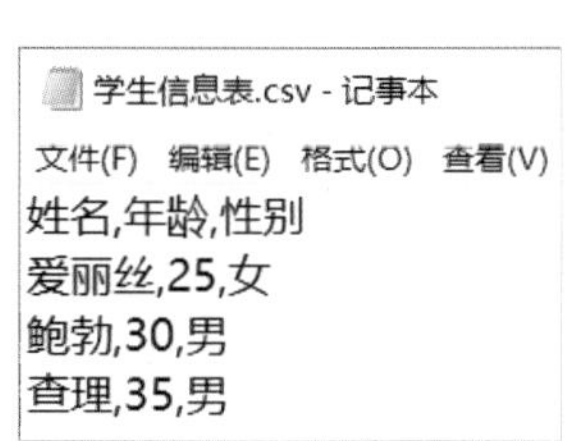

图2-15 在记事本中编写CSV代码

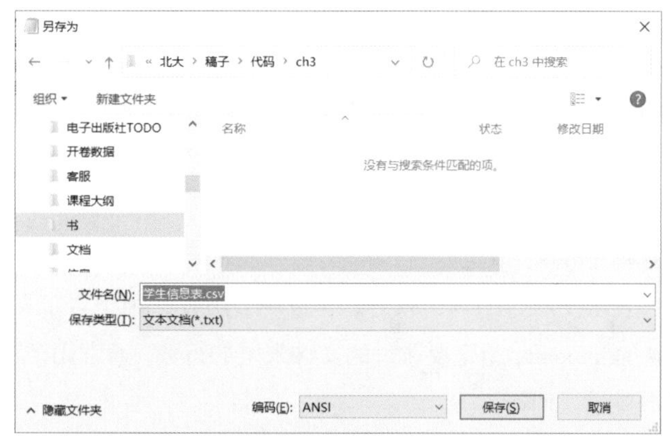

图2-16 保存CSV文件

保存好CSV文件之后，我们可以使用Excel和WPS等Office工具打开，图2-17所示的是使用Excel打开的CSV文件。

另外，在保存CSV文件时要注意字符集问题。如果是在简体中文系统下，推荐选择ANSI字符集，也就是GBK编码。如果不能正确选择字符集则会出现中文乱码。图2-18所示的是采用Excel工具打开UTF-8编码的CSV文件，出现了中文乱码，若采用WPS工具则不会出现乱码的情况。

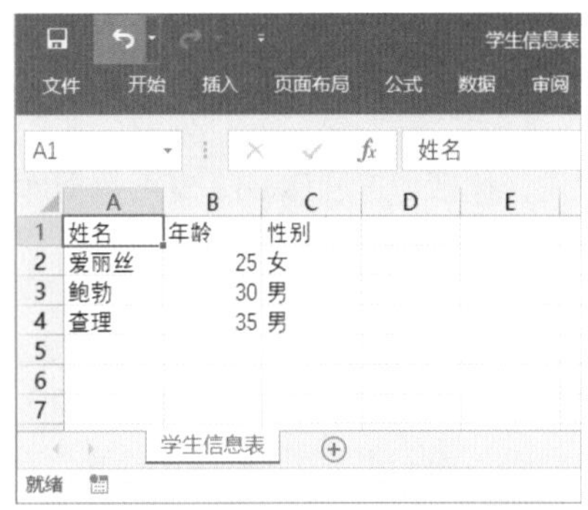

图 2-17　使用 Excel 打开 CSV 文件

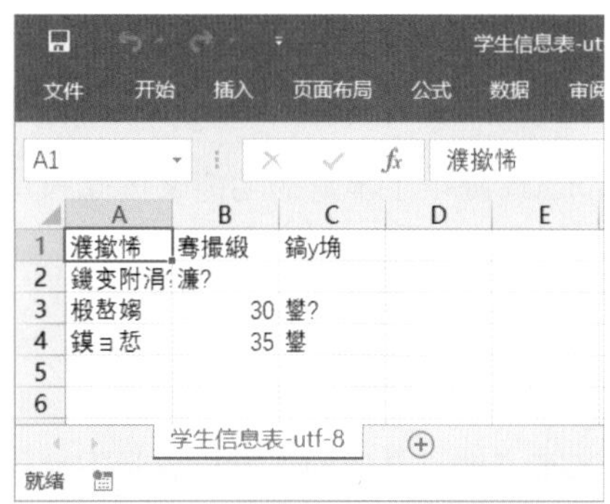

图 2-18　CSV 文件乱码

2.9.2 读取CSV文件数据

读取CSV文件数据的函数是pandas.read_csv()，该函数返回值是DataFrame对象，该函数的语法格式如下。

```
pandas.read_csv(filepath_or_buffer, sep=', ', delimiter=None, header='infer',
index_col=None, skiprows=None, skipfooter=0,encoding='utf-8')
```

以下是对主要参数的详细说明。

● filepath_or_buffer：要读取的CSV文件的路径或文件对象。可以是本地文件的路径、文件对象，或者是远程URL。

● sep或delimiter：用于分隔每行字段的字符或正则表达式。默认情况下，分隔符是逗号“,”。

● header：指定用作DataFrame对象列标签的行号。可以是一个整数，表示具体的行号；或是字符串“infer”，表示自动推断列标签，默认是自动推断。

● index_col：指定用作DataFrame对象行标签的列号。可以是一个整数，表示具体的列号；或是 None，表示不使用任何列作为行标签，默认是 None。

● skiprows：指定要跳过的文件开头的行数。可以是一个整数，表示要跳过的行数；或是一个列表，表示要跳过的具体行号；或是一个函数，用于自定义跳过的行，默认是 None。

● skipfooter：指定要跳过的文件末尾的行数。通常用于跳过文件中的摘要或脚注部分，默认是 0，表示不跳过任何行。

● encoding：用于指定读取文件时使用的字符编码方式。它用于解决文件中可能存在的编码问题，确保能够正确地读取和解析文件内容。

常见的encoding取值包括以下4种。

（1）utf-8：UTF-8编码，适用于大多数Unicode字符集。

（2）gbk：GBK编码，适用于中文简体和繁体字符集。

（3）latin1：ISO-8859-1编码，适用于大多数西欧语言字符集。

（4）ascii：ASCII编码，仅适用于英文字符集。

这些参数可以根据具体的需求进行调整，以正确读取CSV文件并创建DataFrame对象。

2.9.3 示例：从CSV文件读取全国总人口10年数据

下面通过一个示例熟悉一下如何使用Pandas库从CSV文件读取数据到DataFrame对象中，从而进行进一步操作。

示例背景

笔者从国家统计局网站下载了“全国总人口10年数据.csv”文件，内容如图2-19所示。

	A	B	C	D	E	F	G	H	I	J	K
1	数据库：年度数据										
2	时间：最近10年										
3	指标	2018年	2017年	2016年	2015年	2014年	2013年	2012年	2011年	2010年	2009年
4	年末总人口(万人)	139538	139008	138271	137462	136782	136072	135404	134735	134091	133450
5	男性人口(万人)	71351	71137	70815	70414	70079	69728	69395	69068	68748	68647
6	女性人口(万人)	68187	67871	67456	67048	66703	66344	66009	65667	65343	64803
7	城镇人口(万人)	83137	81347	79298	77116	74916	73111	71182	69079	66978	64512
8	乡村人口(万人)	56401	57661	58973	60346	61866	62961	64222	65656	67113	68938
9	注：1981年及以前人口数据为户籍统计数；1982、1990、2000、2010年数据为当年人口普查数据推算数；其余年份数据为年度人口抽样调查推算数据。总人口和按性别分人口中包括现役军人，按城乡分										
10	数据来源：国家统计局										

图2-19 全国总人口10年数据CSV文件

读取“全国总人口10年数据.csv”文件的代码如下。

```
import pandas as pd
df =pd.read_csv('data/ 全国总人口 10 年数据 .csv',skiprows=2,skipfooter=2,engine='p
ython', encoding='gbk')
df
```

使用Jupyter Notebook工具运行上述代码，输出结果如图2-20所示。

	指标	2018年	2017年	2016年	2015年	2014年	2013年	2012年	2011年	2010年	2009年
0	年末总人口(万人)	139538	139008	138271	137462	136782	136072	135404	134735	134091	133450
1	男性人口(万人)	71351	71137	70815	70414	70079	69728	69395	69068	68748	68647
2	女性人口(万人)	68187	67871	67456	67048	66703	66344	66009	65667	65343	64803
3	城镇人口(万人)	83137	81347	79298	77116	74916	73111	71182	69079	66978	64512
4	乡村人口(万人)	56401	57661	58973	60346	61866	62961	64222	65656	67113	68938

图2-20 输出结果

这段代码使用Pandas库中的read_csv()函数来读取名为“全国总人口10年数据.csv”的文件。注意文件是保存到当前目录下的data目录中的。以下是对代码中各参数的解释。

- pd：是Pandas库的别名，用于引入并使用Pandas库中的函数和类。
- read_csv()：是Pandas库中用于读取CSV文件的函数。
- 'data/全国总人口10年数据.csv'：是要读取的CSV文件的路径或文件名。
- skiprows=2：跳过文件的前两行，即不将它们作为数据的一部分。
- skipfooter=2：跳过文件的最后两行，同样不将它们作为数据的一部分。
- engine='python'：指定使用Python解析引擎来读取文件。
- encoding='gbk'：指定文件的字符编码为GBK，以确保能够正确解码文件和读取其中的内容。

通过以上代码，CSV文件中的数据将被读取到一个DataFrame对象中，存储在变量df中，可以对该DataFrame对象进行后续的数据处理和分析操作。

2.9.4 读取Excel文件数据

读取Excel文件数据的函数是pandas.read_excel()，该函数返回值是DataFrame对象，该函数的语法格式如下。

```
pandas.read_excel(io, sheet_name=0, header=0, index_col=None, skiprows=None,
skipfooter=0)
```

主要参数的解释如下。

- io：输入的Excel文件可以是字符串、文件对象或ExcelFile对象。可以是本地文件路径，也可以是网络URL。
- sheet_name：Excel文件中的工作表名。可以是字符串（指定单个工作表）、整数（基于0的工作表位置索引）或列表（选择多个工作表）。
- header：用作DataFrame对象的列标签的行号。默认为0，即将第一行作为列标签。如果设置为None，则没有指定列标签。
- index_col：用作DataFrame对象的行标签的列号。默认为None，即不设置行标签。
- skiprows：跳过文件开头的行数。默认为None，即不跳过任何行。
- skipfooter：跳过文件末尾的行数。默认为0，即不跳过任何行。

2.9.5 示例：从Excel文件读取全国总人口10年数据

下面通过一个示例展示一下如何使用Pandas库从Excel文件中读取数据到DataFrame对象中，从而进行进一步操作。

示例背景

笔者从国家统计局网站下载了“全国总人口10年数据.xls”文件，内容如图2-21所示。

	A	B	C	D	E	F	G	H	I	J	K
1	数据库：年度数据										
2	时间：最近10年										
3	指标	2018年	2017年	2016年	2015年	2014年	2013年	2012年	2011年	2010年	2009年
4	年末总人口(万人)	139538	139008	138271	137462	136782	136072	135404	134735	134091	133450
5	男性人口(万人)	71351	71137	70815	70414	70079	69728	69395	69068	68748	68647
6	女性人口(万人)	68187	67871	67456	67048	66703	66344	66009	65667	65343	64803
7	城镇人口(万人)	83137	81347	79298	77116	74916	73111	71182	69079	66978	64512
8	乡村人口(万人)	56401	57661	58973	60346	61866	62961	64222	65656	67113	68938
9	注：1981年及以前人口数据为户籍统计数；1982、1990、2000、2010年数据为当年人口普查数据推算数；其余年份数据为年度人口抽样调查推算数据。总人口和按性别分人口中包括现役军人，按城乡分人口中现役军人计入										
10	数据来源：国家统计局										
11											

图2-21　全国总人口10年数据Excel文件

读取“全国总人口10年数据.xls”文件的代码如下。

```
import pandas as pd
df = pd.read_excel('data/全国总人口10年数据.xls', sheet_
name=0,skiprows=2,skipfooter= 2, index_col=0)
df
```

使用Jupyter Notebook工具运行上述代码，输出结果如图2-22所示。

	2018年	2017年	2016年	2015年	2014年	2013年	2012年	2011年	2010年	2009年
指标										
年末总人口(万人)	139538	139008	138271	137462	136782	136072	135404	134735	134091	133450
男性人口(万人)	71351	71137	70815	70414	70079	69728	69395	69068	68748	68647
女性人口(万人)	68187	67871	67456	67048	66703	66344	66009	65667	65343	64803
城镇人口(万人)	83137	81347	79298	77116	74916	73111	71182	69079	66978	64512
乡村人口(万人)	56401	57661	58973	60346	61866	62961	64222	65656	67113	68938

图2-22　输出结果

这段代码使用pd.read_excel()函数读取当前data目录下的“全国总人口10年数据.xls”文件中的工作表“年度数据”的数据，并将其存储在DataFrame对象df中。数据将根据指定的行索引和跳过的行数进行处理。

以下是对主要参数的解释。

- 'data/全国总人口10年数据.xls'：指定要读取的Excel文件的路径或文件名。
- sheet_name=0：指定要读取的工作表名称，0表示读取第一个工作表。
- skiprows=2：指定要跳过的行数，这里跳过前两行。
- skipfooter=2：指定要跳过的尾部行数，这里跳过末尾的两行。
- index_col=0：指定作为行索引的列号，这里使用第一列作为行索引。

注意 ⚠ 用pd.read_excel()函数底层依赖xlrd库，它是一个读取Excel文件的第三方库，因此需要安装，读者可以使用pip install xlrd指令进行安装，安装过程不再赘述。

2.9.6 读取SQL数据库

SQLite是一种轻量级的关系型数据库管理系统，其特点在于它不需要进行安装，Python标准库中已经包含了sqlite3模块，这使得SQLite在集成和使用上极为便捷。

Pandas库提供了read_sql函数，可以使用SQL从数据库中读取数据并转换为DataFrame对象，主要代码如下。

```
import pandas as pd
# 从 SQL 数据库读取数据并转换为 DataFrame 对象
import sqlite3
conn = sqlite3.connect('database.db')
query = 'SELECT * FROM table'
data_sql = pd.read_sql(query, conn)
```

2.9.7 示例：从数据库读取苹果股票数据

下面通过一个示例展示一下如何使用Pandas库从数据库中读取数据到DataFrame对象中。

示例背景

笔者曾经搜集了纳斯达克苹果公司的股票数据，并保存到SQLite数据库中，数据库文件是NASDAQ_DB.db。使用SQLite管理工具（DB Browser for SQLite）打开文件，如图2-23所示。

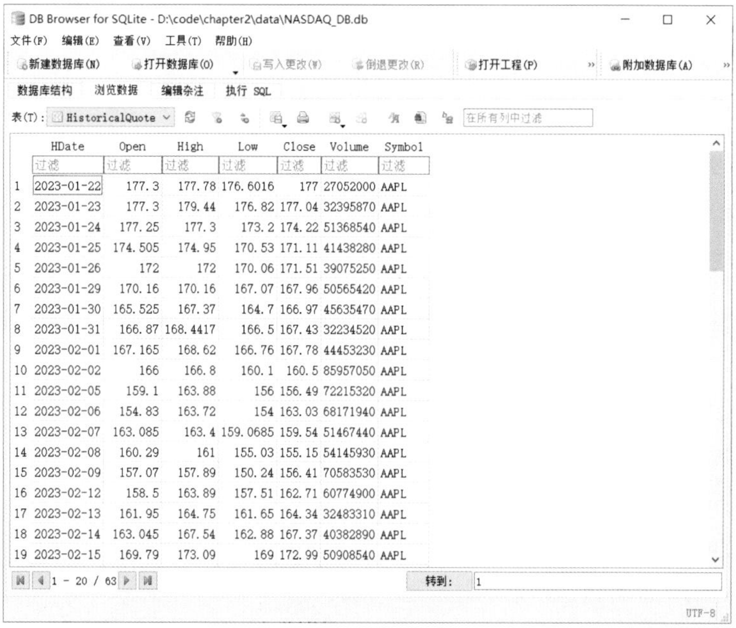

DB Browser for SQLite - D:\code\chapter2\data\NASDAQ_DB.db

文件(F) 编辑(E) 查看(V) 工具(T) 帮助(H)

新建数据库(N) 打开数据库(O) 写入更改(W) 倒退更改(R) 打开工程(P) 附加数据库(A)

数据库结构 浏览数据 编辑杂注 执行 SQL

表(T)：HistoricalQuote

	HDate	Open	High	Low	Close	Volume	Symbol
1	2023-01-22	177.3	177.78	176.6016	177	27052000	AAPL
2	2023-01-23	177.3	179.44	176.82	177.04	32395870	AAPL
3	2023-01-24	177.25	177.3	173.2	174.22	51368540	AAPL
4	2023-01-25	174.505	174.95	170.53	171.11	41438280	AAPL
5	2023-01-26	172	172	170.06	171.51	39075250	AAPL
6	2023-01-29	170.16	170.16	167.07	167.96	50565420	AAPL
7	2023-01-30	165.525	167.37	164.7	166.97	45635470	AAPL
8	2023-01-31	166.87	168.4417	166.5	167.43	32234520	AAPL
9	2023-02-01	167.165	168.62	166.76	167.78	44453230	AAPL
10	2023-02-02	166	166.8	160.1	160.5	85957050	AAPL
11	2023-02-05	159.1	163.88	156	156.49	72215320	AAPL
12	2023-02-06	154.83	163.72	154	163.03	68171940	AAPL
13	2023-02-07	163.085	163.4	159.0685	159.54	51467440	AAPL
14	2023-02-08	160.29	161	155.03	155.15	54145930	AAPL
15	2023-02-09	157.07	157.89	150.24	156.41	70583530	AAPL
16	2023-02-12	158.5	163.89	157.51	162.71	60774900	AAPL
17	2023-02-13	161.95	164.75	161.65	164.34	32483310	AAPL
18	2023-02-14	163.045	167.54	162.88	167.37	40382890	AAPL
19	2023-02-15	169.79	173.09	169	172.99	50908540	AAPL

1 - 20 / 63　转到：1　UTF-8

图2-23　NASDAQ_DB.db数据库数据

> 提示 ⚠ DB Browser for SQLite工具的使用方法这里不再赘述，读者可以自己搜索下载。

读取文件NASDAQ_DB.db的示例代码如下。

```
import pandas as pd
```

```
# 从 SQL 数据库读取数据并转换为 DataFrame 对象
import sqlite3                                          ①
conn = sqlite3.connect('data/NASDAQ_DB.db')             ②
# 准备 SQL 语句 HistoricalQuote 表保存股票历史数据
query = 'SELECT * FROM HistoricalQuote'                 ③
data_sql = pd.read_sql(query, conn)                     ④
data_sql
```

使用Jupyter Notebook工具运行上述代码，输出结果如图2-24所示。

	HDate	Open	High	Low	Close	Volume	Symbol
0	2023-01-22	177.3000	177.7800	176.6016	177.00	27052000	AAPL
1	2023-01-23	177.3000	179.4400	176.8200	177.04	32395870	AAPL
2	2023-01-24	177.2500	177.3000	173.2000	174.22	51368540	AAPL
3	2023-01-25	174.5050	174.9500	170.5300	171.11	41438280	AAPL
4	2023-01-26	172.0000	172.0000	170.0600	171.51	39075250	AAPL
...	...	...	...	...	...	...	...
58	2023-04-16	175.0301	176.1900	174.8301	175.82	21561320	AAPL
59	2023-04-17	176.4900	178.9365	176.4100	178.24	26575010	AAPL
60	2023-04-18	177.8100	178.8200	176.8800	177.84	20544600	AAPL
61	2023-04-19	174.9500	175.3900	172.6600	172.80	34693280	AAPL
62	2023-04-20	170.5950	171.2184	165.4300	165.72	65270950	AAPL

63 rows × 7 columns

图2-24　输出结果

代码解释如下。

代码第①行导入了 Python 的 sqlite3 模块，用于连接和操作 SQLite 数据库。

代码第②行创建了一个与 SQLite 数据库文件 data/NASDAQ_DB.db 的连接。它使用 sqlite3 模块中的 connect() 函数，将数据库文件的路径作为参数传递给它。连接对象被赋值给变量 conn，以供后续操作使用。

代码第③行定义了一个 SQL 查询语句。查询语句是用来从数据库中检索数据的指令。在这个例子中，查询语句是选取了 HistoricalQuote 表中的所有列(*)。

代码第④行使用pd.read_sql()函数从数据库中执行 SQL 查询，并将结果存储到一个 DataFrame 对象中。pd.read_sql()函数中有两个参数，第一个参数是查询语句，第二个参数是数据库连接对象。执行完毕后，查询结果被存储在 data_sql 变量中，可以进一步处理和分析。

2.10 本章总结

本章重点介绍了NumPy库和Pandas库的基础知识和使用方法。这些知识将在进行数据处理和分析方面提供重要帮助。

03 第3章 科研绘图与学术图表绘制库

在Python语言中，常用于科研论文方面的绘图库包括以下几个。

（1）Matplotlib：Matplotlib是Python中最常用的绘图库之一。它可以用于绘制各种类型的图表，包括折线图、散点图、直方图、饼图等，并具有高度的自定义性。Matplotlib可以绘制出专业水平的图表，并且与学术排版规范兼容。

（2）Seaborn：Seaborn是基于Matplotlib的统计数据可视化库。它提供了高级的统计绘图功能，如核密度估计、小提琴图、热力图等，同时具有美观的默认图表样式。

（3）Plotly：Plotly是一个交互式可视化库。它可以用于绘制各种类型的图表，包括线图、散点图、柱状图、3D图等，对于在线出版或数字出版物非常有用。

（4）Bokeh：Bokeh是一个用于创建交互式图表的库。它提供了强大的工具和互动性支持。

（5）ggplot：ggplot是一个用于绘制统计图形的Python库，它基于R语言中的ggplot2库，提供了一种基于语法的方式来创建精美的图表。

这些库各自具有强大的功能和灵活性，可以满足科研论文中的各种图表需求。一般来说，Matplotlib+Seaborn组合使用最为广泛，因此，本章我们先介绍Matplotlib和Seaborn绘图库及一些基本的绘图概念。

3.1 Matplotlib简介

Matplotlib是一个Python中广泛使用的2D绘图库，可以用于创建各种静态、动态和交互式可视化的图表。

3.1.1 安装Matplotlib

可以使用pip工具安装Matplotlib库，Windows平台需要在命令提示符工具中执行，安装过程如图3-1所示，其他平台安装过程也是类似的，这里不再赘述。

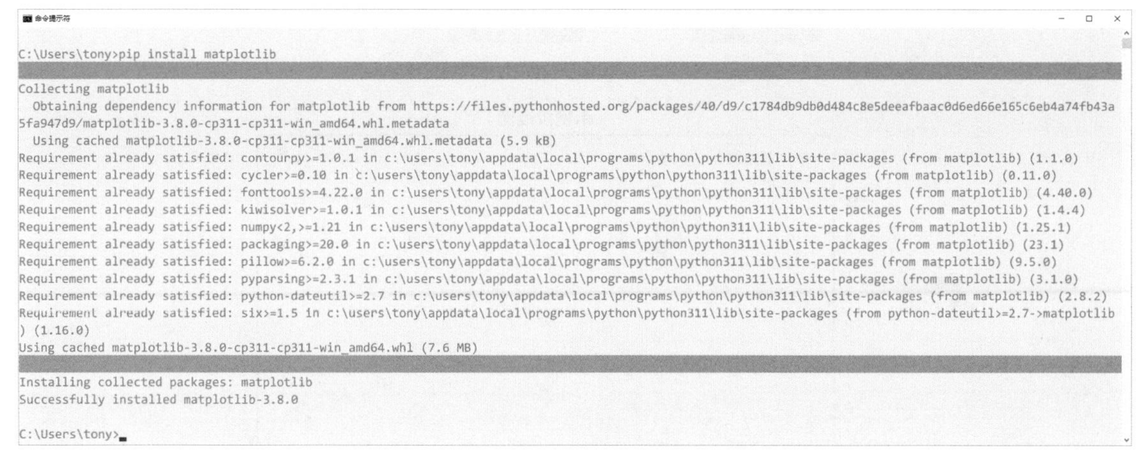

图 3-1　安装过程

3.1.2 Matplotlib基本绘图概念

以下是Matplotlib基本绘图概念的简要介绍。

（1）Figure（图形）：Figure是Matplotlib中的顶层容器，它是整个图形的窗口或画布。一个图形可以包含一个或多个坐标轴对象。

（2）Axes（绘图区域）：Axes是实际绘图区域，包括坐标轴、标签、图表元素等。一个Figure可以包含多个Axes对象，每个Axes对象代表一个单独的子图。

（3）坐标轴和刻度：X轴和Y轴分别是水平和垂直的坐标轴。它们用于表示数据点的位置。

（4）刻度：刻度是坐标轴上的标记，用于表示数值。Matplotlib会自动为坐标轴生成刻度，但我们也可以自定义刻度的范围、标签和样式。

（5）绘图函数：Matplotlib提供了一系列的绘图函数，用于创建不同类型的图表，例如，plot函数用于创建折线图、scatter函数用于创建散点图、bar函数用于创建柱状图等。通过这些函数，你可以在Axes对象上绘制数据。

（6）图表属性和样式：Matplotlib允许自定义图表的属性和样式，包括线型、颜色、标记、线宽、图例等。读者可以使用函数参数或调用方法来设置这些属性，以使图表更具吸引力或更好地传达信息。

（7）图例（Legend）：图例是用于解释图表中各种元素的标签。它通常用于标识不同的数据系列或数据集。你可以使用legend函数来添加图例，并根据需要自定义其位置和样式。

（8）标题：标题是图表的主要名称，通常描述图表的内容。

（9）标签：标签是用于标识坐标轴、数据集、图例等的文本。

了解这些概念将帮助我们在Matplotlib中创建和自定义各种类型的图表。

这些图表要素（部分）可以参考图3-2所示。

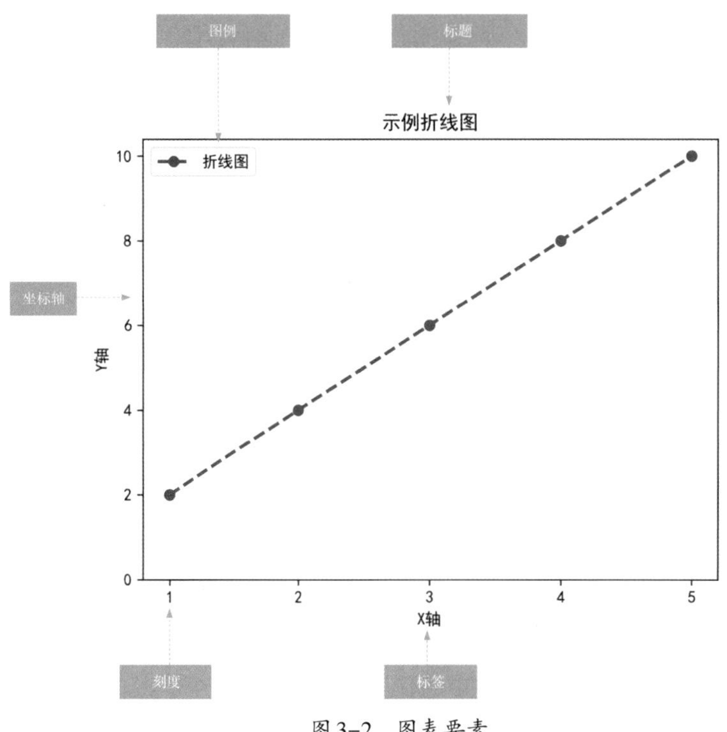

图 3-2　图表要素

3.1.3 使用Matplotlib绘图

使用Matplotlib绘图通常包括以下几个步骤。

1. 导入 Matplotlib 库

首先，导入Matplotlib库，以便能够使用其绘图功能。通常使用import matplotlib.pyplot as plt导入。

2. 创建数据

生成或准备要绘制的数据，可以是列表、NumPy数组或从其他数据源加载的数据。

3. 创建图形和坐标轴

使用plt.subplots()函数创建一个图形对象和一个或多个坐标轴对象。Figure对象代表整个图形，而Axes对象代表绘图区域。

```
fig, ax = plt.subplots()
```

4. 使用绘图函数

选择合适的绘图函数来创建所需类型的图形。Matplotlib提供了各种绘图函数，例如，plot()用于折线图、scatter()用于散点图、bar()用于柱状图等。将数据传递给这些函数，以便它们能够在坐标轴上绘制图形。

```
x = [1, 2, 3, 4, 5]
y = [2, 4, 6, 8, 10]
ax.plot(x, y)                    # 示例：绘制折线图
```

5. 自定义图形属性

根据需要自定义图形的属性，包括标题、坐标轴标签、图例、颜色、线型等。可以使用各种设置方法来完成此操作。

```
ax.set_title('示例折线图')              # 添加标题
ax.set_xlabel('X轴')                   # 添加X轴标签
ax.set_ylabel('Y轴')                   # 添加Y轴标签
ax.legend(['数据'])                    # 添加图例
ax.set_xlim(0, 6)                      # 设置X轴范围
ax.set_ylim(0, 12)                     # 设置Y轴范围
```

6. 显示或保存图形

如果要保存图片，可以使用plt.show()在屏幕上显示图形，或使用plt.savefig()保存图形为图像文件。如果使用plt.show()，图形将显示在交互式界面中；如果使用plt.savefig()，则可以将图形保存为文件。

```
plt.show()                             # 在屏幕上显示图形
# 或
plt.savefig('my_plot.png')             # 保存图形为文件
```

以下是一个完整的示例代码，演示如何使用Matplotlib绘制一个简单的折线图。

```
import matplotlib.pyplot as plt
plt.rcParams['font.family'] = ['SimHei']       # 设置中文字体
plt.rcParams['axes.unicode_minus'] = False     # 设置负号显示

# 创建数据
x = [1, 2, 3, 4, 5]
y = [2, 4, 6, 8, 10]

# 创建图形和坐标轴
fig, ax = plt.subplots()

# 使用绘图函数绘制折线图
ax.plot(x, y)
# 自定义图形属性
ax.set_title('示例折线图')
ax.set_xlabel('X轴')
ax.set_ylabel('Y轴')

# 显示图形
plt.show()
```

使用Jupyter Notebook工具运行上述代码，生成图会嵌入页面，程序运行结果如图3-3所示。

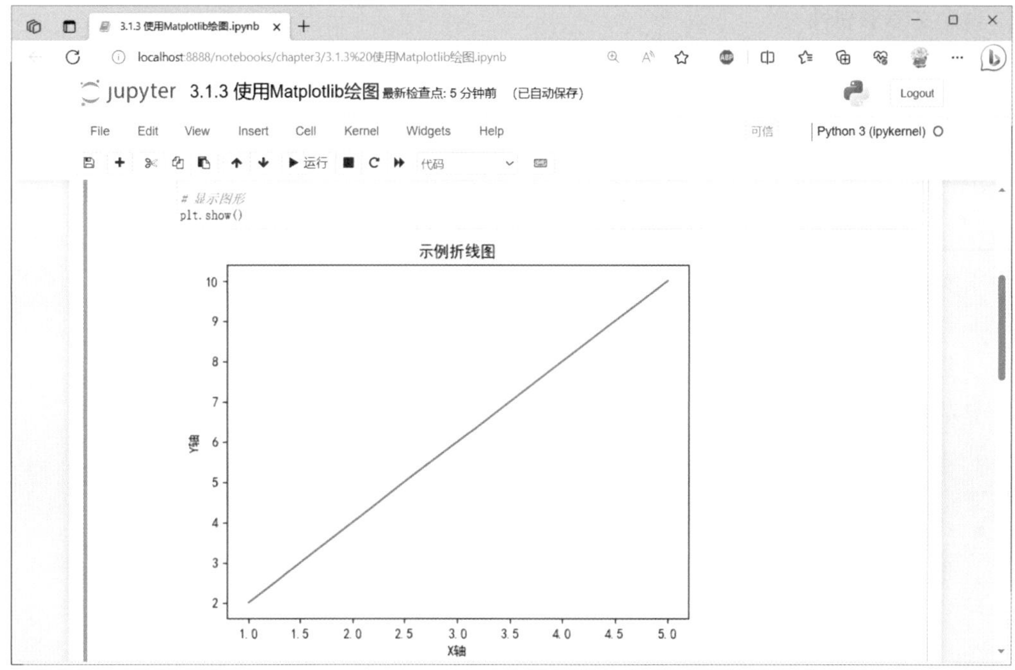

图 3-3　程序运行结果

3.1.4 自定义图形样式和标签

在Matplotlib中，我们可以自定义图形的样式和标签，以使图表更具吸引力、信息更丰富。以下是一些常见的自定义图形样式和标签的方法。

1. 自定义线型和颜色

- 使用linestyle参数设置线型，例如“linestyle='--'”表示虚线。
- 使用color参数设置线的颜色，例如“color='b'”表示蓝色。

```
ax.plot(x, y, linestyle='--', color='b', label=' 自定义样式 ')
```

2. 自定义标记点

- 使用marker参数设置标记点的样式，例如“marker='o'”表示使用圆圈标记点。

```
ax.plot(x, y, marker='o', label=' 标记点样式 ')
```

3. 自定义线宽

- 使用linewidth参数设置线的宽度，例如“linewidth=2”表示线宽为2个单位。

```
ax.plot(x, y, linewidth=2, label=' 线宽样式 ')
```

4. 自定义图例

- 使用ax.legend()添加图例，默认会使用数据的label作为标签。
- 可以通过在legend()函数中传递labels参数来自定义图例的标签。

```
ax.legend(['标签1', '标签2'])
```

5. 自定义标题

- 使用ax.set_title()设置图表的标题。

```
ax.set_title('自定义标题')
```

6. 自定义刻度

- 使用ax.set_xticks()和ax.set_yticks()自定义X轴和Y轴的刻度。

```
ax.set_xticks([1, 2, 3, 4, 5])
ax.set_yticks([0, 2, 4, 6, 8, 10])
```

通过组合和调整这些自定义选项，我们可以绘制具有各种样式、标签和属性的图形，以更好地传达数据、使图表更具吸引力。Matplotlib的灵活性使得绘制图形变得非常容易。

示例代码如下。

```
import matplotlib.pyplot as plt

plt.rcParams['font.family'] = ['SimHei']         # 设置中文字体
plt.rcParams['axes.unicode_minus'] = False    # 设置负号显示

# 创建一个 Figure 对象和一个包含一个 Axes 对象的子图
fig, ax = plt.subplots()

# 生成示例数据
x = [1, 2, 3, 4, 5]
y = [2, 4, 6, 8, 10]

# 使用 plot 函数绘制折线图
ax.plot(x, y, label='折线图', linestyle='--',
        marker='o', color='b', linewidth=2)            ①

# 添加标题
ax.set_title('示例折线图')

# 添加坐标轴标签
ax.set_xlabel('X轴')
ax.set_ylabel('Y轴')

# 添加图例
ax.legend()
```

```
# 自定义刻度
ax.set_xticks([1, 2, 3, 4, 5])
ax.set_yticks([0, 2, 4, 6, 8, 10])

# 保存图表为图片文件，指定 DPI 为 300，保存到指定路径
save_path = '第一个折线图 .png'
plt.savefig(save_path, dpi=300)

# 显示图表
plt.show()
```

使用Jupyter Notebook工具运行上述代码，生成的图片如图3-4所示，同时会在当前“.ipynb”文件所在目录生成“折线图.png”文件。

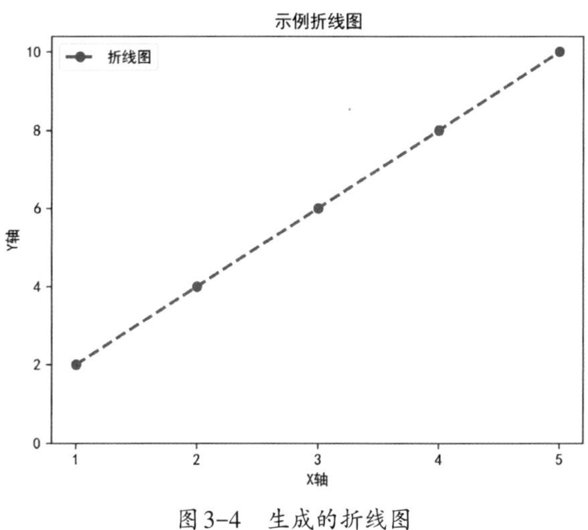

图3-4 生成的折线图

上述示例中主要代码的解释如下。

代码第①行使用ax.plot()函数来绘制折线图，并设置了折线图的样式和属性，各个参数和选项如下。

- x和y：这两个参数分别表示折线图的X轴和Y轴数据。在示例中，x包含了X轴上的数据点，y包含了对应的Y轴上的数据点。
- label='折线图'：这是一个可选的参数，用于为折线图添加标签。该标签将在图例中显示，用于标识这条折线的含义。
- linestyle='--'：这个参数设置了折线的线型，“--”表示虚线。我们也可以使用其他不同的线型，如实线、点线等。
- marker='o'：这个参数设置了折线上的标记点的样式，“o”表示使用圆圈标记点。其他可用的标记点包括方形、三角形、点等。
- color='b'：这个参数设置了折线的颜色，“b”表示蓝色。我们也可以使用其他颜色代码，如红色（“r”）、绿色（“g”）等。
- linewidth=2：这个参数设置了折线的线宽，2表示线宽为2个单位。

3.1.5 多图形和子图的创建

在Matplotlib中，我们可以创建多个图形。这是一种有用的技巧，可以将多个图形组织在一个画布上，以进行比较和更复杂的数据可视化。以下是创建多图形和子图的基本步骤。

1. 创建图形对象

首先，可以使用plt.figure()函数创建多个图形。每个图形将包含一个或多个子图。

```
fig1 = plt.figure()  # 创建第一个图形
fig2 = plt.figure()  # 创建第二个图形
```

这将创建两个独立的图形对象，分别代表两个不同的图表。

2. 添加子图

在每个图形中，我们可以添加一个或多个子图。子图是位于图形内的绘图区域，可以用来绘制数据。

```
ax1 = fig1.add_subplot(2, 2, 1) # 在第一个图形中创建一个 2×2 网格的子图，位置为第 1 个
ax2 = fig1.add_subplot(2, 2, 2) # 在第一个图形中创建一个 2×2 网格的子图，位置为第 2 个
ax3 = fig2.add_subplot(1, 1, 1) # 在第二个图形中创建一个单独的子图
```

在上述代码中，add_subplot()函数用于在图形中添加子图。它接受三个参数：行数、列数和子图索引。这些参数确定了子图在图形中的位置和布局。图3-5所示的是2行2列的子图表布局。

图3-5　子图表布局

3. 在子图中绘制数据

使用各个子图对象（ax1、ax2、ax3等）在不同的子图中绘制数据。每个子图可以使用常规的Matplotlib绘图函数来创建图形。

```
ax1.plot(x1, y1)       # 在第一个子图中绘制数据
ax2.scatter(x2, y2)    # 在第二个子图中绘制散点图
ax3.bar(x3, y3)        # 在第二个图形的子图中绘制柱状图
```

4. 设置子图属性

我们可以为每个子图设置标题、坐标轴标签等属性，以自定义其外观。

```
ax1.set_title('子图 1 标题')
ax2.set_xlabel('X 轴标签')
ax3.set_ylabel('Y 轴标签')
```

5. 显示图形

最后，使用plt.show()来显示所有创建的图形。

以下是一个完整的例子，演示如何创建多个图形和子图，以在同一个图表中展示不同的图形。在这个例子中，我们将创建两个图形，第一个图形包含四个子图，第二个图形只包含一个子图。

具体代码如下。

```
import matplotlib.pyplot as plt
import numpy as np

plt.rcParams['font.family'] = ['SimHei']       # 设置中文字体
plt.rcParams['axes.unicode_minus'] = False    # 设置负号显示

# 创建第一个图形
```

```
fig. 1  = plt.figure(figsize=(8, 6))              # 指定图形的大小

# 创建第一个子图（2×2 网格中的第一个位置）
ax1 = fig1.add_subplot(2, 2, 1)
x1 = np.linspace(0, 10, 100)
y1 = np.sin(x1)
ax1.plot(x1, y1)
ax1.set_title(' 正弦曲线 ')

# 创建第二个子图（2×2 网格中的第二个位置）
ax2 = fig1.add_subplot(2, 2, 2)
x2 = np.linspace(0, 10, 100)
y2 = np.cos(x2)
ax2.plot(x2, y2, color='red')
ax2.set_title(' 余弦曲线 ')

# 创建第三个子图（2×2 网格中的第三个位置）
ax3 = fig1.add_subplot(2, 2, 3)
x3 = np.linspace(-5, 5, 100)
y3 = x3 ** 2
ax3.plot(x3, y3, color='green')
ax3.set_title(' 二次曲线 ')

# 创建第四个子图（2×2 网格中的第四个位置）
ax4 = fig1.add_subplot(2, 2, 4)
x4 = np.linspace(0, 10, 100)
y4 = np.sqrt(x4)
ax4.plot(x4, y4, color='purple')
ax4.set_title(' 平方根曲线 ')

# 创建第二个图形
fig. 2  = plt.figure(figsize=(6, 4))

# 创建第一个子图（单独的子图）
ax3 = fig2.add_subplot(1, 1, 1)
x3 = np.arange(5)
y3 = [10, 8, 6, 4, 2]
ax3.bar(x3, y3, color='green')
ax3.set_title(' 柱状图 ')

# 显示图形
```

```
plt.show()
```

在这个例子中，我们创建了两个图形（fig1 和 fig2）。

第一个图形包含了一个 2×2 的子图网格，包括以下四个子图。

- 第一个子图（ax1）显示了正弦曲线，通过 ax1.plot(x1, y1) 绘制正弦函数的图形。
- 第二个子图（ax2）显示了余弦曲线，通过 ax2.plot(x2, y2, color='red') 绘制余弦函数的图形，使用红色线条。
- 第三个子图（ax3）显示了二次曲线，通过 ax3.plot(x3, y3, color='green') 绘制二次函数的图形，使用绿色线条。
- 第四个子图（ax4）显示了平方根曲线，通过 ax4.plot(x4, y4, color='purple') 绘制平方根函数的图形，使用紫色线条。

第二个图形包含一个子图。

- 子图（ax3）显示了柱状图，通过 ax3.bar(x3, y3, color='green') 绘制柱状图，使用绿色柱体。

每个子图都有自己的标题，用于描述所显示的数据图形。

3.2 Seaborn 简介

Seaborn 是一个基于 Matplotlib 的 Python 数据可视化库，它提供了一些高级接口和样式设置，使得创建美观且具有吸引力的统计图形变得更加简单。

3.2.1 使用 Seaborn 绘图的主要优点

Seaborn 库是在 Matplotlib 的基础上高度封装了绘图。它的优点主要表现在以下几点。

（1）绘图更加美观。Seaborn 有预设的色系和样式，能自动制作更美观的图表。

（2）简洁的 API。Seaborn 与 Pandas 结合紧密，可以通过 Pandas 的 DataFrame 直接绘制图表，使用简单。

（3）有更多统一的接口。Seaborn 有更多高级的、方便的绘图接口，如 relplot( )、catplot( ) 等。

（4）有更多统计图表。Seaborn 内置了许多统计图表，如 PairGrid（散点矩阵图）、FacetGrid（小多图）、Clustermap（热力图）等。

（5）更加灵活。Seaborn 的图表可以通过调整色系、坐标轴范围、图例位置等来调整样式，以达到理想的效果。

3.2.2 安装 Seaborn 库

可以使用 pip 工具安装 Seaborn 库，Windows 平台需要在命令提示符工具中执行，安装过程如图 3-6 所示，其他平台的安装过程类似，这里不再赘述。

```
C:\Users\tony>pip install Seaborn
Collecting Seaborn
  Using cached seaborn-0.12.2-py3-none-any.whl (293 kB)
Requirement already satisfied: numpy!=1.24.0,>=1.17 in c:\users\tony\appdata\local\programs\python\python311\lib\site-pack
ages (from Seaborn) (1.26.0)
Requirement already satisfied: pandas>=0.25 in c:\users\tony\appdata\local\programs\python\python311\lib\site-packages (fr
om Seaborn) (2.0.2)
Requirement already satisfied: matplotlib!=3.6.1,>=3.1 in c:\users\tony\appdata\local\programs\python\python311\lib\site-p
ackages (from Seaborn) (3.8.0)
Requirement already satisfied: contourpy>=1.0.1 in c:\users\tony\appdata\local\programs\python\python311\lib\site-packages
 (from matplotlib!=3.6.1,>=3.1->Seaborn) (1.1.1)
Requirement already satisfied: cycler>=0.10 in c:\users\tony\appdata\local\programs\python\python311\lib\site-packages (fr
om matplotlib!=3.6.1,>=3.1->Seaborn) (0.11.0)
Requirement already satisfied: fonttools>=4.22.0 in c:\users\tony\appdata\local\programs\python\python311\lib\site-package
s (from matplotlib!=3.6.1,>=3.1->Seaborn) (4.42.1)
Requirement already satisfied: kiwisolver>=1.0.1 in c:\users\tony\appdata\local\programs\python\python311\lib\site-package
s (from matplotlib!=3.6.1,>=3.1->Seaborn) (1.4.5)
Requirement already satisfied: packaging>=20.0 in c:\users\tony\appdata\local\programs\python\python311\lib\site-packages
(from matplotlib!=3.6.1,>=3.1->Seaborn) (23.1)
Requirement already satisfied: pillow>=6.2.0 in c:\users\tony\appdata\local\programs\python\python311\lib\site-packages (f
rom matplotlib!=3.6.1,>=3.1->Seaborn) (10.0.1)
```

图3-6　安装过程

3.2.3 设置Seaborn的样式

在Seaborn中，我们可以设置图表的样式，以下是这些主题的区别。

● darkgrid：这是默认主题。它有黑色的坐标轴线和网格线，适合用于绘制包含明显数据点的图表，以便突出显示数据。

● whitegrid：与darkgrid相似，但有白色的坐标轴线和网格线。适合用于绘制白色背景的图表，以使图表更清晰。

● dark：有黑色的背景和坐标轴线，适合绘制深色主题的图表。

● white：有白色的背景和坐标轴线，适合绘制浅色主题的图表。

● ticks：有白色的背景和坐标轴线，但没有网格线，仅显示刻度线。适合绘制简单的图表，以减少视觉杂乱。

设置Seaborn的样式是通过sns.set_style()函数实现的，示例代码如下。

```
import seaborn as sns                                                    ①
import pandas as pd                                                      ②
import matplotlib.pyplot as plt                                          ③
sns.set() # 使用 Seaborn 库的默认设置来绘制图形                            ④
# 准备股票数据
data = pd.DataFrame({'日期': ['2023-01-01', '2023-01-02', '2023-01-03',
'2023-01-04', '2023-01-05'],
                     '股价': [100, 105, 98, 102, 99]})
sns.set_style('darkgrid',{'font.sans-serif':['SimHei','Arial']})         ⑤

# 使用 Seaborn 绘制线图
```

```
sns.lineplot(x='日期', y='股价', data=data)                        ⑥
plt.ylabel('股价')   # 添加 y 轴标题
plt.xlabel('日期')   # 添加 x 轴标题

plt.xticks(rotation=45)   # 旋转 x 轴刻度标签，以避免重叠

plt.show()
```

主要代码的解释如下。

代码第①行导入 Seaborn 库，用于绘制图表。

代码第②行导入 Pandas 库，用于处理和管理数据。

代码第③行导入 Matplotlib 库的 pyplot 模块，用于设置图形的一些属性。

代码第④行 sns.set()：使用 Seaborn 库的默认设置来绘制图形。这可以确保图表的外观和样式与 Seaborn 的默认设置一致。

代码第⑤行设置 Seaborn 的样式为 darkgrid，这将在图表中添加网格线，同时也指定了中文字体为宋体（SimHei），英文字体为 Arial。这可以确保图表中的中文字符正常显示。

代码第⑥行使用 Seaborn 的 lineplot 函数绘制线图，指定 x 轴为日期，y 轴为股价，数据来自之前创建的 DataFrame 对象。

读者可以尝试将代码第⑤行的 darkgrid 修改为其他样式，以体验不同样式的区别。

3.2.4 控制图表的颜色

Seaborn 提供了多种方法来控制图表的颜色。以下是一些常见的方式。

1. 调色板

Seaborn 提供了各种预定义的调色板，可用于不同类型的数据。我们可以使用 sns.set_palette() 函数选择合适的调色板。例如，可以选择离散调色板，如 deep、pastel、muted，也可以选择连续调色板，如 Blues、Greens、Reds 等。可以将调色板应用于图表中的不同元素，例如散点图、条形图、箱线图等。

示例代码如下。

```
import seaborn as sns
import matplotlib.pyplot as plt

# 使用预定义的调色板
sns.set_palette("deep")                         ①

# 创建一个示例数据集
data = sns.load_dataset("iris")                 ②
```

```
# 绘制散点图，颜色由调色板控制
sns.scatterplot(x="sepal_length", y="sepal_width",
                hue="species",
                 data=data)                    ③
plt.show()
```

这段代码演示了如何使用 Seaborn 绘制一个散点图，并通过设置调色板来控制不同数据类别的颜色。以下是对主要代码的解释。

代码第①行使用sns.set_palette() 函数设置预定义的调色板。这里使用了 deep 调色板，该调色板有多个明亮和深色的颜色，用于区分不同的数据类别。

代码第②行使用 sns.load_dataset() 函数加载 Seaborn 示例数据集 iris，该数据集包含鸢尾花的特征数据。

代码第③行使用sns.scatterplot() 函数绘制散点图时，指定 x 轴为萼片长度（sepal_length），y 轴为萼片宽度（sepal_width），并使用 hue 参数将数据点按照鸢尾花的种类（species）进行着色。由于之前设置了调色板，不同种类的数据点会以不同的颜色呈现在图表中。

上述代码运行后绘制的图形如图 3-7 所示。

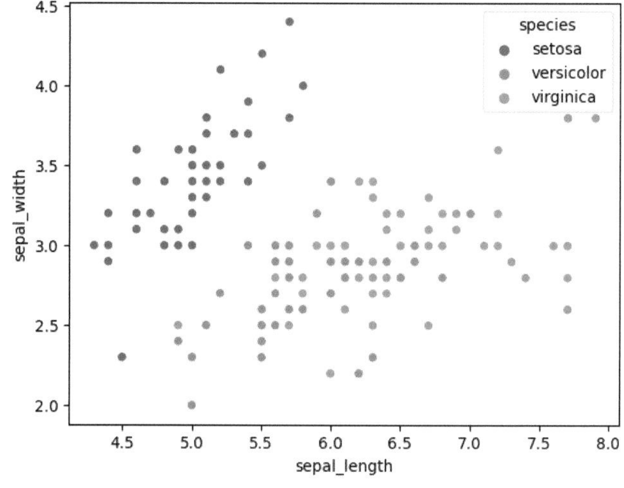

图 3-7　使用 deep 调色板

2. 自定义颜色

如果想使用自定义颜色，可以通过传递一个颜色列表给 palette 参数来实现。这样，可以为不同的数据类别选择特定的颜色。

示例代码如下。

```
import seaborn as sns
import matplotlib.pyplot as plt

# 自定义颜色列表
custom_colors = ["red", "green", "blue"]          ①

# 创建一个示例数据集
data = sns.load_dataset("iris")

# 绘制散点图，使用自定义颜色
sns.scatterplot(x="sepal_length", y="sepal_width", hue="species",
                data=data,
```

```
                palette=custom_colors)              ②
plt.show()
```

这段代码演示了如何在绘制 Seaborn 散点图时使用自定义颜色列表来控制数据点的颜色。以下是主要代码的解释。

代码第①行 custom_colors = ["red", "green", "blue"]：定义了一个自定义颜色列表 custom_colors，其中包含了三种颜色，分别是红色、绿色和蓝色。这些颜色将用于表示不同的数据类别。

代码第②行使用 sns.scatterplot() 函数绘制散点图。指定 x 轴为萼片长度（sepal_length），y 轴为萼片宽度（sepal_width），并使用 hue 参数将数据点按照鸢尾花的种类（species）进行着色。通过设置 palette 参数为自定义颜色列表 custom_colors，我们可以使用自定义颜色来表示不同种类的数据点。

上述代码运行后绘制的图形如图3-8所示。

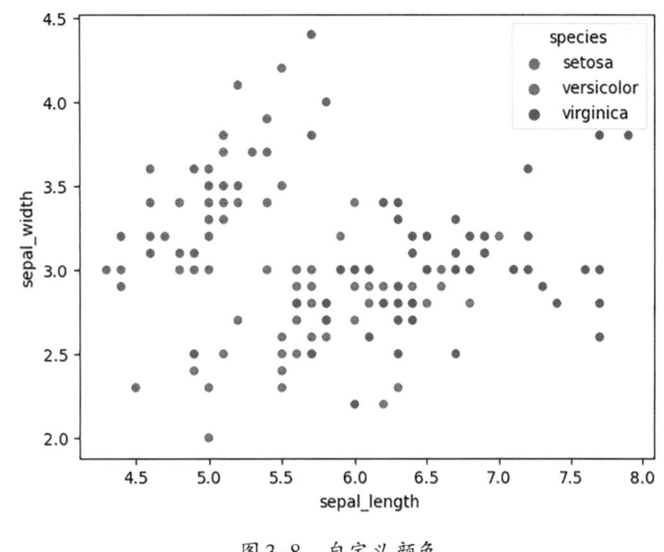

图3-8　自定义颜色

3.2.5 Seaborn 库内置数据集

以下是一些 Seaborn 库中常见的内置数据集。

- iris：鸢尾花数据集，包括鸢尾花的萼片和花瓣的尺寸及鸢尾花的品种。
- tips：餐厅顾客小费数据集，包括顾客的性别、吸烟习惯、用餐总额和小费等信息。
- flights：航班数据集，包括年份、月份和乘客数量，用于展示航班乘客数量的变化趋势。
- diamonds：钻石数据集，包括钻石的各种属性，如克拉重量、切工、颜色和价格等。
- exercise：锻炼数据集，包括不同锻炼方案的运动员的锻炼前后数据，用于展示锻炼对身体指标的影响。
- planets：外行星数据集，包括已知外行星的各种属性，如质量、轨道周期等。
- titanic：泰坦尼克号数据集，包括泰坦尼克号上乘客的生还情况、性别、年龄等信息。

这些内置数据集可用于练习和演示 Seaborn 库的各种数据可视化功能。我们可以使用 seaborn.load_dataset() 函数加载这些数据集，然后用于创建不同类型的图表和可视化。

3.3 本章总结

本章介绍了科研绘图与学术图表绘制的两个主要工具：Matplotlib和Seaborn。

- Matplotlib部分包括安装Matplotlib库、基本绘图概念、创建图形、自定义样式、多图形和子图的创建。
- Seaborn部分强调了Seaborn的绘图优势、库的安装、样式设置、颜色控制及内置数据集的使用。

本章为读者提供了创建专业图表的基础知识，适用于科研和学术领域。

04 第4章 绘制单变量图形

从本章开始，我们会按照单变量、双变量、3D图和其他2D图形的顺序介绍科研绘图中的各种图形。本章介绍单变量图形的绘制方法。

4.1 单变量图形的特点

单变量图形是用来表示单个变量（单一特征或属性）的数据分布和特征的图形化方式。以下是单变量图形的一些特点。

（1）用途：单变量图形主要用于分析和可视化单个变量的分布、统计性质和特点。它们有助于了解变量的中心趋势、离散程度和异常值。

（2）数据类型：单变量图形适用于连续型数据（如身高、温度、收入等）和离散型数据（如性别、职业、城市等）。

（3）可视化方式：单变量图形的常见可视化方式有直方图、条形图、箱线图、密度图和折线图5种。

（4）数据分布：单变量图形可以帮助你了解数据的分布情况，包括数据的中心位置、散布程度和形状。这有助于识别数据的偏斜、峰度和尾部特征。

（5）异常值检测：通过箱线图等图形，单变量图形可以帮助你识别数据中的异常值或离群点，这些值与大多数数据点有显著的差异。

（6）数据摘要：单变量图形通常伴随着数值摘要统计，例如，均值、中位数、标准差等，这些统计信息有助于进一步了解数据的特点。

总之，单变量图形是数据探索的重要工具，用于深入了解单个变量的性质和分布。在数据分析和可视化中，单变量图形常常是分析的起点，有助于进一步的数据探索和建模。

4.2 直方图

直方图是一种常用于可视化数据分布的图形类型。它用于显示数据集中各数值范围的频率分布情况，特别适合连续型数据。直方图将数据范围划分为若干个连续的区间（称为“箱子”或“区间”），然后统计每个区间内数据点的数量或频率，最终以条形图的形式展示出来。

以下是直方图的主要特点和构成要素。

（1）X轴：X轴通常表示数据的数值范围或区间，按照一定的划分方式排列。

（2）Y轴：Y轴表示每个数值范围内数据点的数量或频率。它可以表示数据点的个数，也可以表示相对频率（频率与总数的比值）。

（3）箱子/区间：数据范围被划分为多个箱子或区间，每个箱子用来容纳特定范围内的数据点。箱子的宽度可以根据数据的分布情况调整。

（4）条形：每个箱子对应一个条形，其高度表示该箱子内的数据点的数量或频率。高度越高，表示该范围内的数据点越多。

（5）直方图可用于探索数据的分布特征，如数据的中心位置、离散程度、异常值等。通常，直方图在绘制过程中需要选择合适的箱子数量和宽度，以便更好地呈现数据的分布情况。

4.2.1 绘制直方图

在Python语言中，如果是在学术图表中绘制直方图，通常使用的数据可视化库是Matplotlib和Seaborn。从更加美观的角度考虑，Seaborn通常更有优势，因此本节我们介绍如何使用Seaborn绘制直方图。

在Seaborn库中，我们可以使用sns.histplot()函数绘制直方图，示例代码如下。

```
import seaborn as sns
import matplotlib.pyplot as plt

# 使用 Seaborn 的默认样式
sns.set()
# 设置图表的样式和图中字体
sns.set_style('darkgrid',{'font.sans-serif':['SimHei','Arial']})

# 创建示例数据集
data = sns.load_dataset("iris")

# 使用 Seaborn 绘制直方图
sns.histplot(data=data, x="sepal_length", bins=20, color='blue', alpha=0.5)

# 添加轴标签和标题
plt.xlabel(' 萼片长度 (cm)')
plt.ylabel(' 频率 ')
plt.title(' 萼片长度分布直方图 ')

# 显示图表
plt.show()
```

上述代码的解释如下。

这段代码首先导入Seaborn和Matplotlib库，然后设置Seaborn的默认样式，并指定中文字体为“SimHei”，英文字体为“Arial”。接下来，加载了名为“iris”的示例数据集，该数据集包含鸢尾花的相关信息。

然后，使用sns.histplot()函数绘制了sepal_length（萼片长度）的直方图，设置了分箱数量为20，颜色为蓝色，透明度为0.5。

最后，添加了轴标签和标题，并使用plt.show()显示了图表。这个直方图用于展示鸢尾花萼片长度的分布情况。

运行上述示例代码，绘制的图形如图4-1所示。

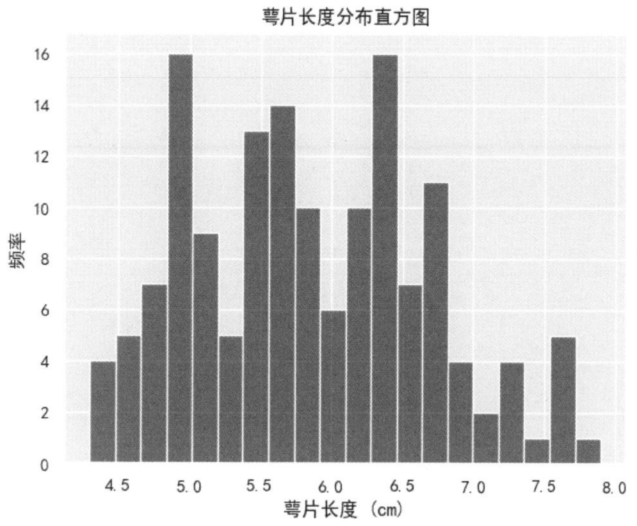

图4-1　萼片长度分布直方图

4.2.2 示例：绘制空气温度分布直方图

以下示例演示了如何使用Seaborn绘制直方图。该示例使用直方图来可视化airquality数据集的温度（Temp）数据的分布情况。

airquality数据集是纽约市空气质量观测数据，它保存在airquality.csv文件中，文件内容如图4-2所示。

	A	B	C	D	E	F	G
1	Ozone	Solar.R	Wind	Temp	Month	Day	
2	41	190	7.4	67	5	1	
3	36	118	8	72	5	2	
4	12	149	12.6	74	5	3	
5	18	313	11.5	62	5	4	
6	NA	NA	14.3	56	5	5	
7	28	NA	14.9	66	5	6	
8	23	299	8.6	65	5	7	
9	19	99	13.8	59	5	8	
10	8	19	20.1	61	5	9	
11	NA	194	8.6	69	5	10	
12	7	NA	6.9	74	5	11	
13	16	256	9.7	69	5	12	
14	11	290	9.2	66	5	13	
15	14	274	10.9	68	5	14	
16	18	65	13.2	58	5	15	
17	14	334	11.5	64	5	16	
18	34	307	12	66	5	17	
19	6	78	18.4	57	5	18	
20	30	322	11.5	68	5	19	
21	11	44	9.7	62	5	20	
22	1	8	9.7	59	5	21	
23	11	320	16.6	73	5	22	
24	4	25	9.7	61	5	23	
25	32	92	12	61	5	24	
26	NA	66	16.6	57	5	25	
27	NA	266	14.9	58	5	26	
28	NA	NA	8	57	5	27	

airquality

就绪

图4-2　airquality.csv文件

文件中的列及其含义如下。

- Ozone（臭氧）：表示观测地区每小时平均的臭氧浓度，以ppm（百万分率）为单位。这一列中可能包含缺失值，用“NA”表示。
- Solar.R（太阳辐射）：表示观测地区的太阳辐射量，以千瓦时/平方米为单位。这一列中可能包含缺失值，用

"NA"表示。

- Wind（风速）：表示风的速度，以英里/小时为单位。
- Temp（温度）：表示温度，以华氏度计算。
- Month（月份）：表示观测的月份（1 到 12）。
- Day（日期）：表示观测的日期。

示例代码如下。

```
import seaborn as sns
import matplotlib.pyplot as plt
import pandas as pd

# 读取 CSV 文件
data = pd.read_csv("data/airquality.csv")                              ①
# 设置图表的样式和图中字体
sns.set_style('darkgrid',{'font.sans-serif':['SimHei','Arial']})

# 创建温度直方图
temperature_histogram = sns.histplot(data=data, x="Temp",
                                      binwidth=5,
                                      color="skyblue",
                                      edgecolor="black")               ②


# 添加标题和轴标签
plt.title(" 温度分布直方图 ")
plt.xlabel(" 温度（华氏度）")
plt.ylabel(" 频率 ")

# 显示温度直方图
plt.show()
```

主要代码的解释如下。

代码第①行使用pd.read_csv()函数从"data/airquality.csv"文件中读取数据，并将其存储在名为data的DataFrame中。

代码第②行使用sns.histplot()函数创建温度直方图。这里我们指定了以下参数。

- data=data：指定要使用的数据集。
- x="Temp"：指定要绘制直方图的变量是"Temp"，即温度。
- binwidth=5：设置直方图的箱宽为5。
- color="skyblue"：设置直方图的填充颜色为天蓝色。
- edgecolor="black"：设置直方图的边缘线颜色为黑色。

其他代码不再赘述。运行示例代码，绘制的图形如图4-3所示。

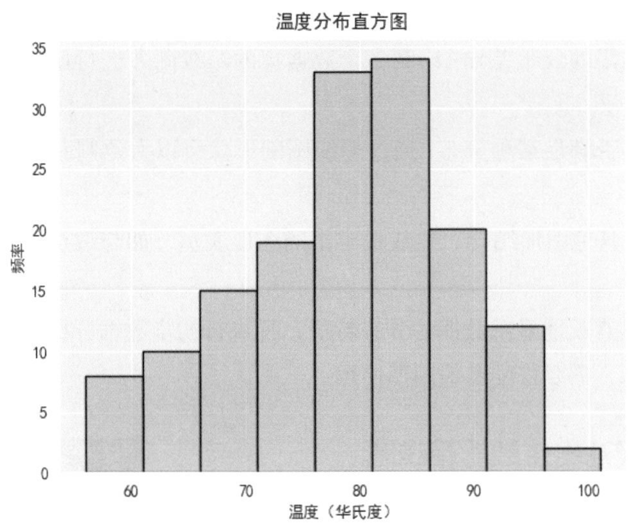

图 4-3　温度分布直方图

从直方图中，我们可以看到温度数据的分布情况。例如，温度在70～90华氏度之间的数据点数量较多，而在70以下和90以上的温度范围内数据点较少。直方图有助于了解温度数据的中心趋势和分散程度，以及可能存在的异常值。

4.3 箱线图

箱线图又称为盒须图，是数据可视化中常用的图形类型，用于显示数据的分布情况和异常值。箱线图可以显示数据的中位数、上下四分位数、异常值等信息，并通过箱体和虚线的形式呈现。

图 4-4 所示的是一个箱线图。

- 上四分位数：又称“第一个四分位数”，等于该样本中所有数值由小到大排列后第25%的数字。
- 中位数：又称“第二个四分位数”，等于该样本中所有数值由小到大排列后第50%的数字。
- 下四分位数：又称“第三个四分位数”，等于该样本中所有数值由小到大排列后第75%的数字。

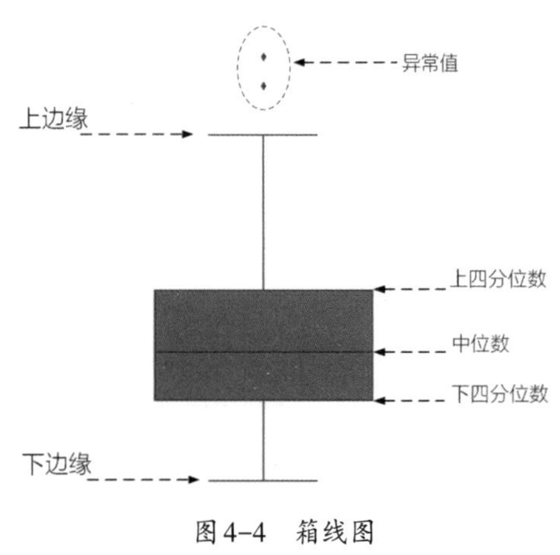

图 4-4　箱线图

4.3.1 箱线图的应用

箱线图的应用范围十分广泛，主要应用如下。

(1) 查看数据集的分布情况：通过箱线图可以直观地了解数据的集中趋势、对称性及异常值情况，对数据进行初步的分析。

（2）比较不同数据集的分布差异：绘制多个数据集的箱线图并进行比较，观察它们的位置、范围和形状差异。

（3）判定数据集是否满足某种分布：通过箱线图的形状可以大致判断数据是否符合正态分布或其他分布形状。

（4）箱线图也可与其他图形结合，形成更丰富的图形表示，如与散点图结合，可以展示数据的分布和散点情况。

总之，箱线图可以直观地显示数据的分布特征，是进行初步数据分析的重要工具。但其无法显示数据的具体分布形态，需要搭配其他图形使用。

4.3.2 示例：绘制婴儿出生数据箱线图

下面我们通过一个示例来介绍如何使用箱线图检测异常值。我们要检测“婴儿出生数据.csv”文件的数据。

“婴儿出生数据.csv”数据集（见图4-5）包含了婴儿出生情况的信息，这些信息按照日期、性别和出生人数进行记录。以下是数据集的列及其说明。

- year：年份，表示数据记录的年份。
- month：月份，表示数据记录的月份。
- day：日期，表示数据记录的日期。
- gender：性别，表示新生婴儿的性别（“F”表示女性，“M”表示男性）。
- births：出生人数，表示在特定日期和性别下的出生人数。

注意：黄色背景这一天的出生人数只有500，这个就是异常数据。事实上很多数据我们是无法一眼看出来的，需要通过程序代码来检查。

可以使用Seaborn或Matplotlib绘制箱线图，笔者推荐使用Seaborn库绘制，示例代码如下。

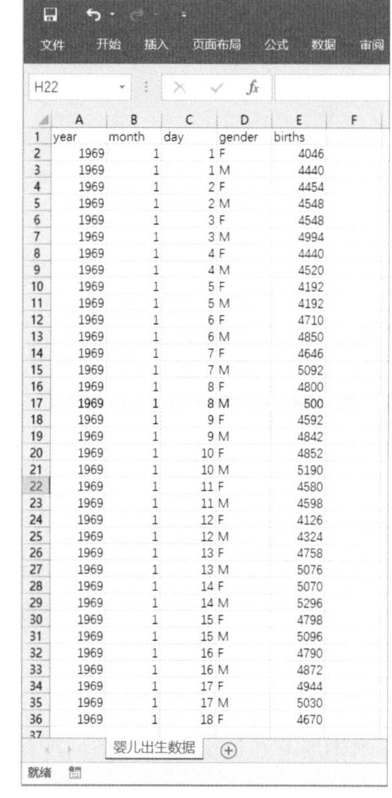

	A	B	C	D	E	F
1	year	month	day	gender	births	
2	1969	1	1	F	4046	
3	1969	1	1	M	4440	
4	1969	1	2	F	4454	
5	1969	1	2	M	4548	
6	1969	1	3	F	4548	
7	1969	1	3	M	4994	
8	1969	1	4	F	4440	
9	1969	1	4	M	4520	
10	1969	1	5	F	4192	
11	1969	1	5	M	4192	
12	1969	1	6	F	4710	
13	1969	1	6	M	4850	
14	1969	1	7	F	4646	
15	1969	1	7	M	5092	
16	1969	1	8	F	4800	
17	1969	1	8	M	500	
18	1969	1	9	F	4592	
19	1969	1	9	M	4842	
20	1969	1	10	F	4852	
21	1969	1	10	M	5190	
22	1969	1	11	F	4580	
23	1969	1	11	M	4598	
24	1969	1	12	F	4126	
25	1969	1	12	M	4324	
26	1969	1	13	F	4758	
27	1969	1	13	M	5076	
28	1969	1	14	F	5070	
29	1969	1	14	M	5296	
30	1969	1	15	F	4798	
31	1969	1	15	M	5096	
32	1969	1	16	F	4790	
33	1969	1	16	M	4872	
34	1969	1	17	F	4944	
35	1969	1	17	M	5030	
36	1969	1	18	F	4670	

图4-5 “婴儿出生数据.csv”文件

```
import seaborn as sns
import matplotlib.pyplot as plt
import pandas as pd

# 读取 CSV 文件
data = pd.read_csv("data/ 婴儿出生数据 .csv")                    ①
# 设置图表的样式和图中字体
sns.set_style('darkgrid',{'font.sans-serif':['SimHei','Arial']})
```

```
# 创建箱线图
plt.figure(figsize=(8, 6))  # 设置图表大小
sns.boxplot(y="births", data=data, palette="pastel", width=0.5)      ②
plt.title("婴儿出生数据的箱线图")  # 添加标题
plt.ylabel("出生人数")  # 添加 y 轴标签
plt.xlabel("")  # x 轴为空

# 显示箱线图
plt.show()
```

主要代码的解释如下。

代码第①行使用pd.read_csv()函数从"婴儿出生数据.csv"文件中读取数据，并将数据存储在名为data的DataFrame中。

代码第②行使用sns.boxplot()函数绘制箱线图。这里我们指定y轴为"births"列，使用"pastel"调色板来设置箱线图的颜色，设置箱体的宽度为0.5。

运行示例代码，绘制的图形如图4-6所示。

在箱线图之外存在的数据点通常被认为是异常值。

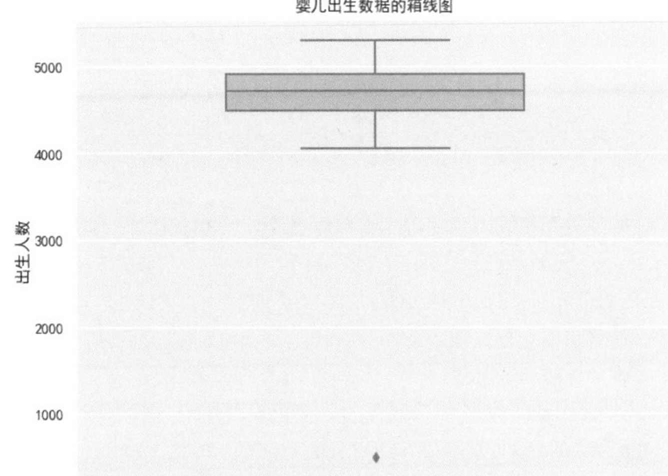

图4-6　婴儿出生数据分布的箱线图

4.3.3 分类箱线图

在数据可视化中，分类箱线图是一种常用的工具，用于展示不同类别数据的分布情况和离散程度。

分类变量，也称为离散变量或定性变量，是统计学和数据分析中一种常见的变量类型。它们代表的是一组有限的离散取值或类别，通常表示某种特征、属性或类别。分类变量的特点如下。

(1)离散取值：分类变量的取值是离散的，通常是有限的几个类别，每个类别之间没有连续性。例如，性别(男、女)、颜色(红、绿、蓝)等。

(2)无序性：分类变量的类别通常没有明确的顺序或排列关系。这意味着类别之间没有自然的大小或顺序。例如，颜色的类别之间没有比较大小的关系。

分类变量的效果在可视化中通常体现在数据点的不同颜色或符号上。在Seaborn中，要在可视化中体现分类变量的效果，通常可以使用以下方法来区分不同的类别。

- hue(调色)参数：使用Seaborn的hue参数可以在图表中通过不同的颜色来表示不同的类别。例如，在绘制散点图、线图、箱线图和小提琴图时，可以通过设置hue参数为一个分类变量的列名，使不同类别的数据点或线条具有不同的颜色。

● style（样式）参数：与hue参数类似，style参数可以用来表示分类变量，但它通常用于指定数据点的不同符号或标记，以区分不同类别的数据点。这在散点图等图表中特别有用。

● palette（调色板）参数：可以使用palette参数来自定义调色板，以更好地控制不同类别的颜色。

本节我们重点介绍使用hue和palette参数绘制分类箱线图。

1. 使用 hue 参数绘制分类箱线图

示例代码如下。

```
import seaborn as sns
import matplotlib.pyplot as plt

# 使用 Seaborn 的默认样式
sns.set()
# 设置图表的样式和图中字体
sns.set_style({'font.sans-serif':['SimHei','Arial']})

# 读取数据（这里以 Seaborn 内置的 tips 数据集为例）
data = sns.load_dataset("tips")

# 创建分类箱线图，比较小费数据在不同性别和用餐时间下的分布
plt.figure(figsize=(10, 6))
sns.boxplot(data=data, x="sex", y="tip", hue="time")        ①

# 添加标题和轴标签
plt.title(" 餐厅小费数据的分类箱线图 ")
plt.xlabel(" 性别 (sex)")
plt.ylabel(" 小费金额 (tip)")

# 显示图例
plt.legend(title=" 用餐时间 (time)")

# 显示图表
plt.grid(True)
plt.show()
```

主要代码的解释如下。

上述代码第①行使用sns.boxplot(data=data, x="sex", y="tip", hue="time") 函数绘制分类箱线图。参数说明如下。

● data=data：指定数据来源为之前加载的数据。

● x="sex"：将性别（sex）列作为x轴。

● y="tip"：将小费金额（tip）列作为y轴。

● hue="time"：使用用餐时间（time）列来区分不同颜色的箱线图。

运行示例代码，绘制的图形如图4-7所示。

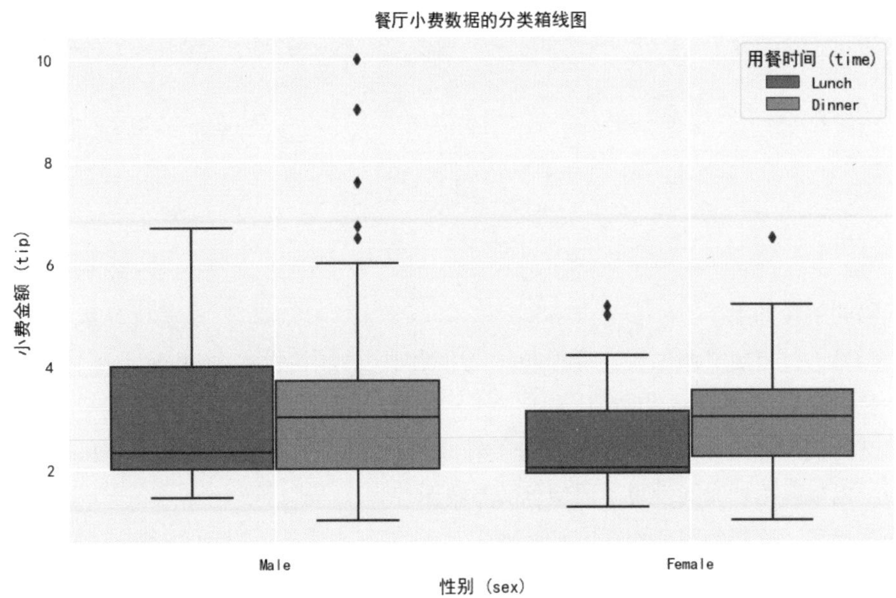

图4-7　餐厅小费数据的分类箱线图

2. 使用palette参数绘制分类箱线图

示例代码如下。

```
import seaborn as sns
import matplotlib.pyplot as plt

# 使用 Seaborn 的默认样式
sns.set()
# 设置图表的样式和图中字体
sns.set_style({'font.sans-serif':['SimHei','Arial']})

# 读取数据（这里以 Seaborn 内置的 tips 数据集为例）
data = sns.load_dataset("tips")

# 自定义调色板，设置不同用餐时间的颜色
custom_palette = {"Lunch": "lightblue", "Dinner": "lightgreen"}          ①

# 创建分类箱线图，比较小费数据在不同性别和用餐时间下的分布，并应用自定义调色板
plt.figure(figsize=(10, 6))
sns.boxplot(data=data, x="sex", y="tip", hue="time", palette=custom_palette)②

# 添加标题和轴标签
plt.title(" 餐厅小费数据的分类箱线图 ")
```

```
plt.xlabel("性别 (sex)")
plt.ylabel("小费金额 (tip)")

# 显示图例
plt.legend(title="用餐时间 (time)")

# 显示图表
plt.grid(True)
plt.show()
```

主要代码的解释如下。

上述代码第①行自定义调色板，将“Lunch”用餐时间的颜色设置为“lightblue”，将“Dinner”用餐时间的颜色设置为“lightgreen”。

代码第②行使用sns.boxplot()函数绘制分类箱线图，注意“palette=custom_palette”参数应用自定义的调色板，以根据用餐时间设置不同颜色的箱线图。

运行示例代码，绘制的图形如图4-8所示。

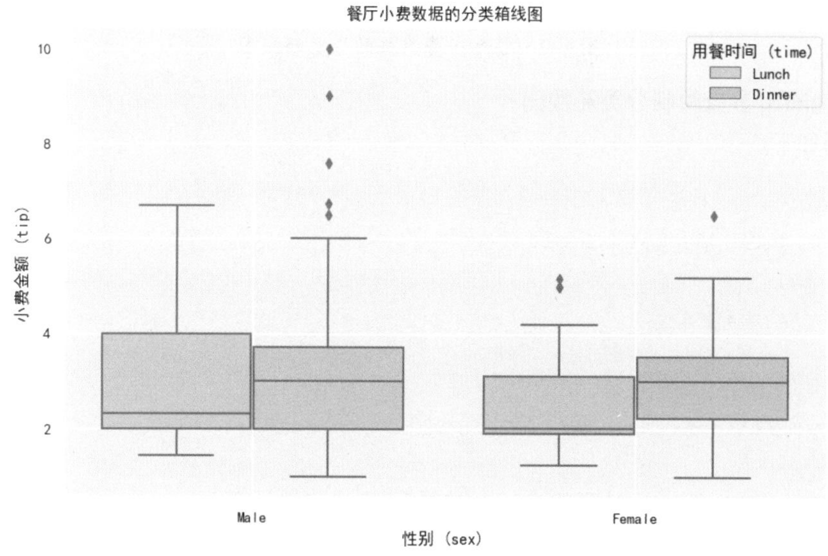

图4-8 餐厅小费数据的分类箱线图

4.3.4 示例：绘制婴儿出生数据分类箱线图

在婴儿出生数据中可以按照性别进行分类，本节我们就来实现该示例，具体代码如下。

```
import seaborn as sns
import pandas as pd
import matplotlib.pyplot as plt
```

```
# 使用 Seaborn 的默认样式
sns.set()
# 设置图表的样式和图中字体
sns.set_style({'font.sans-serif':['SimHei','Arial']})
# 读取婴儿出生数据
data = pd.read_csv("data/ 婴儿出生数据 .csv")

# 创建分类箱线图，比较不同性别下的出生人数分布
plt.figure(figsize=(10, 6))
sns.boxplot(data=data, x="gender", y="births")

# 添加标题和轴标签
plt.title(" 婴儿出生数据的分类箱线图 ")
plt.xlabel(" 性别 (gender)")
plt.ylabel(" 出生人数 (births)")

# 显示图表
plt.grid(True)
plt.show()
```

这段代码首先使用pd.read_csv()函数加载婴儿出生数据文件，然后使用sns.boxplot()函数创建分类箱线图，将性别(gender)作为x轴，出生人数(births)作为y轴。最后，添加标题、轴标签和网格，并显示图表。这样，就可以绘制婴儿出生数据的分类箱线图，以比较不同性别下的出生人数分布情况。

运行示例代码，绘制的图形如图4-9所示。

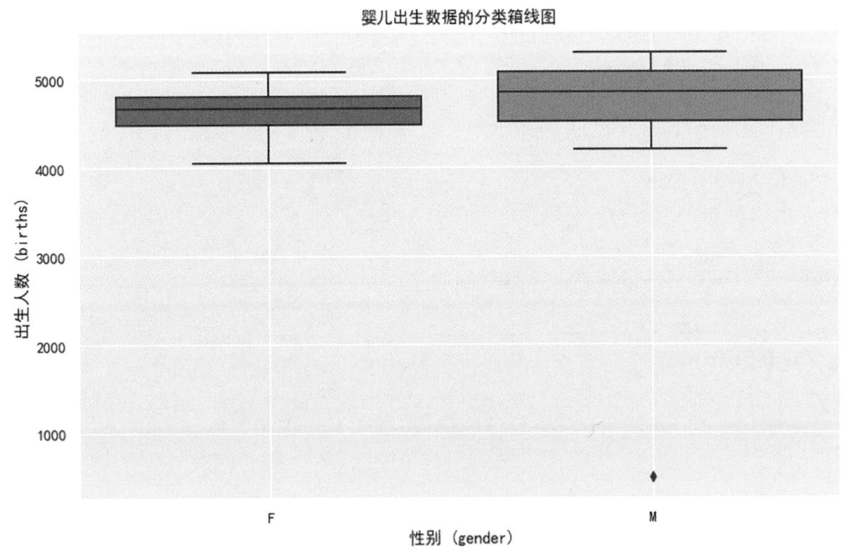

图4-9　婴儿出生数据的分类箱线图

4.4 密度图

密度图是一种用于可视化数据分布的图形，它显示了连续变量的概率密度分布。

4.4.1 密度图的应用

密度图的主要应用如下。

（1）显示数据分布形态：密度图能直观地展示出数据的分布形式，如正态分布、偏态分布、多峰分布等。

（2）比较不同数据分布：可以通过多个密度图的重叠来比较不同数据样本的分布形状。

（3）发现数据集中的模态：密度图可以清楚地显示出数据集的单模态、双模态或多模态分布。

（4）查找突出点或异常值：在密度图中可以观察到异常突出的峰值点或偏离主曲线的异常点。

（5）评估拟合效果：可以通过观察数据分布与理论分布拟合曲线的重合状况来评估拟合效果。

（6）显示离散型变量的连续概率：可以为离散型数据生成密度曲线，将其可视化为连续分布。

（7）密度图也可以与其他图形组合使用，如与箱线图重叠以同时显示密度和四分位数。

总之，密度图可以通过直观的曲线展示数据分布的细节，能提供比直方图和箱线图更丰富的信息，是了解和展示数据集分布的有效工具。

4.4.2 绘制密度图

可以使用Seaborn或Matplotlib绘制密度图。笔者推荐使用Seaborn绘制密度图。

Seaborn绘制密度图的函数是kdeplot函数，该函数的主要参数如下。

- data参数：指定要绘制密度图的数据列。
- fill参数：设置为True以填充密度曲线下方的区域，增强可读性。
- color参数：指定曲线的颜色。

示例代码如下。

```
import seaborn as sns
import matplotlib.pyplot as plt

# 创建示例数据
data = sns.load_dataset("iris")
# 设置图表的样式和图中字体
sns.set_style('darkgrid',{'font.sans-serif':['SimHei','Arial']})

# 绘制密度图
sns.kdeplot(data=data["sepal_length"], fill=True, color="skyblue")

# 添加标题和轴标签
```

```
plt.title(" 密度图 ")
plt.xlabel("X 轴标签 ")
plt.ylabel("Y 轴标签 ")

plt.show()
```

运行示例代码，绘制的图形如图4-10所示。

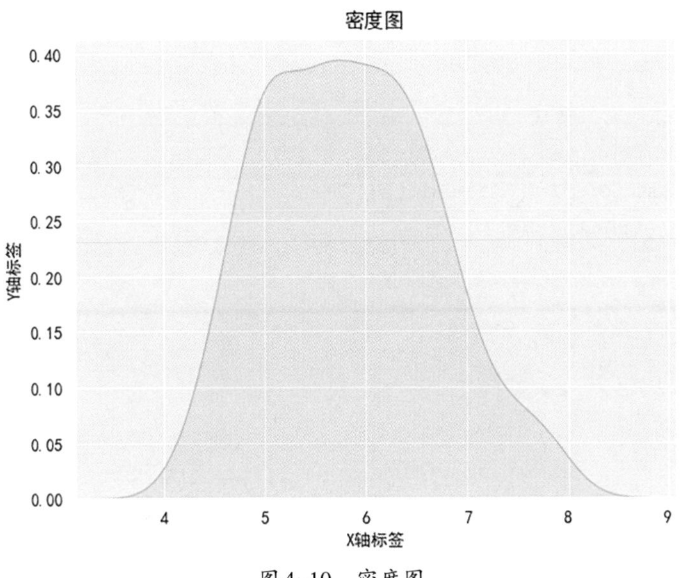

图4-10　密度图

4.4.3 示例：绘制德国每日电力消耗密度图

下面我们通过一个示例介绍如何绘制密度图。该示例是采用密度图可视化分析德国每日电力消耗情况，数据来自“opsd_germany_daily.csv”文件，文件的部分内容如图4-11所示。

	A	B	C	D	E	F	G	H	I
1	Date	Consumption	Wind	Solar	Wind+Solar				
2	2006/1/1	1069.184							
3	2006/1/2	1380.521							
4	2006/1/3	1442.533							
5	2006/1/4	1457.217							
6	2006/1/5	1477.131							
7	2006/1/6	1403.427							
8	2006/1/7	1300.287							
9	2006/1/8	1207.985							
10	2006/1/9	1529.323							
11	2006/1/10	1576.911							
12	2006/1/11	1577.176							
13	2006/1/12	1553.28							
14	2006/1/13	1545.002							
15	2006/1/14	1359.945							
16	2006/1/15	1265.475							
17	2006/1/16	1563.738							
18	2006/1/17	1598.303							
19	2006/1/18	1572.984							
20	2006/1/19	1558.29							
21	2006/1/20	1540.604							

图4-11　opsd_germany_daily.csv 文件

示例代码如下。

```
import seaborn as sns
import matplotlib.pyplot as plt
import pandas as pd

# 读取 CSV 文件
data = pd.read_csv("data/opsd_germany_daily.csv")

# 创建密度图
# 设置样式为白色背景带有网格线
sns.set_style('whitegrid',{'font.sans-serif':['SimHei','Arial']})
density_plot = sns.kdeplot(data=data["Consumption"], fill=True,
color="skyblue", linewidth=2)

# 添加标题和轴标签
plt.title(" 电力消耗密度图 ")
plt.xlabel(" 电力消耗 ")
plt.ylabel(" 密度 ")

# 显示密度图
plt.show()
```

运行示例代码，绘制的图形如图4-12所示。

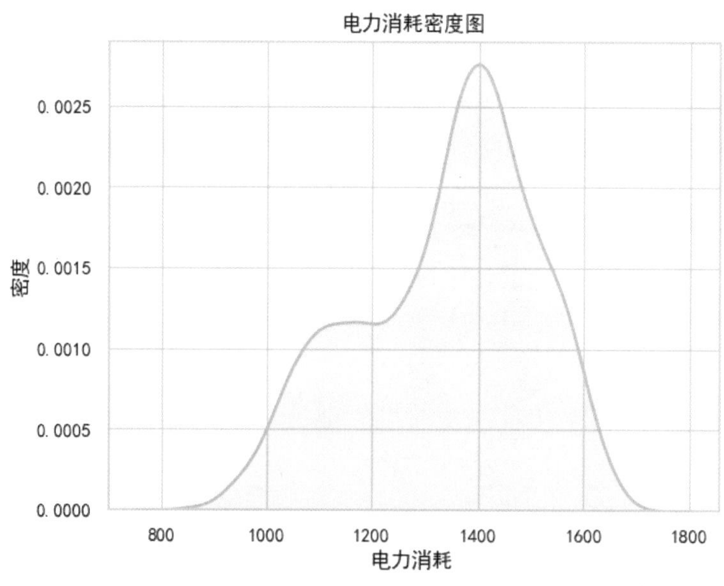

图4-12　电力消耗密度图

4.5 小提琴图

小提琴图（见图4-13）是一种数据可视化图形。它用于可视化数据的分布和密度，以帮助分析数据的形状、中位数、上下四分位数范围及可能的多峰性。

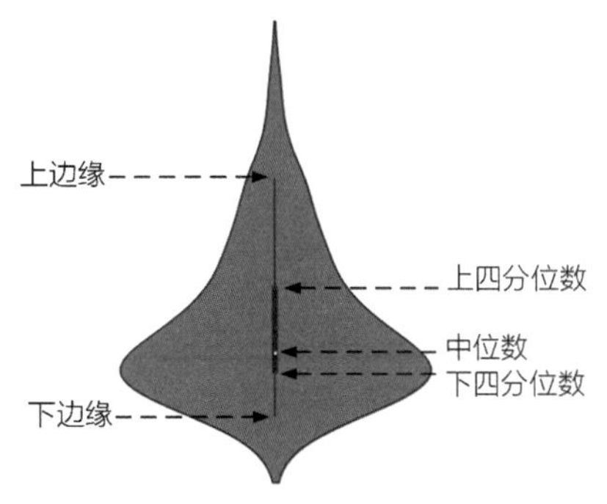

图4-13　小提琴图

4.5.1 小提琴图与密度图的区别

小提琴图和密度图都是用于展示数据分布形态的图形，主要区别如下。

（1）小提琴图同时展示了数据的密度分布和四分位数信息。密度图只显示分布的形状。

（2）小提琴图通过原始样本直接生成。密度图通过核函数估计得到概率密度曲线。

（3）小提琴图对数据量少的样本也能给出合理估计。密度图需要足够大的样本量。

（4）小提琴图更直观，可以直接看出数据的峰值、偏斜情况。密度图需要解析。

（5）小提琴图侧重展示样本本身分布。密度图可以绘制理论分布与数据的拟合效果。

（6）小提琴图更适合比较不同的数据集。密度图更适合单个数据集的分布形态。

（7）小提琴图对异常值或离群点更敏感。密度图中的异常值或离群点对总体曲线影响较小。

总体来说，小提琴图的信息更丰富直观，更适合对比多数据集；密度图更抽象简洁，着重显示数据整体分布形状。两者可相辅相成，提供更全面的分布视图。

4.5.2 示例：绘制德国每日电力消耗小提琴图

小提琴图与密度图类似，本节将4.4.3小节的示例使用小提琴图重新绘制，示例代码如下。

```
import pandas as pd
import seaborn as sns
import matplotlib.pyplot as plt

# 读取数据
data = pd.read_csv("data/opsd_germany_daily.csv")

sns.set_style({'font.sans-serif':['SimHei','Arial']})

# 创建小提琴图
plt.figure(figsize=(6, 4))
sns.violinplot(data=data, y="Consumption", color="skyblue")          ①

# 添加标题和轴标签
```

```
plt.title(" 电力消耗小提琴图 ")
plt.xlabel("")
plt.ylabel(" 电力消耗 ")

# 显示小提琴图
plt.show()
```

主要代码的解释如下。

代码第①行使用sns.violinplot()函数创建小提琴图，指定数据源为读取的DataFrame对象，y轴为“Consumption”列，小提琴的颜色为“skyblue”。

运行示例代码，绘制的图形如图4-14所示。

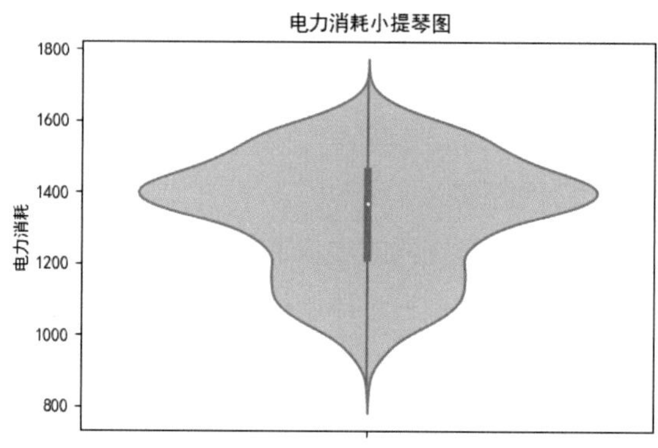

图4-14　电力消耗小提琴图

4.5.3 示例：绘制婴儿出生数据小提琴图

小提琴图对异常值或离群点很敏感，本节我们将4.3.2小节的示例绘制成小提琴图，用来检测异常值，示例代码如下。

```
import seaborn as sns
import matplotlib.pyplot as plt
import pandas as pd

# 读取 CSV 文件
data = pd.read_csv("data/ 婴儿出生数据 .csv", encoding='utf-8')# 假设文件编码为 UTF-8

# 设置图表的样式和图中字体
sns.set_style('darkgrid', {'font.sans-serif': ['SimHei', 'Arial']})

# 创建小提琴图
plt.figure(figsize=(8, 6))
sns.violinplot(y="births", data=data, palette="pastel", width=0.5)

# 添加标题和轴标签
plt.title(" 婴儿出生数据的小提琴图 ")
plt.ylabel(" 出生人数 ")
plt.xlabel("")
```

```
# 显示小提琴图
plt.show()
```

运行示例代码，绘制的图形如图4-15所示。

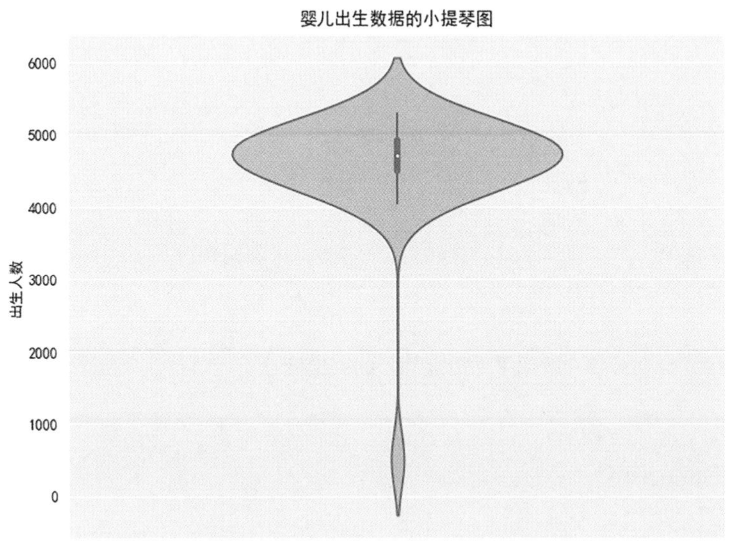

图4-15　婴儿出生数据的小提琴图

4.6 饼图

饼图是一种常用的数据可视化工具，用于显示不同类别或部分占整体的比例关系。饼图通常是一个圆形，被分割成多个扇形，每个扇形的面积表示相应类别或部分所占比例的大小。

4.6.1 绘制饼图

饼图可以使用Matplotlib库绘制，因为Matplotlib提供了创建饼图的函数。Seaborn主要用于创建其他类型的统计图表，例如，散点图、柱状图、箱线图等。

在Matplotlib库中，绘制饼图使用plt.pie函数，plt.pie函数中的参数如下。

- sizes：各部分的比例，通常是一个包含各部分比例的列表。
- explode：用于指定是否将某个部分分离出来的参数，以及分离的程度。
- labels：各部分的标签，通常是一个包含标签的列表。
- colors：各部分的颜色，通常是一个包含颜色值的列表。
- autopct：用于在饼图中显示百分比的格式字符串。
- shadow：用于指定是否添加阴影效果。
- startangle：起始角度，决定了饼图的起始位置。

绘制饼图的示例代码如下。

```
import matplotlib.pyplot as plt

plt.rcParams['font.family'] = ['SimHei'] # 设置中文字体
plt.rcParams['axes.unicode_minus'] = False # 设置负号显示

# 数据
labels = ['未治疗', '药物治疗', '手术治疗']                              ①
sizes = [487, 1928, 652]
# 颜色
colors = ['#ff9999', '#66b3ff', '#99ff99']  # 不同颜色

# 突出手术治疗
explode = (0, 0, 0.1)  # 增加手术治疗部分的突出度                       ②

# 图形设置
fig, ax = plt.subplots(figsize=(6, 6))

# 绘制饼图
ax.pie(sizes,                                                          ③
       explode=explode,
       labels=labels,
       colors=colors,
       autopct='%.1f%%',
       shadow=True,
       startangle=90,
       wedgeprops={'edgecolor': 'gray', 'linewidth': 1.5},             ④
       textprops={'fontsize': 12}                                      ⑤
       )

# 添加标题
plt.title("不同治疗方式的比例")

# 调整图例位置到外部底部
ax.legend(labels, loc="lower center", bbox_to_anchor=(0.5, -0.2),
fancybox=True, shadow=True, ncol=3)                                    ⑥

# 显示饼图
plt.show()
```

主要代码的解释如下。

代码第①～②行定义数据：labels 是饼图中各部分的标签，sizes 是每个部分的大小（比例），

colors 用来表示各部分的颜色，explode 用来突出显示某部分的偏移值。

代码第③行使用 ax.pie() 函数来绘制饼图，传入了各种参数来控制饼图的外观，包括大小、标签、颜色、百分比显示、阴影效果、起始角度等。

代码第④行中的“wedgeprops”是用来设置饼图扇形部分的属性参数。

- 'edgecolor': 'gray' 指定了扇形部分的边缘线颜色为灰色。
- 'linewidth': 1.5 指定了扇形部分的边缘线宽度为 1.5 个单位。

代码第⑤行中的“'fontsize': 12”指定了文本标签的字体大小为 12 个单位，这个设置可以调整饼图中标签的字体大小，使其更易阅读和清晰可见。

代码第⑥行将饼图的图例（legend）放置在图形的外部底部，并对图例进行了一些自定义设置。下面是对其中参数的解释。

- labels: 这是图例的标签，即要显示在图例中的文本内容，这里使用了之前定义的 labels 变量，包含了饼图各部分的标签。
- loc="lower center": 这个参数指定了图例的位置，"lower center" 表示将图例放在图形的底部中间位置。
- bbox_to_anchor=(0.5, −0.2): 这个参数指定了图例的具体位置，(0.5, −0.2) 表示图例的中心点位于图形的横坐标中央（0.5）和纵坐标稍微下移（−0.2）的位置。这个参数的值是以图形的坐标系为基准的。
- fancybox=True: 这个参数表示使用图例的边框效果，使图例带有圆角和阴影效果。
- shadow=True: 这个参数表示图例带有阴影效果，增强了图例的视觉效果。
- ncol=3: 这个参数指定了图例的列数，这里的 3 表示图例中的标签以 3 列的方式排列。

运行示例代码，绘制的图形如图 4-16 所示。

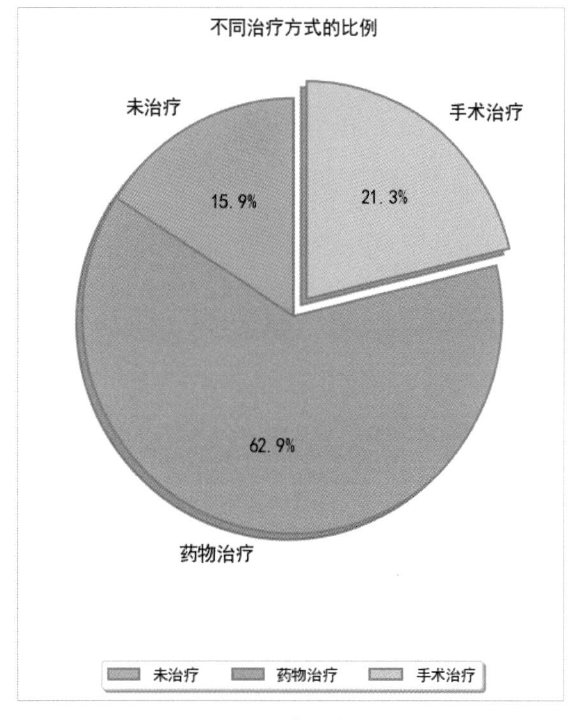

图 4-16　不同治疗方式的比例饼图

4.6.2 示例：绘制婴儿性别比例饼图

本示例是从“婴儿出生数据.csv”文件中读取数据，然后计算男性和女性婴儿的数量，并绘制饼图显示出来。

示例代码如下。

```
import matplotlib.pyplot as plt
import pandas as pd
```

```
import matplotlib.pyplot as plt

# 读取数据
data = pd.read_csv("data/婴儿出生数据.csv")

# 计算男女婴儿的数量
male_count = (data["gender"] == "M").sum()                    ①
female_count = (data["gender"] == "F").sum()                  ②

# 计算男女婴儿的百分比
total_count = male_count + female_count
male_percentage = (male_count / total_count) * 100
female_percentage = (female_count / total_count) * 100

# 使用 round 函数保留小数点后两位
male_percentage = round(male_percentage, 2)
female_percentage = round(female_percentage, 2)

# 创建一个包含男女婴儿数量和百分比的数据框
gender_data = pd.DataFrame({
    "Gender": ["男性", "女性"],
    "Count": [male_count, female_count],
    "Percentage": [male_percentage, female_percentage]
})

# 创建饼图
plt.figure(figsize=(6, 6))
plt.pie(gender_data["Count"],                                 ③
        labels=gender_data["Gender"],
        autopct='%1.2f%%',
        startangle=90,
        colors=['blue', 'pink'])
# 添加标题
plt.title("婴儿性别比例饼图")

# 显示饼图
plt.show()
```

主要代码的解释如下。

代码第①～②行计算男女婴儿的数量，其中使用Pandas中的.sum()函数和条件进行筛选，计算男性和女性婴儿的数量。

代码第③行使用Matplotlib中的pie()函数绘制饼图，其中的参数说明如下。

● gender_data["Count"]: 使用男女婴儿数量作为数据。

● labels=gender_data["Gender"]: 使用性别标签作为饼图标签。

● autopct='%1.2f%%': 设置饼图上的百分比标签，并保留两位小数。

● startangle=90: 设置饼图的起始角度为90。

● colors=['blue', 'pink']: 指定男女性别的颜色。

运行示例代码，绘制的图形如图4-17所示。

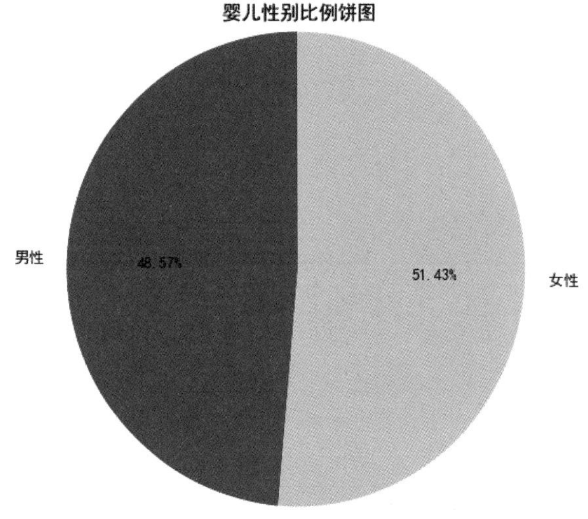

图4-17 婴儿性别比例饼图

4.7 环状图

环状图是一种数据可视化图表，与饼图类似，但有中空的中心部分。环状图通常用于显示各个部分相对于整体的比例，特别适用于表示层次关系或多个类别的组合。

在Matplotlib中，可以使用plt.pie()函数创建环状图，并通过wedgeprops参数设置空白的宽度和边缘颜色。

下面这个示例代码展示了如何创建一个简单的环状图。

```
import matplotlib.pyplot as plt

plt.rcParams['font.family'] = ['SimHei']
plt.rcParams['axes.unicode_minus'] = False
# 数据
labels = ['A', 'B', 'C', 'D']
sizes = [15, 30, 45, 10]
colors = ['#ff9999', '#66b3ff', '#99ff99', '#ffcc99']
explode = (0.1, 0, 0, 0)

# 创建图表
fig, ax = plt.subplots()

# 绘制环状图
ax.pie(sizes, explode=explode, labels=labels, colors=colors,
autopct='%1.1f%%',
       shadow=True, startangle=90,
```

```
        wedgeprops={'width': 0.4, 'edgecolor': 'w'})                ①
# 添加标题
ax.set_title("环状图示例")

# 显示图表
plt.axis('equal')
plt.show()
```

上述代码第①行中的wedgeprops参数是用来设置环状图内部空白（或称为"圆环"的宽度）和边缘颜色的字典。在这个参数中，有两个关键字参数。

- 'width': 0.4：这个参数控制环状图内部空白的宽度，取值范围通常为 0 到 1，其中 0 表示内部空白为零，即完全填充，1 表示完全为空心，即环状图只有边框而没有填充。在示例中，'width': 0.4 表示内部空白的宽度为总半径的 40%。
- 'edgecolor': 'w'：这个参数控制环状图边缘的颜色，'w' 表示白色，即环状图的边缘线颜色为白色。你可以根据需要将其设置为其他颜色，例如，'black' 表示黑色。

通过调整这两个参数，我们可以自定义环状图的内部空白宽度和边缘颜色，以满足特定的可视化需求。

运行示例代码，绘制的图形如图4-18所示。

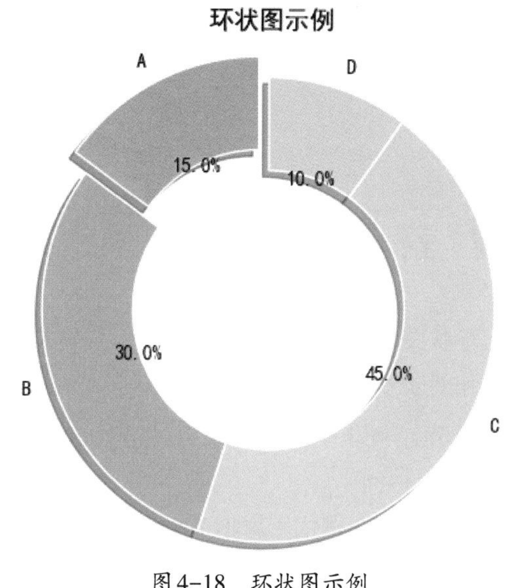

图4-18　环状图示例

4.8 本章总结

本章主要介绍了常见的单变量图形的绘制方法，包括直方图、箱线图、密度图、小提琴图、饼图和环状图。

直方图展示定量数据分布，箱线图反映数据的集中趋势和离群点，密度图描绘分布形状，小提琴图在此基础上增加对称性，饼图展示分类数据组成比例，环状图以环形方式展示数据组成比例。

通过示例，我们可以学习这些图形的绘制方法，并对比在同一数据集上的可视化效果。这些图形在实际数据分析中应用广泛，掌握其绘制方法可以更直观地观察和理解数据分布。

第5章 绘制双变量图形

本章将介绍几种常见且重要的双变量图形绘制方法。

- 散点图用来显示数值变量的对应关系。
- 折线图和面积图用来显示变量之间的趋势变化。
- 柱状图用来比较分类数据的数值大小。
- 热力图用颜色映射数值的变化。
- 双变量核密度图用来显示两个连续变量的联合分布。
- 线性回归图用来呈现两变量间的线性关系。

通过学习这些图形的绘制及对比同一数据上的可视化效果，可以让我们更好地分析变量之间的依赖关系。掌握绘制双变量图形对数据分析非常重要。

5.1 散点图

散点图是最基本的双变量图之一，用于显示两个变量之间的关系。每个数据点在图上表示为一个点，其中一个变量位于X轴，另一个变量位于Y轴。通过观察散点图，可以识别出两个变量之间的趋势、关联性和离群值。

散点图通常用于以下情况。

（1）关联分析：散点图可以帮助你确定两个变量之间是否存在关联关系。如果散点图显示数据点在图上形成一条趋势线（正相关或负相关），则可以得出两个变量之间存在一定的关联。

（2）异常值检测：通过查看散点图，你可以轻松地识别任何偏离正常模式的异常值。异常值通常是图上离群的数据点。

（3）集群识别：如果散点图中存在多个簇（聚类），则可以推断出数据在不同组之间具有不同的特性。

（4）趋势分析：散点图可以帮助你分析数据的趋势，例如，是否存在周期性的模式或趋势。

（5）相关性分析：通过计算两个变量之间的相关系数，我们可以定量地衡量它们之间的关联程度。

以下是一些散点图的应用示例。

（1）金融市场分析：用于分析不同资产之间的相关性，以便构建投资组合。

（2）医学研究：用于研究药物剂量与患者症状之间的关系。

（3）生态学：用于分析不同环境因素之间的相互作用，如温度和物种多样性之间的关系。

（4）制造业质量控制：用于检测生产过程中的异常值和质量问题。

5.1.1 绘制散点图

可以使用Python中的各种绘图库绘制散点图，例如Matplotlib、Seaborn或Pandas。

以下是使用Seaborn来创建散点图的示例代码。

```
import seaborn as sns
import matplotlib.pyplot as plt

# 使用 Seaborn 的默认样式
sns.set()

# 设置图表的样式和图中字体
sns.set_style({'font.sans-serif':['SimHei','Arial']})

# 示例数据
x = [1, 2, 3, 4, 5]
y = [2, 3, 5, 4, 6]

# 创建散点图
sns.scatterplot(x=x, y=y)

# 添加轴标签和标题
plt.xlabel('X 轴标签 ')
plt.ylabel('Y 轴标签 ')
plt.title(' 示例散点图 ')

# 显示图表
plt.show()
```

示例代码中使用scatterplot()函数绘制散点图，其中参数x和y分别表示数据点在x轴和y轴上的位置。

运行示例代码，绘制的图形如图5-1所示。

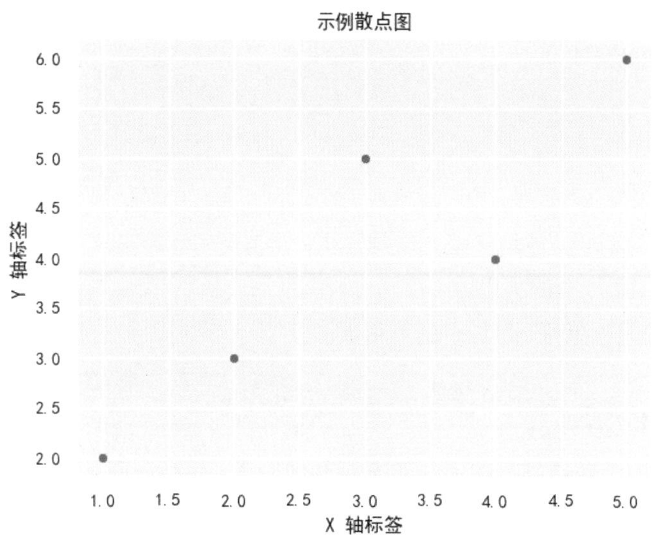

图 5-1　示例散点图

5.1.2 示例：绘制汽车燃油效率散点图

本节数据来自“mpg_ggplot2.csv”文件，是一份有关汽车燃油效率的数据集，内容如图 5-2 所示。

manufacturer	model	displ	year	cyl	trans	drv	cty	hwy	fl	class
audi	a4	1.8	1999	4	auto(l5)	f	18	29	p	compact
audi	a4	1.8	1999	4	manual(m5)	f	21	29	p	compact
audi	a4	2	2008	4	manual(m6)	f	20	31	p	compact
audi	a4	2	2008	4	auto(av)	f	21	30	p	compact
audi	a4	2.8	1999	6	auto(l5)	f	16	26	p	compact
audi	a4	2.8	1999	6	manual(m5)	f	18	26	p	compact
audi	a4	3.1	2008	6	auto(av)	f	18	27	p	compact
audi	a4 quattro	1.8	1999	4	manual(m5)	4	18	26	p	compact
audi	a4 quattro	1.8	1999	4	auto(l5)	4	16	25	p	compact
audi	a4 quattro	2	2008	4	manual(m6)	4	20	28	p	compact
audi	a4 quattro	2	2008	4	auto(s6)	4	19	27	p	compact
audi	a4 quattro	2.8	1999	6	auto(l5)	4	15	25	p	compact
audi	a4 quattro	2.8	1999	6	manual(m5)	4	17	25	p	compact
audi	a4 quattro	3.1	2008	6	auto(s6)	4	17	25	p	compact
audi	a4 quattro	3.1	2008	6	manual(m6)	4	15	25	p	compact
audi	a6 quattro	2.8	1999	6	auto(l5)	4	15	24	p	midsize
audi	a6 quattro	3.1	2008	6	auto(s6)	4	17	25	p	midsize
audi	a6 quattro	4.2	2008	8	auto(s6)	4	16	23	p	midsize
chevrolet	c1500 suburban 2wd	5.3	2008	8	auto(l4)	r	14	20	r	suv
chevrolet	c1500 suburban 2wd	5.3	2008	8	auto(l4)	r	11	15	e	suv
chevrolet	c1500 suburban 2wd	5.3	2008	8	auto(l4)	r	14	20	r	suv
chevrolet	c1500 suburban 2wd	5.7	1999	8	auto(l4)	r	13	17	r	suv
chevrolet	c1500 suburban 2wd	6	2008	8	auto(l4)	r	12	17	r	suv
chevrolet	corvette	5.7	1999	8	manual(m6)	r	16	26	p	2seater
chevrolet	corvette	5.7	1999	8	auto(l4)	r	15	23	p	2seater
chevrolet	corvette	6.2	2008	8	manual(m6)	r	16	26	p	2seater
chevrolet	corvette	6.2	2008	8	auto(s6)	r	15	25	p	2seater

图 5-2　mpg_ggplot2.csv 文件内容

mpg_ggplot2 数据集包含了以下信息。

- manufacturer：汽车制造商的名称。

- model：汽车型号。
- displ：发动机排量（升）。
- year：生产年份。
- cyl：汽缸数量。
- trans：变速器类型。
- drv：驱动类型。
- cty：城市里程（每加仑的英里数）。
- hwy：高速公路燃油里程（每加仑的英里数）。
- fl：燃料类型。
- class：汽车类型/类别。

这个数据集通常用于探索汽车的燃油效率与其他因素（如制造商、型号、发动机排量等）之间的关系，并进行数据可视化分析，例如绘制散点图、箱线图和直方图等。

本节示例根据汽车的发动机排量、高速公路燃油里程以及车型类别，创建一个可视化的散点图，用于比较不同车型之间的燃油效率。不同车型的散点用不同的颜色表示，并在图例中进行了说明。

示例代码如下。

```
import pandas as pd
import seaborn as sns
import matplotlib.pyplot as plt

# 使用 Seaborn 的默认样式
sns.set()
# 设置图表的样式和图中字体
sns.set_style({'font.sans-serif':['SimHei','Arial']})

# 读取数据
data = pd.read_csv("data/mpg_ggplot2.csv")                    ①

# 创建普通散点图
plt.figure(figsize=(8, 6))
sns.scatterplot(data=data,                                    ②
                x="displ",
                y="hwy",
                s=100)  # 设置点的大小

# 添加标题和轴标签
plt.title("汽车燃油效率散点图")
plt.xlabel("发动机排量 (displ)")
plt.ylabel("高速公路燃油里程 (hwy)")
```

```
# 显示图表
plt.grid(True)
plt.show()
```

主要代码的解释如下。

代码第①行使用Pandas中的read_csv()函数读取名为“mpg_ggplot2.csv”的CSV文件，并将其存储在名为“data”的DataFrame中。

代码第②行使用Seaborn中的scatterplot()函数创建散点图。具体参数的解释如下。

- data=data：指定要使用的数据集。
- x="displ"：将发动机排量（"displ"列）作为x轴的数据。
- y="hwy"：将高速公路燃油里程（"hwy"列）作为y轴的数据。
- s=100：设置散点的大小为100。

运行示例代码，绘制的图形如图5-3所示。

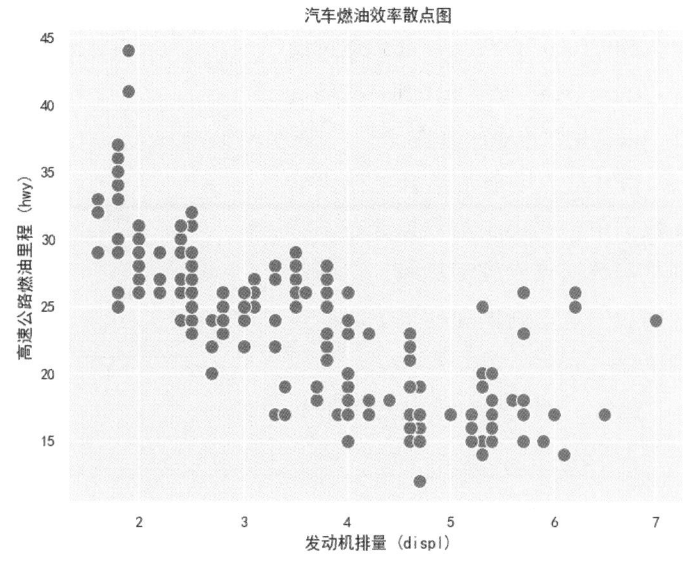

图5-3 汽车燃油效率散点图

5.1.3 带状散点图

带状散点图（Strip Plot）是一种用于可视化分类数据的散点图。它通常用于显示不同类别或组之间的数据点分布，以及每个数据点的具体位置。绘制带状散点图的目的是使数据点在分类变量的水平位置上均匀分布，以便更好地观察它们的分布和密度。

以下是使用Seaborn绘制带状散点图的示例代码。

```
import seaborn as sns
import matplotlib.pyplot as plt

# 设置图表的样式和图中字体
sns.set_style({'font.sans-serif':['SimHei','Arial']})
# 示例数据
data = sns.load_dataset("tips")

# 创建带状散点图
plt.figure(figsize=(8, 6))
# jitter参数用于添加一些随机性，防止数据点重叠
```

```
sns.stripplot(data=data, x="Day", y="Total_Bill", jitter=True)
plt.xlabel('Day')
plt.ylabel('Total Bill')
plt.title('带状散点图 - Total Bill vs Day')
plt.show()
```

在上面的示例代码中，我们使用Seaborn加载了一个名为“tips”的数据集，并创建了一个带状散点图来比较不同用餐日（'Day'行）的总账单金额（'Total Bill'列）。我们通过设置“jitter=True”参数来添加一些随机性，以避免数据点的重叠。

带状散点图非常适合可视化分类数据中不同类别的数据分布，特别是当数据点比较密集时，它可以帮助我们更清晰地观察每个数据点的位置。

运行示例代码，绘制的图形如图5-4所示。

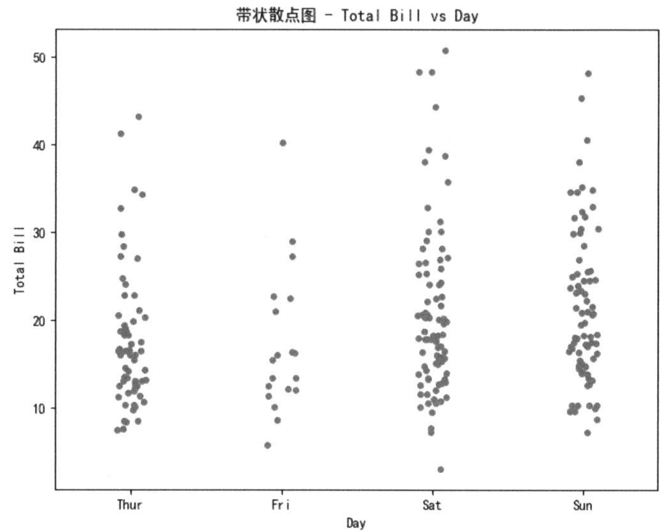

图 5-4　带状散点图 – Total Bill vs Day

5.1.4 示例：绘制汽车燃油效率带状散点图

为了比较带状散点图与普通散点图，本节我们将5.1.2小节的示例修改为带状散点图，示例代码如下。

```
import pandas as pd
import seaborn as sns
import matplotlib.pyplot as plt

# 使用 Seaborn 的默认样式
sns.set()
# 设置图表的样式和图中字体
sns.set_style({'font.sans-serif':['SimHei','Arial']})

# 读取数据
data = pd.read_csv("data/mpg_ggplot2.csv")

# 创建带状散点图，使用 "class" 列作为分类变量
plt.figure(figsize=(12, 6))  # 增加图的宽度
```

```
sns.stripplot(data=data, x="class", y="hwy", jitter=True, s=10)          ①

# 添加标题和轴标签
plt.title("不同车辆类别的汽车燃油效率带状散点图")
plt.xlabel("车辆类别 (class)")
plt.ylabel("高速公路燃油里程 (hwy)")

# 旋转横轴刻度标签
plt.xticks(rotation=45)

# 显示图表
plt.grid(True)
plt.show()
```

主要代码的解释如下。

代码第①行使用Seaborn的stripplot()函数创建带状散点图，参数的解释如下。

- data=data: 指定要使用的数据集。
- x="class": 指定X轴上的数据，这里是车辆类别。
- y="hwy": 指定Y轴上的数据，这里是高速公路燃油里程。
- jitter=True: 通过设置为True来添加抖动，以避免数据点的重叠。
- s=10: 设置点的大小为10，这里指定了点的直径。

运行示例代码，绘制的图形如图5-5所示。

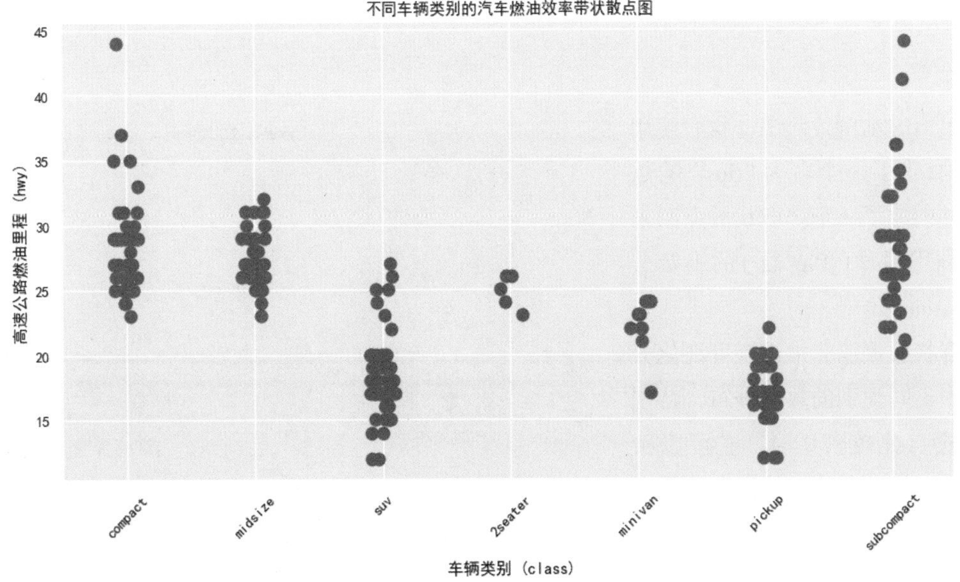

图5-5　不同车辆类别的汽车燃油效率带状散点图

5.1.5 蜂群状散点图

蜂群状散点图（Swarm Plot）是一种用于可视化分类数据分布的图表类型，类似于带状散点图。它适用于展示分类变量与连续或定量变量之间的关系，并且具有以下特点。

（1）沿分类轴上的每个类别，数据点被均匀地分散，避免了重叠，使得每个数据点都能够清晰可见。

（2）可以观察到数据点的分布密度和集中程度，以及不同类别之间的差异。

以下是使用Seaborn绘制蜂群状散点图的示例代码。

```
import seaborn as sns
import matplotlib.pyplot as plt

# 使用 Seaborn 的默认样式
sns.set()
# 设置图表的样式和图中字体
sns.set_style({'font.sans-serif':['SimHei','Arial']})

# 使用 Seaborn 内置的 tips 数据集
tips = sns.load_dataset("tips")

# 绘制蜂群状散点图
plt.figure(figsize=(8, 6))
sns.swarmplot(x='day', y='tip', data=tips)
plt.xlabel('Day')
plt.ylabel('Tip Amount')
plt.title(' 蜂群状散点图示例 ')
plt.show()
```

在上面的示例代码中，我们使用Seaborn加载了一个名为“tips”的数据集，并创建了一个蜂群状散点图来比较不同用餐日（'Day'行）的小费金额（'Tip Amount'列）。

蜂群状散点图非常适合可视化分类数据中不同类别的数据分布，特别是当数据点比较密集时，它可以帮助我们更清晰地观察每个数据点的位置。

运行示例代码，绘制的图形如图5-6所示。

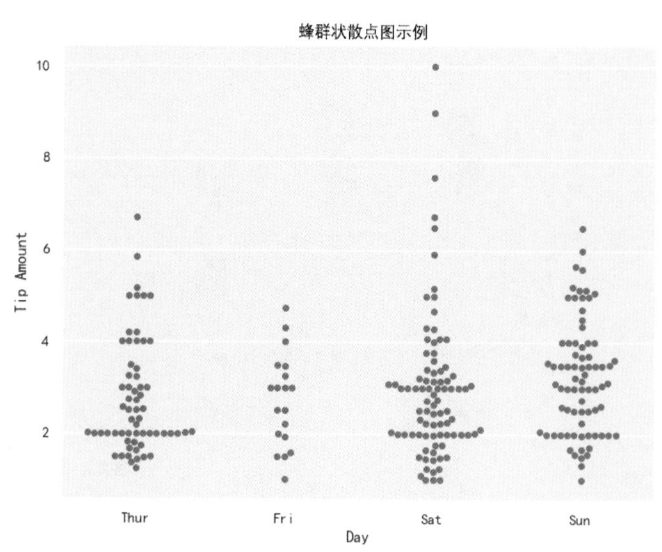

图5-6 蜂群状散点图示例

5.1.6 示例：绘制汽车燃油效率蜂群状散点图

为了比较蜂群状散点图与带状散点图，本节我们将5.1.4小节的示例修改为蜂群状散点图，示例代码如下。

```
import pandas as pd
import seaborn as sns
import matplotlib.pyplot as plt

# 使用 Seaborn 的默认样式
sns.set()
# 设置图表的样式和图中字体
sns.set_style({'font.sans-serif':['SimHei','Arial']})

# 读取数据
data = pd.read_csv("data/mpg_ggplot2.csv")

# 创建蜂群状散点图，使用 "class" 列作为分类变量
plt.figure(figsize=(12, 6))  # 增加图的宽度
sns.swarmplot(data=data, x="class", y="hwy", s=4)                  ①

# 添加标题和轴标签
plt.title("不同车辆类别的汽车燃油效率蜂群状散点图")
plt.xlabel("车辆类别 (class)")
plt.ylabel("高速公路燃油里程 (hwy)")

# 旋转横轴刻度标签
plt.xticks(rotation=45)

# 显示图表
plt.grid(True)
plt.show()
```

主要代码的解释如下。

代码第①行使用Seaborn的swarmplot()函数创建蜂群状散点图，其中参数的解释如下。

- data=data：指定要使用的数据集。
- x="class"：指定x轴上的数据，这里是车辆类别。
- y="hwy"：指定y轴上的数据，这里是高速公路燃油里程。
- s=4：设置点的大小为4。

运行示例代码，绘制的图形如图5-7所示。

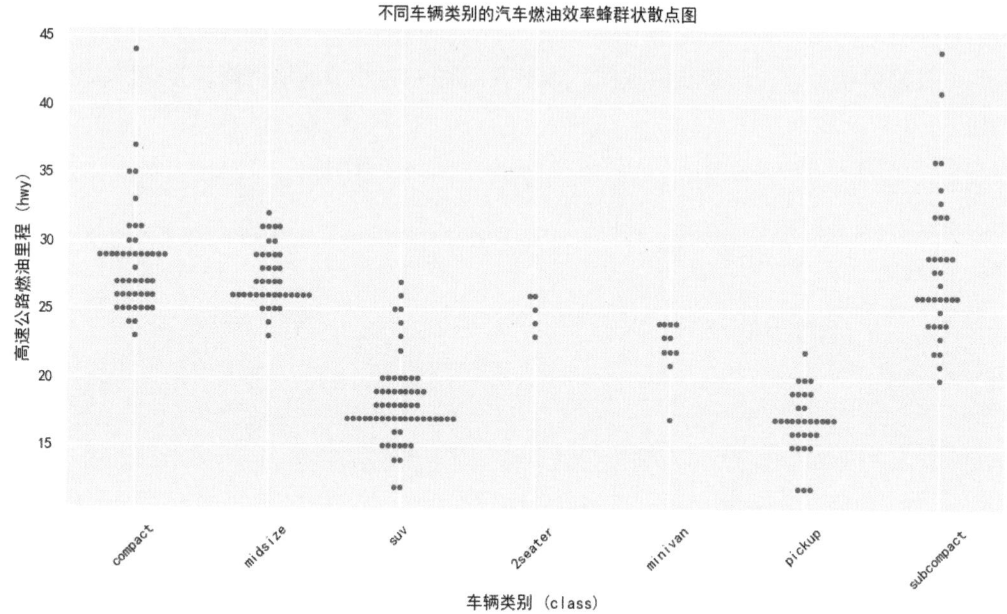

图 5-7　不同车辆类别的汽车燃油效率蜂群状散点图

5.1.7 分类散点图

在4.3.3小节我们介绍了Seaborn库用于分类的hue和palette参数，本节我们介绍用于分类的style（样式）参数。

style参数是Seaborn中用于分类数据可视化的一个参数，它允许我们通过指定不同的样式来区分不同类别的数据点或线条。在多种图表类型中都可以使用style参数，以提高数据可视化的可区分性。

使用style参数的分类散点图示例代码如下。

```
import seaborn as sns
import matplotlib.pyplot as plt

# 使用 Seaborn 的默认样式
sns.set()
# 设置图表的样式和图中字体
sns.set_style({'font.sans-serif':['SimHei','Arial']})
# 创建示例数据
data = sns.load_dataset("iris")

# 绘制散点图，使用样式参数来区分不同种类的鸢尾花
plt.figure(figsize=(8, 6))
sns.scatterplot(x="sepal_length", y="sepal_width", hue="species",
style="species", data=data)
```

```
# 添加标题
plt.title(" 鸢尾花数据的散点图 ")

# 显示图例
plt.legend(title=" 种类 ")

# 显示图表
plt.grid(True)
plt.show()
```

在这个示例代码中，加载了Seaborn内置的鸢尾花数据集，然后使用scatterplot()函数绘制了散点图。通过设置hue参数来区分不同种类的鸢尾花，并通过style参数来使用不同的样式表示每个种类，使得不同种类的数据点在图表中有不同的标记。这有助于更清晰地区分不同类别的数据点，提高了数据可视化的可读性。

运行示例代码，绘制的图形如图5-8所示。

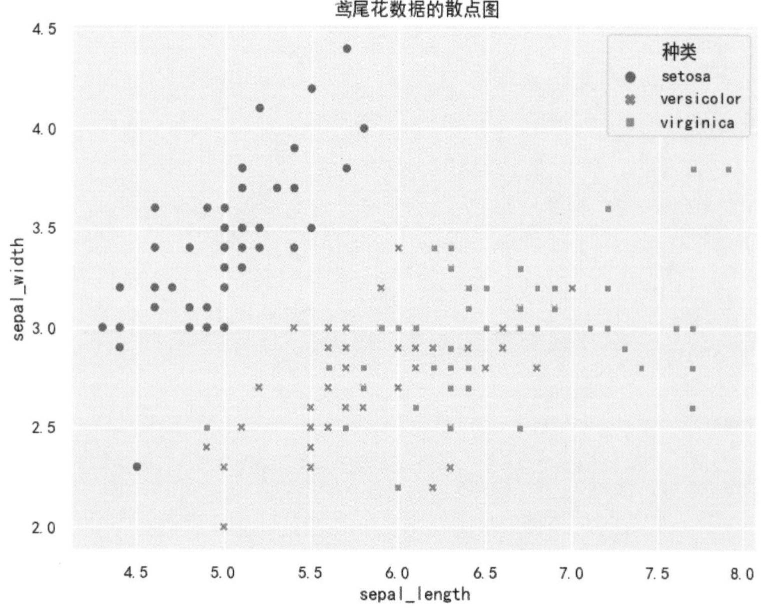

图5-8　鸢尾花数据的散点图

5.2 折线图

折线图通常用于显示两个变量之间的趋势随时间的变化。

下面是折线图的应用示例。

（1）股票价格趋势图：折线图经常用于展示股票价格随时间的波动情况。通常X轴表示时间，

Y轴表示股票价格，每个点对应某一时刻的股价。这种图形可以帮助投资者分析股票的走势和趋势。

（2）气温变化趋势图：气象学家使用折线图来显示某个地区的气温随季节或年份的变化。这种图形可以帮助人们理解气候模式和季节性变化。

（3）销售数据趋势图：企业可以使用折线图来跟踪产品销售情况随时间的变化。这种图形可以帮助企业管理者了解产品销售的季节性、趋势和周期性模式。

（4）生产指标趋势图：制造业可以使用折线图来监控生产指标，如产量、质量和效率随时间的变化。这有助于优化生产流程和识别潜在问题。

无论是在商业、科学、教育还是其他领域，折线图都是一种强大的工具，可用于可视化和分析随时间或其他连续型变量的数据趋势。

5.2.1 绘制折线图

可以使用Matplotlib和Seaborn库绘制折线图，以下是一个使用Seaborn绘制折线图的示例代码。

```
import seaborn as sns
import matplotlib.pyplot as plt
# 使用 Seaborn 的默认样式
sns.set()
# 设置图表的样式和图中字体
sns.set_style({'font.sans-serif':['SimHei','Arial']})

# 示例数据
x = [1, 2, 3, 4, 5]
y = [10, 12, 5, 8, 9]

# 创建折线图
sns.lineplot(x=x, y=y)

# 添加标题和轴标签
plt.title('示例折线图')
plt.xlabel('X 轴标签')
plt.ylabel('Y 轴标签')

# 显示折线图
plt.show()
```

在这个示例代码中，我们使用Seaborn中的lineplot()函数创建了一个折线图，然后添加了标题和轴标签，最终使用Matplotlib的plt.show()函数来显示图表。

运行上述代码，绘制的图形如图5-9所示。

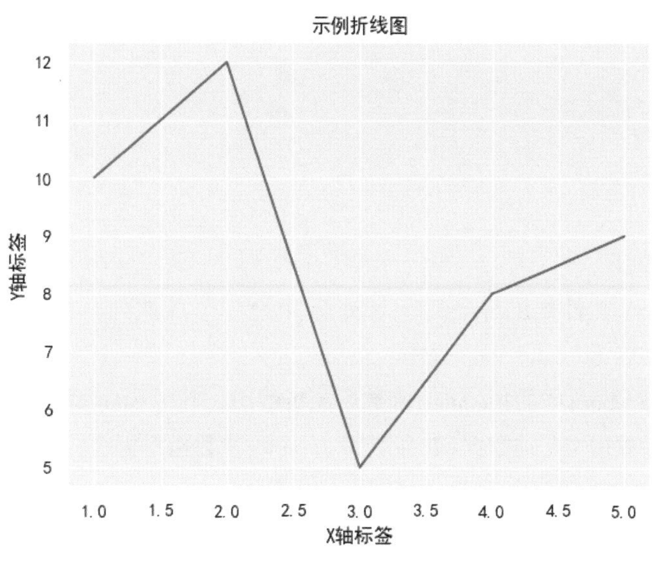

图 5-9　示例折线图

5.2.2 示例：绘制婴儿出生数据折线图

在4.3.2小节我们使用过“婴儿出生数据.csv”数据，下面我们使用该数据集绘制婴儿出生数据折线图，示例代码如下。

```
import pandas as pd
import seaborn as sns
import matplotlib.pyplot as plt

# 读取 CSV 文件
data = pd.read_csv("data/ 婴儿出生数据（清洗后）.csv")

# 设置 Seaborn 风格
sns.set_style('darkgrid', {'font.sans-serif': ['SimHei', 'Arial']})

# 将年、月、日合并为日期列
data['date'] = pd.to_datetime(data[['year', 'month', 'day']].astype(str).
agg('-'.join, axis=1))                                              ①

# 创建折线图
plt.figure(figsize=(10, 6))
sns.lineplot(data=data, x='date', y='births', color='blue')     ②

# 添加标题和轴标签
plt.title(" 婴儿出生数据折线图 ")
```

```
plt.xlabel(" 日期 ")
plt.ylabel(" 出生数量 ")

# 显示折线图
plt.grid(True)
plt.show()
```

主要代码的解释如下。

代码第①行将CSV文件中的年、月、日列合并为一个日期列，并将其转换为Pandas中的Datetime类型，存储在名为“date”的新列中。

代码第②行使用Seaborn中的lineplot()函数绘制折线图，其中data参数指定数据集，x参数指定X轴数据（日期），y参数指定Y轴数据（出生数量），color参数指定折线的颜色为蓝色。

运行上述代码，绘制的图形如图5-10所示。

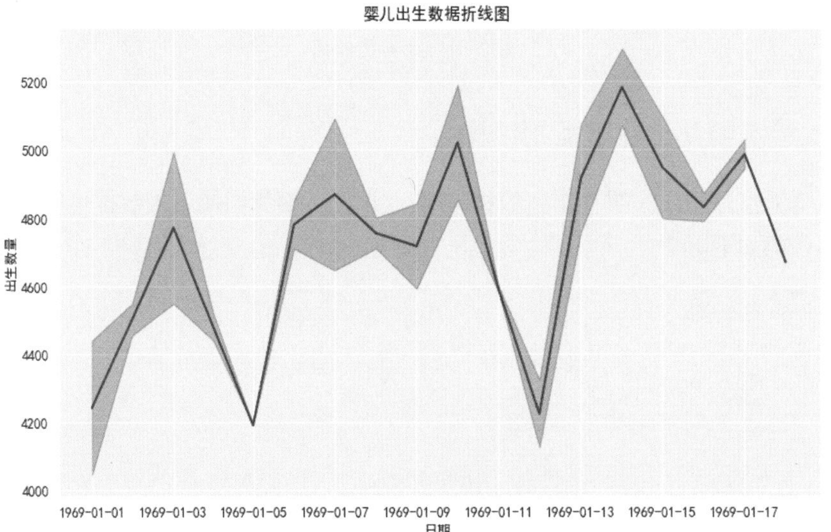

图5-10 婴儿出生数据折线图

提示 从图5-10所示的折线图可见，其中的线被阴影包裹着，这通常是由于Seaborn的默认设置中添加了误差带或置信区间带。这样操作是为了可视化展示数据的不确定性。这种行为在Seaborn的lineplot函数中默认是开启的，如果不想显示误差带或置信区间带，可以通过将ci参数设置为None来禁用它们。示例代码如下。

```
sns.lineplot(data=data, x='date', y='births', color='blue', errorbar=None)
```

5.2.3 分类折线图

当绘制分类折线图时，style参数可以用来为每个不同的分类变量值选择不同的线条样式（例如实线、虚线等），从而使不同的类别在图中更容易区分。

以下是一个示例代码，演示了如何在Seaborn中使用style参数来绘制分类折线图。

```
import seaborn as sns
import matplotlib.pyplot as plt

# 创建示例数据
data = sns.load_dataset("iris")

# 使用 Seaborn 的默认样式
sns.set()
# 设置 Seaborn 风格
sns.set_style('darkgrid', {'font.sans-serif': ['SimHei', 'Arial']})

# 绘制分类散点折线图，使用样式参数来区分不同种类的鸢尾花
plt.figure(figsize=(8, 6))
sns.lineplot(x="sepal_length", y="sepal_width", hue="species",
style="species", data=data)

# 添加标题
plt.title(" 鸢尾花数据的分类折线图 ")

# 显示图例
plt.legend(title=" 种类 ")

# 显示图表
plt.grid(True)
plt.show()
```

在上述示例代码中，我们使用了Seaborn中的lineplot()函数，并设置了hue和style参数，以根据数据集中的“species”列的不同类别来分类数据，运行示例代码，绘制的图形如图5-11所示。

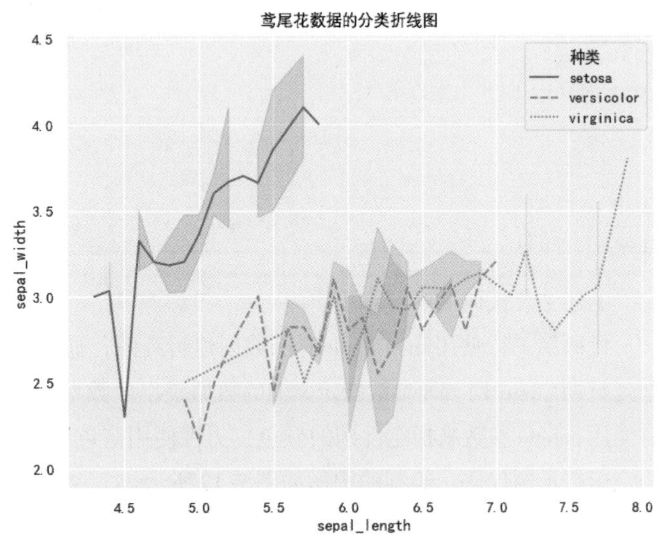

图5-11　鸢尾花数据的分类折线图

5.2.4 示例：绘制性别分类折线图

折线图通常用于可视化数值变量之间的趋势或关系，它的主要用途是显示数值变量的变化。折线图通常不直接用于显示分类变量的信息，但我们可以通过将分类变量映射到折线图的不同线条或颜色上，来实现在折线图中添加分类信息。

5.2.2 小节的婴儿出生数据折线图可以按性别分类，示例代码如下。

```
import pandas as pd
import seaborn as sns
import matplotlib.pyplot as plt

# 读取 CSV 文件
data = pd.read_csv("data/ 婴儿出生数据（清洗后）.csv")

# 设置 Seaborn 风格
sns.set_style('darkgrid', {'font.sans-serif': ['SimHei', 'Arial']})

# 将年、月、日合并为日期列
data['date'] = pd.to_datetime(data[['year', 'month', 'day']].astype(str).
agg('-'.join, axis=1))
# 创建折线图，并按性别分类
plt.figure(figsize=(10, 6))
sns.lineplot(data=data, x='date',                                    ①
             y='births',
             hue='gender',
             palette={"M": "blue", "F": "pink"})
# 添加标题和轴标签
plt.title(" 婴儿出生数据折线图（按性别分类）")
plt.xlabel(" 日期 ")
plt.ylabel(" 出生数量 ")

# 显示折线图
plt.grid(True)
plt.show()
```

上述主要代码的解释如下。

代码第①行使用sns.lineplot()函数创建折线图，通过data参数传入数据集，x参数指定 x 轴的数据是日期（date 列），y参数指定 y轴的数据是出生数量（births 列），并使用hue 参数按性别分类，同时使用palette参数来指定性别的颜色，男性使用蓝色，女性使用粉色。

运行示例代码，绘制的图形如图5-12所示。

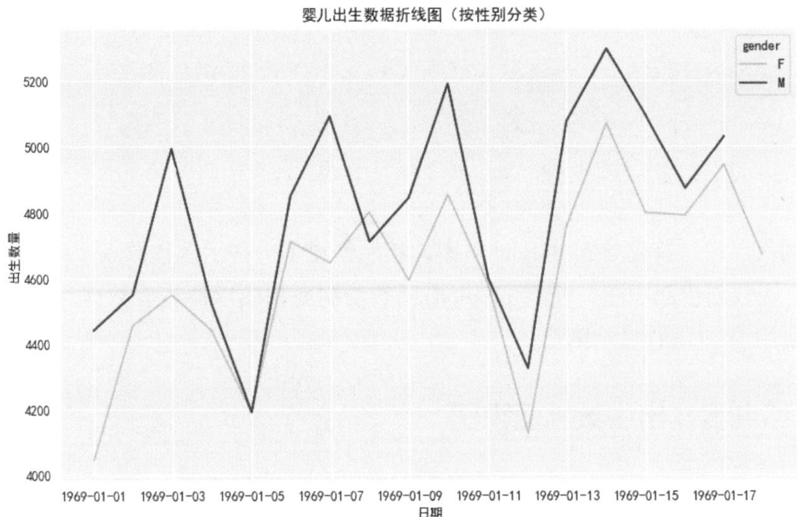

图 5-12　婴儿出生数据折线图（按性别分类）

5.3 面积图

面积图是一种用于可视化数据的图表类型，通常用于显示数据序列随时间或有序类别的变化趋势。它与折线图类似，但与折线图又有所不同，面积图的下方区域通常被填充以突出数据的累积值或变化趋势。面积图常用于展示不同类别或组的数据在总体中的相对占比或堆积情况。

5.3.1 绘制面积图

在Python中，可以使用不同的库来绘制面积图，其中最常用的是Matplotlib。以下是一个简单的示例，演示如何使用Matplotlib来创建一个基本的面积图。

```
import matplotlib.pyplot as plt
plt.rcParams['font.family'] = ['SimHei']      # 设置中文字体
plt.rcParams['axes.unicode_minus'] = False    # 设置负号显示

# 数据
x = [1, 2, 3, 4, 5]           # x轴数据点
y = [10, 16, 5, 8, 12]        # y轴数据点

# 绘制面积图
plt.fill_between(x, y, color="skyblue", alpha=0.5)
plt.plot(x, y, color="blue", linestyle="-", marker="o")

# 添加轴标签和标题
```

```
plt.xlabel("X 轴标签 ")
plt.ylabel("Y 轴标签 ")
plt.title(" 面积图示例 ")

# 显示图形
plt.show()
```

在这个示例代码中，首先导入Matplotlib库，然后创建了一些示例数据点 x 和 y。接下来，使用 plt.fill_between() 函数创建面积图，使用 plt.plot() 函数绘制面积图以便查看数据点。最后，添加轴标签和标题，并使用 plt.show() 显示图形。

5.3.2 示例：绘制婴儿出生数据面积图

为了看出面积图与折线图的区别，本节将5.2.2小节绘制的折线图换成面积图，示例代码如下。

```
import pandas as pd
import matplotlib.pyplot as plt
plt.rcParams['font.family'] = ['SimHei'] # 设置中文字体
plt.rcParams['axes.unicode_minus'] = False # 设置负号显示

# 读取 CSV 文件
df = pd.read_csv("data/ 婴儿出生数据（清洗后）.csv")                    ①

# 将年、月、日合并为日期列
df['date'] = pd.to_datetime(df[['year', 'month', 'day']])             ②

# 创建面积图
plt.figure(figsize=(10, 6))
plt.fill_between(df['date'], df['births'], color="pink", alpha=0.5)   ③

# 添加轴标签和标题
plt.xlabel(" 日期 ")
plt.ylabel(" 出生数量 ")
plt.title(" 婴儿出生数据面积图 ")

# 旋转日期标签，以防止重叠
plt.xticks(rotation=45)                                                ④

# 显示图形
plt.tight_layout()                                                     ⑤
plt.show()
```

主要代码的解释如下。

代码第①行通过pd.read_csv()函数读取了名为“婴儿出生数据（清洗后）.csv”的CSV文件，将数据加载到一个DataFrame（数据表格）中。

代码第②行使用pd.to_datetime()函数，将DataFrame中的“year”“month”和“day”列合并为一个日期列“date”，这个日期列会作为绘图的x轴数据。

代码第③行使用plt.fill_between()函数创建面积图，将x轴设置为“date”列，y轴设置为“births”列，填充颜色为“pink”，透明度为0.5，创建了一个面积图。

代码第④行使用plt.xticks(rotation=45)旋转x轴上的日期标签，以避免它们重叠。

代码第⑤行通过plt.tight_layout()调整图表布局以确保图形完整显示。

运行上述代码，绘制的图形如图5-13所示。

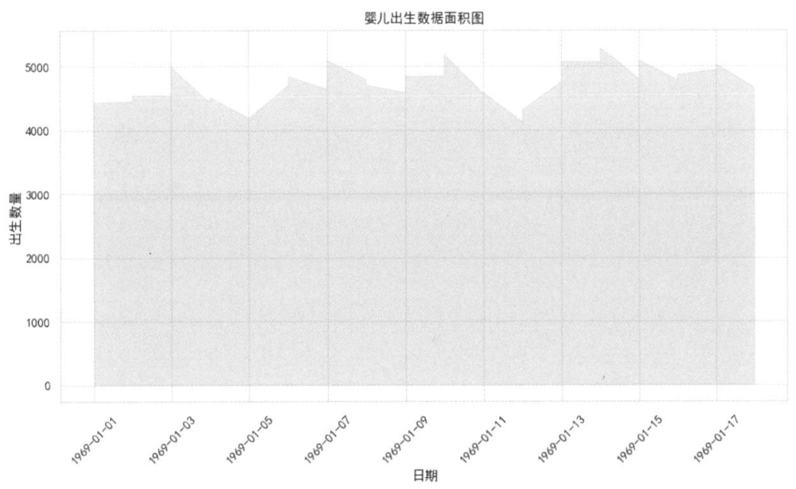

图5-13　婴儿出生数据面积图

5.4 柱状图

柱状图可以用于比较不同类别或组之间的两个变量，一个变量通常表示在X轴上的不同类别或组，另一个变量表示在Y轴上的值。这种图形常用于显示类别数据的比较。

5.4.1 柱状图的应用

以下是某些情况下柱状图的应用示例。

（1）销售数据比较：柱状图可用于比较不同产品、地区或时间段的销售数据。每个柱子代表一个产品或地区，柱子的高度表示销售额或销售数量。

（2）调查结果：在社会科学研究中，柱状图可用于呈现调查结果，例如不同选项的选择频率。每个柱子代表一个选项，柱子的高度表示选择该选项的人数或百分比。

（3）时间趋势：柱状图也可用于显示时间趋势。我们可以创建一个时间序列柱状图，其中X轴表示时间，Y轴表示某个度量指标，例如每月销售额的变化。

（4）对比类别：柱状图适用于对比不同类别的数据，例如比较不同产品、部门、城市或年度的性能数据。

5.4.2 绘制柱状图

在Python中，我们可以使用Matplotlib库和Seaborn库绘制柱状图，以下示例代码演示了如何使用Seaborn绘制一个柱状图。

```
import seaborn as sns
import matplotlib.pyplot as plt

# 示例数据
categories = ['A', 'B', 'C', 'D', 'E']
values = [10, 25, 15, 30, 20]

# 使用 Seaborn 绘制柱状图，指定调色板为 "Set1"
plt.figure(figsize=(8, 6))
sns.barplot(x=categories, y=values, palette='Set1')        ①

# 添加轴标签和标题
plt.xlabel('类别')
plt.ylabel('数值')
plt.title('Seaborn 柱状图示例')

# 显示图形
plt.show()
```

这段代码演示了如何使用Python中的Seaborn库绘制一个柱状图。以下是对主要代码的解释。

代码第①行使用sns.barplot()函数创建柱状图。x=categories：指定x轴的数据；y=values：指定y轴的数据；palette='Set1'：指定使用Seaborn中的“Set1”调色板。

运行上述代码，绘制的图形如图5-14所示。

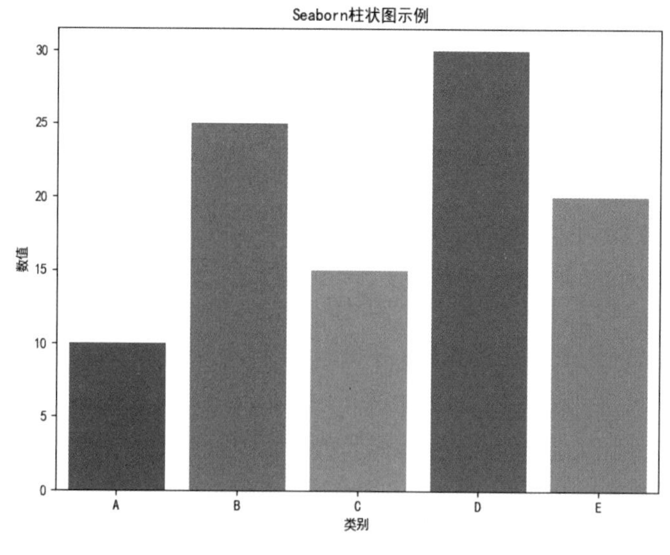

图5-14 柱状图示例

5.4.3 示例：绘制不同汽车型号的燃油效率柱状图

使用mpg_ggplot2数据集来创建一个柱状图，以比较不同汽车型号的燃油效率（英里每加仑）。具体示例代码如下。

```
import pandas as pd
import matplotlib.pyplot as plt
import seaborn as sns

sns.set() # 使用 Seaborn 库的默认设置来绘制图形
sns.set_style('darkgrid',{'font.sans-serif':['SimHei','Arial']})

# 读取 CSV 文件
df = pd.read_csv("data/mpg_ggplot2.csv")

# 创建柱状图
plt.figure(figsize=(12, 6))
sns.barplot(x='model', y='hwy', data=df, palette='viridis')          ①

# 添加轴标签和标题
plt.xlabel('汽车型号')
plt.ylabel('公路燃油效率 (mpg)')
plt.title('不同汽车型号的公路燃油效率')

# 旋转 x 轴标签，以防止重叠
plt.xticks(rotation=45, horizontalalignment='right')                ②

# 显示图形
plt.tight_layout()
plt.show()
```

上述主要代码的解释如下。

代码第①行使用sns.barplot()函数，其中x='model'指定x轴的数据（汽车型号），y='hwy'指定y轴的数据（公路燃油效率），data=df指定使用的数据集，palette='viridis'指定使用Seaborn的“viridis”调色板。

代码第②行使用plt.xticks(rotation=45, horizontalalignment='right')旋转x轴标签，以防止它们重叠。rotation=45将标签旋转45度，horizontalalignment='right'将标签右对齐，以确保它们的可读性。

运行上述代码，绘制的图形如图5-15所示。

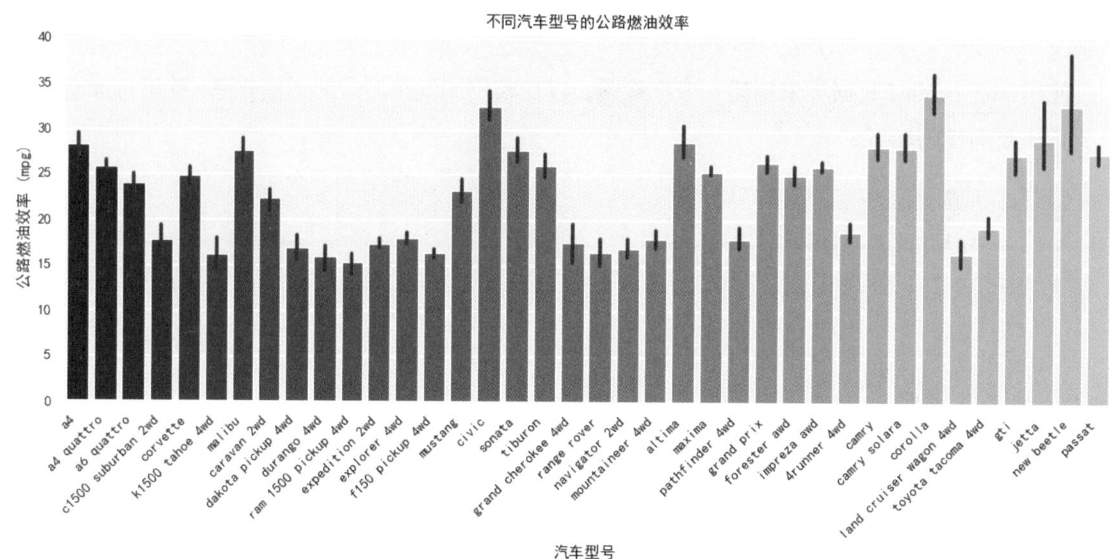

图5-15　不同汽车型号的公路燃油效率

提示 ▲ 从图5-15中可以看出，每一个柱子上会有小段竖线，这些竖线是误差棒，用于表示数据的不确定性或标准误差。这些误差棒显示了每个柱子中数据的变化范围。如果你不希望在柱状图上显示误差棒，可以通过将ci参数设置为None来禁用它们。示例代码如下。

```
sns.barplot(x='model', y='hwy', data=df, palette='viridis', errorbar=None)
```

5.5 条形图

条形图是一种用于可视化数据的图形类型，通常用于比较不同类别或组之间的数据值。它由一组垂直或水平的条形(也称为柱形)组成，每个条形的高度(或长度)表示相应类别或组的数据值。

5.5.1 条形图与柱状图的区别

条形图和柱状图之间存在一些明显的区别。

(1)方向：

- 条形图通常是水平的，条形从左到右延伸，每个条形的长度表示相应类别或组的数据值。
- 柱状图通常是垂直的，柱子从下到上延伸，每个柱子的高度表示相应类别或组的数据值。

(2)用途：

- 条形图常用于比较不同类别或组之间的数据，特别是当类别名称较长或需要显示在图形的底部时。
- 柱状图也用于比较不同类别或组之间的数据，但在类别名称较短或可以垂直显示时更常见。

（3）视觉效果：

由于方向不同，条形图和柱状图的视觉效果有所不同。水平的条形图在比较多个类别时可能需要更多的水平空间，而垂直的柱状图在比较多个类别时可能需要更多的垂直空间。

总的来说，条形图和柱状图都是强大的数据可视化工具，可以用于比较不同类别或组之间的数据。我们可以根据自己的数据和可视化需求选择使用哪种类型的图形，这通常取决于数据的性质及如何更好地传达信息。

5.5.2 示例：绘制不同汽车型号的燃油效率条形图

条形图和柱状图非常相似，那么本节将5.4.3小节绘制的柱状图换成条形图，示例代码如下。

```
import pandas as pd
import matplotlib.pyplot as plt
import seaborn as sns

sns.set()
sns.set_style('darkgrid', {'font.sans-serif': ['SimHei', 'Arial']})

# 读取 CSV 文件
df = pd.read_csv("data/mpg_ggplot2.csv")

# 使用 Seaborn 创建条形图
plt.figure(figsize=(12, 6))
sns.barplot(x='hwy', y='model',                              ①
            data=df,
            palette='viridis',
            errorbar=None)

# 添加轴标签和标题
plt.xlabel(' 公路燃油效率 (mpg)')
plt.ylabel(' 汽车型号 ')
plt.title(' 不同汽车型号的公路燃油效率 ')

# 显示图形
plt.tight_layout()
plt.show()
```

主要代码的解释如下。

代码第①行使用sns.barplot()函数创建条形图。x轴的数据是公路燃油效率（'hwy'），y轴的数据是汽车型号（'model'），data=df指定了使用的数据集，palette='viridis'设置了绘图时使用的颜色，通过errorbar=None将误差棒禁用，在条形图上就不会显示误差棒了。

这段代码的结果是一个条形图，横轴显示了公路燃油效率（mpg），纵轴显示了汽车型号，每个条形代表一种汽车型号，并展示了它们的公路燃油效率。由于禁用了误差棒，每个条形没有上下浮动的线条，只是单纯的条形，这有助于清晰地比较不同汽车型号的公路燃油效率。

运行上述代码，绘制的图形如图 5-16 所示。

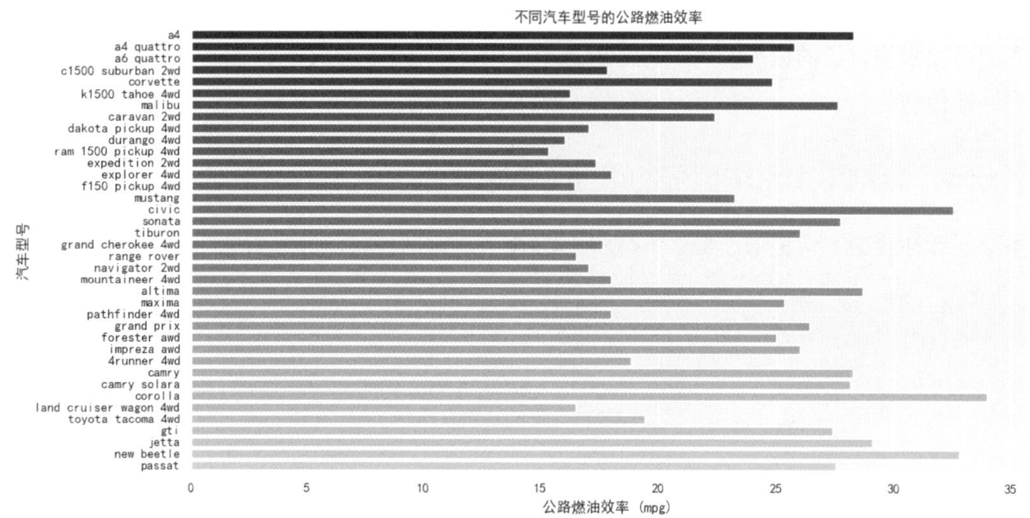

图 5-16　不同汽车型号的公路燃油效率

5.6 热力图

热力图用于可视化两个分类变量之间的关系，通过颜色编码来表示不同组合的频率或值。它可以帮助识别变量之间的相关性和模式。

5.6.1 热力图的应用

在科技领域，热力图可以用于可视化和分析各种类型的数据，帮助科学家、工程师和研究人员发现模式、趋势和关联性。以下是热力图在科技领域中的一些重点应用场景。

（1）温度分布：在气象学中，热力图可以用于显示地理区域的温度分布情况。每个单元格表示一个地理位置，颜色表示温度。

（2）基因表达分析：在生物学中，热力图通常用于可视化基因表达数据。行表示基因，列表示样本，单元格的颜色表示基因在不同样本中的表达水平。

（3）金融分析：在金融领域，热力图可以用于可视化不同股票或资产之间的相关性。每个单元格可以表示两种资产之间的相关性，颜色深浅表示相关性的强度。

（4）图像处理：在计算机视觉中，热力图可以用于表示图像中不同区域的像素强度。这有助于图像分割、特征提取等任务。

总的来说，热力图是一种强大的工具，可用于可视化和分析各种类型的数据，帮助用户快速识别模式、关联性和趋势。在实际应用中，可以根据数据和分析目标来定制热力图的样式和参数。

5.6.2 绘制热力图

在Python中，可以使用Seaborn库和Matplotlib库绘制热力图。以下示例代码演示了如何绘制一个热力图。

```
import seaborn as sns
import matplotlib.pyplot as plt

sns.set()
sns.set_style('darkgrid', {'font.sans-serif': ['SimHei', 'Arial']})

# 创建一个矩阵数据（示例数据）
data = [
    [1, 2, 3, 4],
    [5, 6, 7, 8],
    [9, 10, 11, 12],
    [13, 14, 15, 16]
]

# 使用 Seaborn 创建热力图
plt.figure(figsize=(8, 6))
sns.heatmap(data, annot=True, cmap='coolwarm', linewidths=.5)        ①

# 添加轴标签和标题
plt.xlabel(' 列 ')
plt.ylabel(' 行 ')
plt.title(' 热力图示例 ')

# 显示图形
plt.show()
```

主要代码的解释如下。

代码第①行使用sns.heatmap()函数创建热力图。在函数中，我们传递了数据矩阵data，设置annot=True以在每个单元格中显示数值，cmap='coolwarm'指定了颜色映射，linewidths=.5设置了单元格之间的线宽。我们添加了x轴和y轴的标签及图形的标题，并使用plt.show()显示热力图。

我们可以根据自己的数据和需求来修改示例代码，以绘制符合要求的热力图。热力图通常用于可视化相关性、数据分布、模式等信息。

运行上述代码，绘制的图形如图5-17所示。

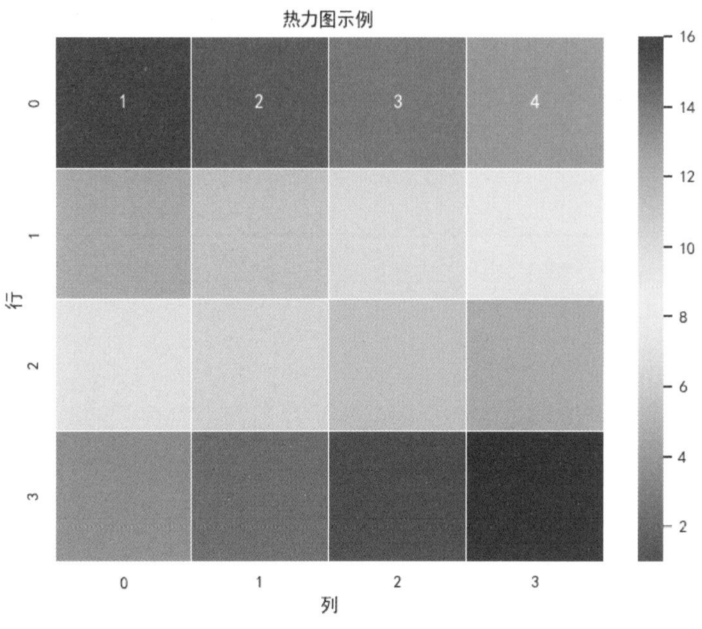

图 5-17　热力图示例

5.7 双变量核密度图

双变量核密度图用于可视化两个变量之间的关系和联合分布。它是一种用于理解两个变量如何一起变化的统计图表。

以下是双变量核密度图的应用示例。

（1）探索相关性：双变量核密度图可以用于检查两个变量之间的相关性。通过观察核密度图的形状和趋势，你可以了解它们之间是否存在线性或非线性关系。

（2）联合分布：它可以用于可视化两个变量的联合分布。这有助于识别数据中的聚类或模式，以及变量之间的依赖关系。

（3）分类可分性：在分类问题中，你可以使用双变量核密度图来查看不同类别下的两个变量的分布情况。这有助于确定是否存在明显的分离特征。

（4）异常值检测：双变量核密度图可以帮助你识别数据中的异常值。异常值通常会在核密度图中显示为低密度区域，与正常数据点的分布不同。

（5）数据预处理：在数据预处理阶段，你可以使用双变量核密度图来检查是否有必要对两个变量进行转换或缩放，以更好地满足建模的要求。

（6）特征工程：当你需要创建新的特征时，可以使用双变量核密度图来帮助选择与目标变量相关性较高的变量组合。

总之，双变量核密度图是数据分析中的强大工具，可以用于发现和理解数据中的模式、关系和异常值。它们可以帮助分析师和数据科学家更全面地探索数据并作出有关进一步分析和建模的决策。

5.7.1 绘制双变量核密度图

可以使用Seaborn库的kdeplot函数或jointplot函数绘制双变量核密度图。以下是两种方法的示例。

方法 1：使用 kdeplot 函数

```
import seaborn as sns
import matplotlib.pyplot as plt

# 示例数据
data = sns.load_dataset("iris")

# 使用 Seaborn 的 kdeplot 函数创建双变量核密度图
sns.kdeplot(data=data, x="sepal_length", y="sepal_width", fill=True,
cmap="Blues")

# 添加轴标签和标题
plt.xlabel(' 花萼长度 ')
plt.ylabel(' 花萼宽度 ')
plt.title(' 双变量核密度图示例 1')

# 显示图形
plt.show()
```

运行上述代码，绘制的图形如图5-18所示。

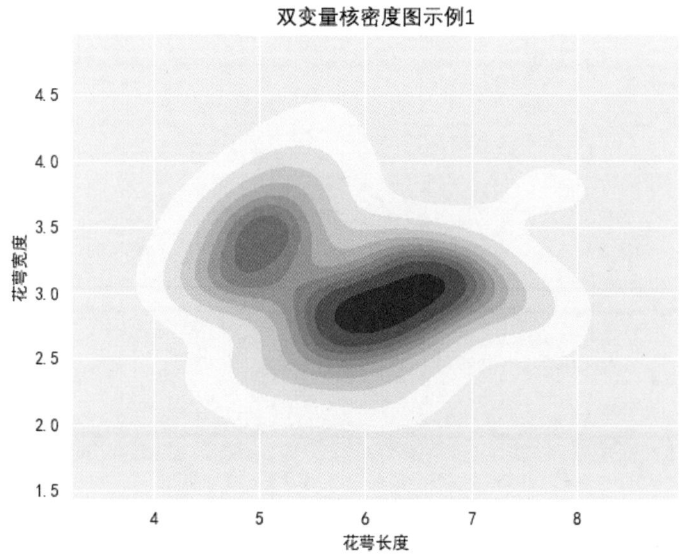

图5-18　双变量核密度图示例1

方法 2：使用 jointplot 函数

```
import seaborn as sns
import matplotlib.pyplot as plt

# 示例数据
data = sns.load_dataset("iris")

# 使用 Seaborn 的 jointplot 函数创建双变量核密度图
sns.jointplot(data=data, x="sepal_length", y="sepal_width", kind="kde", cmap="Blues")

# 添加标题
plt.subplots_adjust(top=0.9)
plt.suptitle('双变量核密度图示例 2')

# 显示图形
plt.show()
```

运行上述代码，绘制的图形如图 5-19 所示。

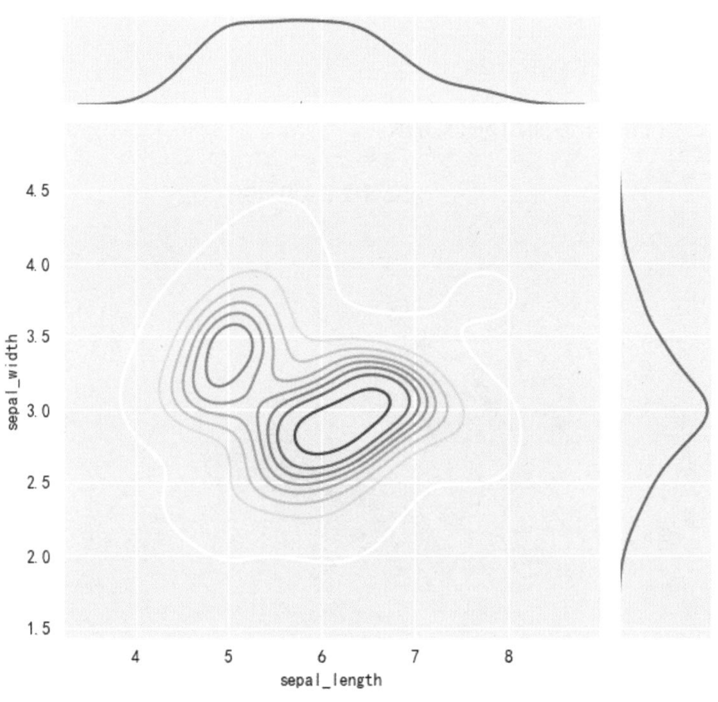

图 5-19　双变量核密度图示例 2

这两种方法都可以绘制双变量核密度图，其中kdeplot更灵活，而jointplot可以添加一些其他的信息，如单变量核密度图和散点图，以更全面地探索双变量关系。你可以根据自己的需求，选择其中一种方法来绘制双变量核密度图。

5.7.2 示例：绘制乘客数量双变量核密度图

下面我们通过一个示例介绍一下如何绘制双变量核密度图，该示例数据来自“AirPassengers.csv”文件，文件部分内容如图5-20所示。该数据集包含了从1949年到1960年期间每个月的航空乘客数量。这是一个时间序列数据集，其中每个数据点都对应一个月份的乘客数量，通常用于时间序列分析和预测任务，可以帮助理解乘客数量随时间的变化趋势和季节性模式。这个数据集通常用于演示时间序列分析和预测技术，例如移动平均、指数平滑和季节性分解等。

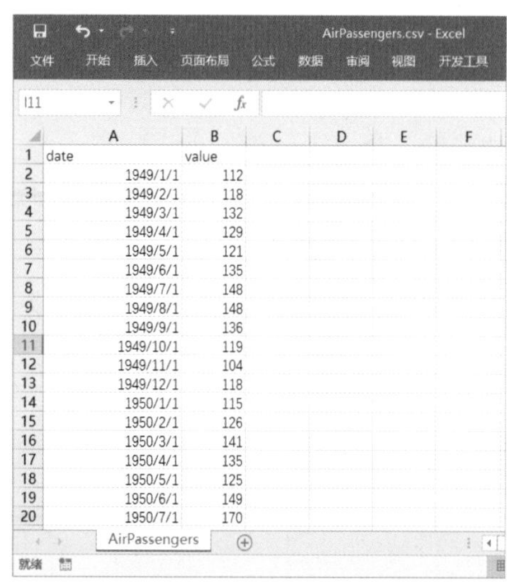

date	value
1949/1/1	112
1949/2/1	118
1949/3/1	132
1949/4/1	129
1949/5/1	121
1949/6/1	135
1949/7/1	148
1949/8/1	148
1949/9/1	136
1949/10/1	119
1949/11/1	104
1949/12/1	118
1950/1/1	115
1950/2/1	126
1950/3/1	141
1950/4/1	135
1950/5/1	125
1950/6/1	149
1950/7/1	170

图5-20 AirPassengers.csv文件(部分)

示例代码如下。

```
import pandas as pd
import seaborn as sns
import matplotlib.pyplot as plt

plt.rcParams['font.family'] = ['SimHei']      # 设置中文字体
plt.rcParams['axes.unicode_minus'] = False    # 设置负号显示

# 读取csv文件
df = pd.read_csv("data/AirPassengers.csv")

# 将日期转换为整数表示
df['date'] = (pd.to_datetime(df['date'])
              - pd.to_datetime('1949-01-01')).dt.days          ①

# 创建双变量核密度图
plt.figure(figsize=(10, 6))
sns.kdeplot(data=df,                                             ②
            x="date",
            y="value",
            cmap="viridis",
            fill=True)
plt.xlabel('日期')
plt.ylabel('乘客数量')
```

```
plt.title('双变量核密度图 - 乘客数量 vs 日期')
plt.show()
```

主要代码的解释如下。

代码第①行将日期列转换为整数表示的日期。它首先使用pd.to_datetime函数将日期列的值转换为日期对象，然后将这些日期对象减去“1949-01-01”的日期，最后使用dt.days将结果转换为整数表示的天数。

代码第②行使用kdeplot函数绘制双变量核密度图。data参数指定了数据集，x和y参数分别指定了X轴和Y轴的数据，cmap参数指定了颜色映射，fill=True表示要填充核密度估计曲线下方的区域。

运行上述代码，绘制的图形如图5-21所示。

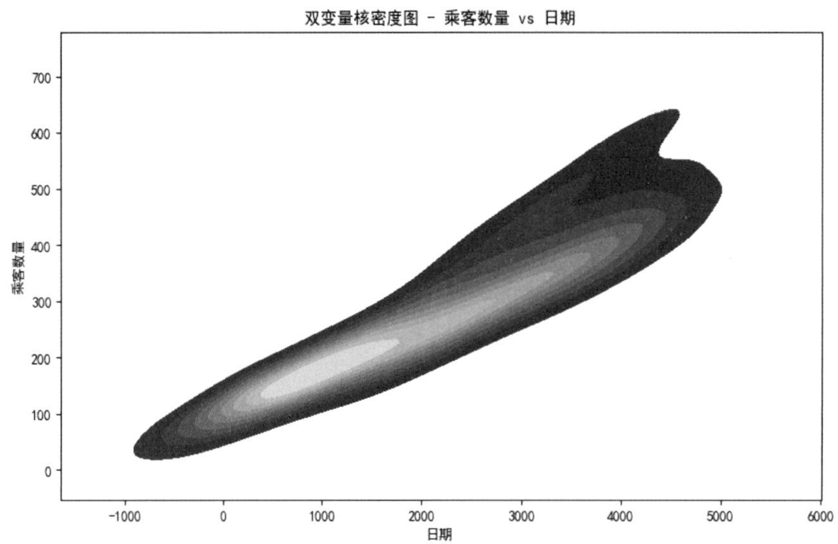

图5-21　双变量核密度图－乘客数量 vs 日期

5.8 线性回归图

线性回归图是一种统计图形，用于可视化两个变量之间的线性回归分析结果。其主要组成部分如下。

（1）散点图（Scatter Plot）：散点图显示了观测数据点，其中x轴通常表示自变量，y轴表示因变量。每个数据点表示一个观测值，通过x和y的位置来表示。

（2）回归线（Regression Line）：回归线是一条直线，它表示了自变量和因变量之间的线性关系。该线通过散点图的数据点，尽量拟合这些数据点，以最小化残差平方和。回归线的斜率和截距用于描述线性关系的强度和方向。

（3）置信区间（Confidence Interval）：置信区间表示了回归线的不确定性。它通常是在回归分析中计算的，用于估计回归线的参数（斜率和截距）的不确定性范围。置信区间可以帮助判断回归线是否显著。

（4）预测区间（Prediction Interval）：预测区间表示了对新观测值的预测的不确定性。它比置信区间更宽，因为它不仅考虑了回归线的不确定性，还考虑了随机误差的不确定性。

（5）残差图（Residual Plot）：残差图显示了每个数据点的残差，即观测值与回归线的距离。残差图用于检查模型是否符合线性回归的假设，例如，残差是否随机分布。

线性回归图直观地展示了两个变量之间的相关性和线性关系，是理解和表达线性回归分析结果的核心可视化方法之一。正确理解和绘制线性回归图对于分析师或读者理解模型至关重要。

5.8.1 线性回归图的应用

线性回归图是一种用于可视化线性回归模型的工具，通常用于以下目的。

（1）展示数据和拟合线：线性回归图通常包括散点图，显示了原始数据点以及一条拟合的线性回归线，用于表示数据的线性关系。

（2）评估回归模型：通过观察数据点与回归线的接近程度，可以初步评估线性回归模型的拟合质量。如果数据点紧密围绕在回归线附近，说明模型可能是一个合适的选择。

（3）识别异常值：线性回归图有助于识别异常值或离群点，这些点可能对回归模型产生不良影响。

（4）检查模型假设：线性回归图还可用于检查线性回归模型的一些基本假设，例如误差项的正态性、同方差性和线性关系。

5.8.2 绘制线性回归图

可以使用Seaborn库中的sns.regplot()函数绘制线性回归图。以下示例代码演示了如何绘制线性回归图。

```
import seaborn as sns
import matplotlib.pyplot as plt
sns.set()
sns.set_style('darkgrid', {'font.sans-serif': ['SimHei', 'Arial']})

# 创建一个示例数据集
data = sns.load_dataset("tips")

# 使用 sns.regplot() 创建线性回归图
plt.figure(figsize=(8, 6))
sns.regplot(x="total_bill", y="tip", data=data)

# 添加标题和轴标签
plt.title("线性回归图示例")
plt.xlabel("总账单金额 (total_bill)")
```

```
plt.ylabel("小费金额 (tip)")

# 显示图表
plt.grid(True)
plt.show()
```

在这个示例代码中，我们使用了Seaborn内置的tips数据集，然后使用sns.regplot()函数创建了线性回归图。函数的x参数和y参数分别指定了X轴和Y轴的变量。

绘制线性回归图有助于可视化两个变量之间的线性关系，以及了解线性回归线的拟合情况。此外，我们还可以通过添加其他参数来自定义图表，例如，使用ci参数来控制置信区间的显示，或使用scatter_kws参数来设置散点的属性。

运行上述代码，绘制的图形如图5-22所示。

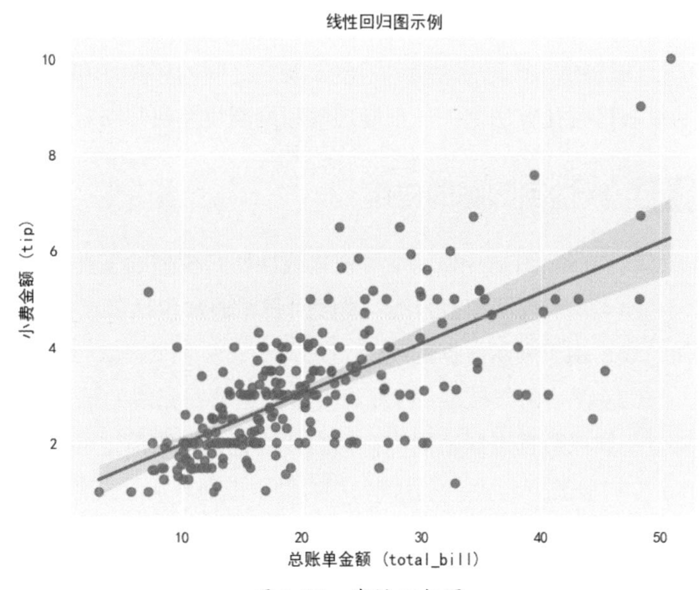

图5-22　线性回归图

5.8.3 示例：绘制钻石克拉数与价格的线性回归图

下面我们通过一个示例介绍一下如何绘制线性回归图，该示例数据来自diamonds数据集，内容如图5-23所示。该数据集经常用于数据可视化和机器学习练习，用来演示数据分析和建模技巧。这个数据集包含了有关钻石的各种属性和它们的价格信息，非常适合进行回归分析、数据探索和可视化。

	carat	cut	color	clarity	depth	table	price	x	y	z
2	0.23	Ideal	E	SI2	61.5	55	326	3.95	3.98	2.43
3	0.21	Premium	E	SI1	59.8	61	326	3.89	3.84	2.31
4	0.23	Good	E	VS1	56.9	65	327	4.05	4.07	2.31
5	0.29	Premium	I	VS2	62.4	58	334	4.2	4.23	2.63
6	0.31	Good	J	SI2	63.3	58	335	4.34	4.35	2.75
7	0.24	Very Good	J	VVS2	62.8	57	336	3.94	3.96	2.48
8	0.24	Very Good	I	VVS1	62.3	57	336	3.95	3.98	2.47
9	0.26	Very Good	H	SI1	61.9	55	337	4.07	4.11	2.53
10	0.22	Fair	E	VS2	65.1	61	337	3.87	3.78	2.49
11	0.23	Very Good	H	VS1	59.4	61	338	4	4.05	2.39
12	0.3	Good	J	SI1	64	55	339	4.25	4.28	2.73
13	0.23	Ideal	J	VS1	62.8	56	340	3.93	3.9	2.46
14	0.22	Premium	F	SI1	60.4	61	342	3.88	3.84	2.33
15	0.31	Ideal	J	SI2	62.2	54	344	4.35	4.37	2.71
16	0.2	Premium	E	SI2	60.2	62	345	3.79	3.75	2.27
17	0.32	Premium	E	I1	60.9	58	345	4.38	4.42	2.68
18	0.3	Ideal	I	SI2	62	54	348	4.31	4.34	2.68
19	0.3	Good	J	SI1	63.4	54	351	4.23	4.29	2.7
20	0.3	Good	J	SI1	63.8	56	351	4.23	4.26	2.71
21	0.3	Very Good	J	SI1	62.7	59	351	4.21	4.27	2.66

图5-23　diamonds数据集

以下是diamonds数据集的一些重要特征和列。

- carat（克拉数）：钻石的重量，通常用于衡量钻石的大小。
- cut（切工质量）：钻石的切工质量，包括几个等级，如“Fair”（一般）、“Good”（良好）、

"Very Good"（非常好）、"Premium"（优质）和"Ideal"（理想）。

- color（颜色）：钻石的颜色等级，从"J"（最差）到"D"（最好），"D"表示无色。
- clarity（纯度）：钻石的纯度等级，包括几个等级，如"I1"（最低）、"SI2""SI1""VS2""VS1""VVS2""VVS1"和"IF"（最高）。
- depth（深度百分比）：钻石的深度与宽度之比，衡量了钻石的剖面视觉效果。
- table（台宽百分比）：钻石顶部的宽度与整体宽度之比，用于衡量钻石的切割质量。
- price（价格）：钻石的价格，这是我们希望预测的目标变量。
- x、y、z（尺寸）：钻石的长度、宽度和深度。

示例代码如下。

```
import pandas as pd
import seaborn as sns
import matplotlib.pyplot as plt

sns.set_style('darkgrid', {'font.sans-serif': ['SimHei', 'Arial']})
# 读取数据
data = pd.read_csv('data/diamonds.csv')

# 创建绘图对象和坐标轴
fig, ax = plt.subplots(figsize=(10, 6))

# 绘制线性回归图
sns.regplot(data=data, x='carat', y='price', scatter_kws={'s': 10})      ①

# 设置标题和轴标签
ax.set_title('钻石克拉数与价格的线性回归图', fontsize=16)
ax.set_xlabel('克拉数', fontsize=14)
ax.set_ylabel('价格', fontsize=14)

# 设置刻度标记大小
ax.tick_params(axis='both', labelsize=12)

# 显示图形
fig.tight_layout()
plt.show()
```

主要代码的解释如下。

代码第①行使用sns.regplot()函数绘制了线性回归图。在这个图中，钻石的克拉数（carat）被设置为X轴，价格（price）被设置为Y轴，scatter_kws={'s': 10}用于指定散点图上点的大小。

运行上述代码，绘制的图形如图5-24所示。

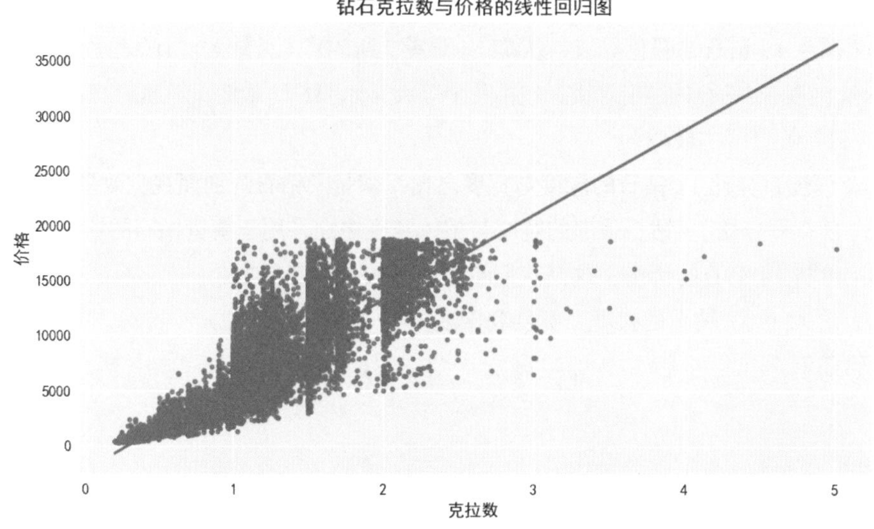

图5-24 钻石克拉数与价格的线性回归图

5.9 联合图

联合图(Joint Plot)是一种用于可视化两个变量之间关系的图表类型。它通常结合了两个绘图元素：散点图和直方图(或密度估计图)，以便更全面地理解两个变量之间的分布和相关性。在科研绘图与学术图表绘制中，联合图的应用场景如下。

(1)探索相关性：研究人员可以使用联合图来查看两个变量之间的相关性。通过观察散点图中点的分布和趋势，可以初步了解它们之间是否存在线性或非线性关系。

(2)可视化分布：联合图不仅显示了两个变量之间的关系，还在图的边缘绘制了直方图或密度估计图，用于可视化每个变量的分布。这有助于观察变量的数据分布情况。

(3)条件分布：联合图还可以根据一个变量的值来查看另一个变量的条件分布。例如，可以根据性别绘制身高和体重之间的联合图，以查看性别对身高和体重的影响。

(4)异常值检测：通过查看联合图中的散点图，可以帮助研究人员识别数据中的异常值或离群点，这对于数据质量控制非常有用。

(5)变量变换：在某些情况下，研究人员可能需要对变量进行变换，以使其更好地满足模型假设。通过观察联合图，可以识别是否需要对数据进行对数、平方根等变换。

(6)分类数据分析：对于分类数据，联合图可以用来查看两个分类变量之间的交叉分布，从而帮助研究人员理解不同类别之间的关系。

(7)科研论文图表：在科研论文中，联合图可以用来可视化实验结果、相关性分析和数据分布，以帮助读者更好地理解研究成果。

5.9.1 绘制联合图

在Seaborn中，可以使用sns.jointplot函数创建联合图。它通常显示两个变量的散点图，以及两个变量的直方图。这使得您可以同时查看两个变量的分布及它们之间的关系，例如散点云的形状、线性趋势等。

虽然联合图主要用于双变量分析，但我们可以通过选择不同的参数来定制联合图，以更好地了解两个变量之间的关系，例如使用kind参数来选择不同类型的联合图，如散点图、核密度估计图等。因此，联合图也可以包含一些多变量的信息，但其主要关注点仍在于双变量关系的可视化。

1. jointplot 的基本用法

```
import seaborn as sns
tips = sns.load_dataset("tips")
g = sns.jointplot(x="total_bill", y="tip", data=tips)
```

这段代码将生成一个联合图，包括以下内容。

● 散点图：在图的中央部分，以x轴为总账单金额，y轴为小费金额，显示了每个数据点的散点分布。

● 直方图：分别在x轴和y轴的两侧显示了总账单金额和小费金额的分布直方图。

运行上述代码，绘制的图形如图5-25所示。

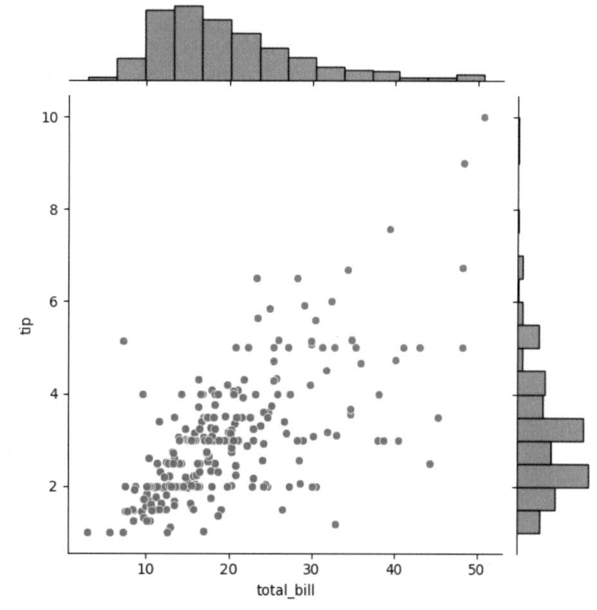

图 5-25　联合图

2. 使用 kind 参数

我们还可以通过kind参数绘制不同类型的图。

● kind='scatter'，绘制散点图。

● kind='reg'，绘制散点图和回归模型拟合线。

● kind='kde'，绘制核密度估计图。

示例代码如下。

```
import seaborn as sns
import matplotlib.pyplot as plt

sns.set_style('darkgrid', {'font.sans-serif': ['SimHei', 'Arial']})

# 创建示例数据（假设 data 是包含两个变量 x 和 y 的 DataFrame）
data = sns.load_dataset("iris")  # 示例数据集（这里使用了鸢尾花数据集）
```

```
# 绘制联合图
joint = sns.jointplot(data=data,                                        ①
                      x="sepal_length",
                      y="sepal_width",
                      kind="scatter")

# 添加标题，并调整标题位置
joint.ax_joint.set_title(" 联合图示例 ", y=1.2)  # 调整 y 参数以提高标题位置    ②

# 显示图形
plt.show()
```

这段代码将生成一个联合图，用于可视化鸢尾花的花萼长度和花萼宽度之间的关系。标题“联合图示例”位于图的上方，增加了图的可读性。通过这个联合图，我们可以更好地理解这两个变量之间的关系及它们的分布情况。

代码第①行使用jointplot函数创建联合图。其中的参数解释如下。

- data=data：指定数据集为前面加载的"iris"数据集。
- x="sepal_length" 和 y="sepal_width"：分别指定x轴和y轴的变量为花萼长度和花萼宽度。

代码第②行通过joint对象的ax_joint属性，设置联合图的标题为“联合图示例”，并通过调整y参数将标题位置稍微向上移动，以避免与图形重叠。

运行上述代码，绘制的图形如图5-26所示。

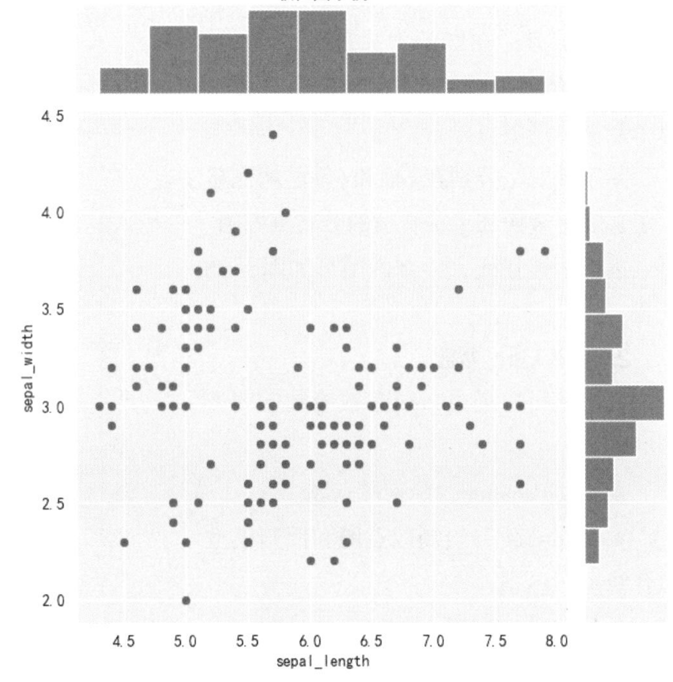

图5-26　联合图示例

此外，jointplot支持调整颜色、图例、坐标轴范围等参数，提供了丰富的自定义控制力。jointplot函数集成了绘制联合图的各个组件，使得绘图代码非常简洁，它是探索变量关系的首选绘图函数。

5.9.2 示例：绘制钻石数据集联合图

本节我们使用钻石数据集示例，直观地了解钻石的克拉数（carat）和价格（price）之间的关系。示例代码如下。

```
import pandas as pd
import seaborn as sns
import matplotlib.pyplot as plt

plt.rcParams['font.family'] = ['SimHei']  # 设置中文字体
plt.rcParams['axes.unicode_minus'] = False  # 设置负号显示

# 读取数据集
data = pd.read_csv('data/diamonds.csv')
joint = sns.jointplot(data=data, x='carat', y='price', kind='scatter') ①

# 添加标题
joint.ax_joint.set_title('Diamonds 联合图示例 ', y=1.2)  # 调整 y 参数以提高标题位置

# 调整图形布局，防止标题被遮挡
# plt.tight_layout()

# 显示图形
plt.show()
```

主要代码的解释如下。

代码第①行使用sns.jointplot函数创建联合图，传入数据集data及x轴和y轴的变量名。x轴是“carat”，y轴是“price”，并且设置“kind='scatter'”来创建散点图。

运行上述代码，绘制的图形如图5-27所示。

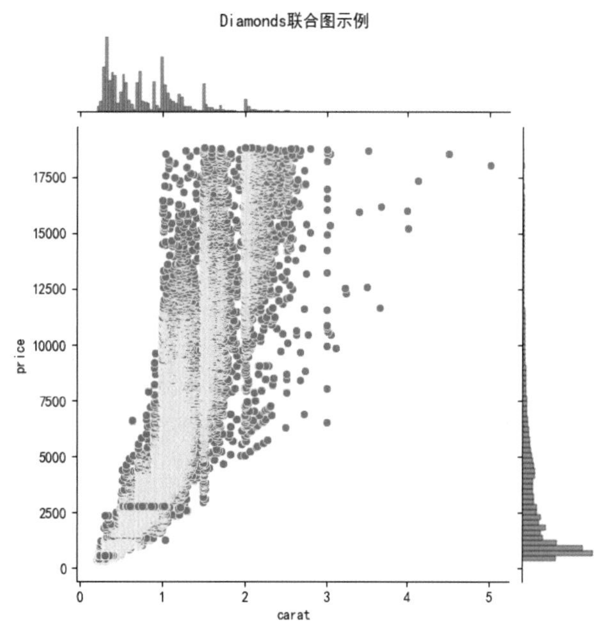

图 5-27　Diamonds 联合图示例

5.10 本章总结

本章主要介绍了几种常见的双变量图形的绘制方法，包括散点图、折线图、面积图、柱状图、热力图等。

这些图形可以可视化两个变量之间的关系，如对应、趋势、分布等。每个图形都有自己的特点和应用场景。通过示例学习具体的绘制方法，并对比在同一数据上的可视化效果。

掌握这些双变量图形的绘制，可以更好地分析和展示变量之间的依赖关系，是数据分析中的重要手段。这些图形在探索式数据分析中应用广泛。

06 第6章 绘制多变量图形

多变量图形用于可视化和分析多个变量之间的关系和模式。常见的多变量图形包括气泡图、堆积折线图、堆积面积图、堆积柱状图、平行坐标图、矩阵图、分面网格分类图。

6.1 气泡图

气泡图是一种数据可视化图形，用于展示三个或更多变量之间的关系。它类似于散点图，但在气泡图中，除了横轴和纵轴上的数据点之外，还使用了一个或多个气泡的大小来表示第三个或更多的变量。

气泡图通常由以下要素组成。

(1)横轴(X轴)：横轴通常表示数据集中的一个变量，通常是一个数值变量。

(2)纵轴(Y轴)：纵轴也表示数据集中的一个变量，通常也是一个数值变量。

(3)气泡的大小：气泡的大小表示数据集中的另一个数值变量。气泡的大小可以根据该变量的数值来调整，通常使用面积或直径来表示。较大的气泡表示较大的数值，而较小的气泡表示较小的数值。

(4)气泡的颜色：气泡的颜色可以表示数据集中的第四个变量，通常是一个分类变量。不同的颜色表示不同的类别或子组，这有助于进一步区分数据。

(5)数据点标签(可选)：可以选择在气泡上添加标签，以显示具体数值或其他相关信息。

6.1.1 气泡图的应用

气泡图是一种多变量可视化工具，常见于数据分析和数据可视化领域。它的应用范围非常广泛，以下是一些常见的气泡图应用场景。

(1)经济数据分析：气泡图常用于展示不同国家或地区的经济指标，如国内生产总值(GDP)和人均收入之间的关系，横轴可以表示GDP，纵轴表示人均收入，而气泡的大小可以表示人口数量，不同颜色的气泡代表不同的地区或国家。这有助于比较各地区的经济状况。

(2)金融市场分析：在金融领域，气泡图可以用于展示不同资产类别的回报率、波动性和市值之间的关系。这有助于投资者识别风险和回报之间的权衡。

（3）科学研究：科学研究中的气泡图可以用于展示实验结果，其中横轴和纵轴表示两个相关变量，而气泡的大小可以表示第三个变量，如实验样本的数量。

（4）地理信息系统（GIS）：气泡图在GIS中常用于地理数据的可视化，其中横轴和纵轴表示地理坐标，气泡的大小可以表示地区的人口或某种地理现象的强度。

（5）环境科学：在环境科学领域，气泡图可以用于显示不同地区或国家的环境指标，如二氧化碳排放量和可再生能源的使用情况，以便进行环境政策和可持续发展研究。

（6）医疗和生物学：气泡图可以用于显示不同治疗方案的效果，其中横轴和纵轴表示治疗参数，气泡的大小表示患者数量，不同颜色的气泡可以表示不同的疾病类型。

（7）社会科学：在社会科学研究中，气泡图可以用于分析社会变量之间的关系，如教育水平、收入和居住地的关联，以便理解社会问题和趋势。

这些只是气泡图的一些应用示例，实际上，气泡图可以用于任何需要同时展示多个变量之间关系的场景。通过合理选择横轴、纵轴、气泡大小和颜色的变量，可以帮助分析师和决策者更好地理解数据，做出有意义的决策。

6.1.2 气泡图与散点图的区别

气泡图实际上是一种特殊类型的散点图，它在散点图的基础上引入了额外的维度，通过点的大小和颜色来表示第三个维度的信息。

它们之间的区别如下所示。

（1）点的大小和颜色：

- 散点图：在散点图中，所有的数据点通常具有相同的大小和颜色。它们的主要目的是显示数据点之间的分布、关联性和趋势。
- 气泡图：气泡图通过点的大小和颜色来表示一个或多个额外的变量。通常，气泡图使用点的大小来表示数据点的某种特征或值，而点的颜色则用于表示另一个特征或值。这使得气泡图能够同时传达更多的信息。

（2）数据的多维度：

- 散点图：散点图主要用于显示两个变量之间的关系，其中一个变量位于x轴，另一个变量位于y轴。这使得散点图适用于探索两个变量之间的相关性。
- 气泡图：气泡图通常用于同时表示三个或更多变量之间的关系。除了x轴和y轴上的两个变量外，点的大小和颜色还可以用来表示其他维度的信息。

（3）适用场景：

- 散点图：散点图适用于探索和呈现数据点之间的分布、趋势、异常值等关系。它们特别适合用于比较两个变量之间的关联性。
- 气泡图：气泡图更适合用于展示多个变量之间的复杂关系，尤其是在需要同时考虑大小和颜色的情况下。它们在多变量分析、数据聚类和区分数据子集时非常有用。

总之，气泡图和散点图都是重要的数据可视化工具，但它们在表示多维数据关系和信息传达方面有不同的优势。选择使用哪种图形类型通常取决于你的数据集和分析目的。

6.1.3 绘制气泡图

要使用Seaborn绘制气泡图，可以借助sns.scatterplot函数，并使用size参数来设置气泡的大小，使用hue参数来设置气泡的颜色。示例代码如下。

```
import pandas as pd
import seaborn as sns
import matplotlib.pyplot as plt

# 使用 Seaborn 的默认样式
sns.set()
# 设置图表的样式和图中字体
sns.set_style('darkgrid',{'font.sans-serif':['SimHei','Arial']})

# 创建示例数据
data = {                                                        ①
    'X': [1, 2, 3, 4, 5],
    'Y': [10, 20, 15, 30, 25],
    'Size': [50, 100, 150, 200, 250],    # 气泡的大小
    'Color': ['A', 'B', 'C', 'D', 'E']   # 气泡的颜色
}

df = pd.DataFrame(data)
# 绘制气泡图，调整点大小的范围和图例位置
plt.figure(figsize=(8, 6))  # 设置图形大小
sns.scatterplot(data=df, x='X', y='Y',                          ②
                size='Size',
                hue='Color',
                sizes=(10, 200),
                legend='brief',
                palette='Set1')

# 添加标题
plt.title('Seaborn 气泡图示例 ')

# 显示图形
plt.show()
```

主要代码的解释如下。

代码第①行创建数据，包括四个变量：X、Y、Size（气泡的大小）和Color（气泡的颜色）。这些数据被存储在一个名为data的字典中，并使用Pandas中的DataFrame进行处理。

代码第②行使用sns.scatterplot函数创建气泡图，其中参数的解释如下。

- data参数指定数据来源。
- x和y参数分别表示X轴和Y轴的数据。
- size参数设置气泡的大小。
- hue参数设置气泡的颜色。
- sizes参数用于指定气泡的大小范围。
- legend参数设置图例的显示方式，brief会尽量简洁地显示图例。
- palette参数用于指定颜色调色板。

这段代码演示了如何使用Seaborn库创建一个简单的气泡图，可视化了X、Y、Size和Color这四个变量之间的关系。通过调整气泡的大小、颜色等参数，可以更好地展示数据之间的差异和关系。

运行示例代码，绘制的图形如图6-1所示。

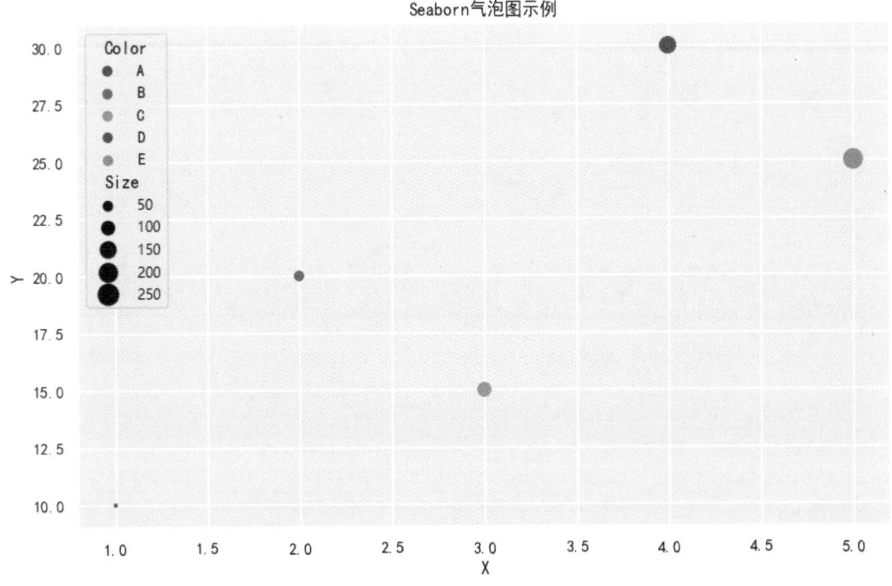

图6-1　Seaborn气泡图示例

6.1.4 示例：绘制空气质量气泡图

本节我们利用4.2.2小节介绍过的airquality数据集，通过绘制气泡图分析纽约市不同月份的风速、温度和臭氧浓度之间的关系。

示例代码如下。

```
import pandas as pd
import seaborn as sns
import matplotlib.pyplot as plt
```

```
# 使用 Seaborn 的默认样式
sns.set()
# 设置图表的样式和图中字体
sns.set_style('darkgrid',{'font.sans-serif':['SimHei','Arial']})

# 读取数据集
data = pd.read_csv('data/airquality.csv')

# 创建气泡图
plt.figure(figsize=(10, 6))  # 设置图形大小

# 绘制气泡图，x 表示风速，y 表示温度，大小表示臭氧浓度，颜色表示月份
sns.scatterplot(data=data,                                    ①
                x='Wind',
                y='Temp',
                size='Ozone',
                hue='Month',
                sizes=(3, 150),
                palette='Set1')

# 设置标题和轴标签
plt.title('空气质量气泡图')
plt.xlabel('风速 (Wind)')
plt.ylabel('温度 (Temp)')

# 显示图形
plt.show()
```

主要代码的解释如下。

代码第①行使用sns.scatterplot()创建气泡图，其中参数的解释如下。

- data=data：使用读取的数据集。
- x='Wind'：设置x轴的数据为“Wind”，代表风速。
- y='Temp'：设置y轴的数据为“Temp”，代表温度。
- size='Ozone'：根据“Ozone”列的数据决定气泡的大小。
- hue='Month'：根据“Month”列的数据决定气泡的颜色。
- sizes=(3, 150)：设置气泡的大小范围，最小为3，最大为150。
- palette='Set1'：使用“Set1”调色板为不同月份的数据点选择颜色。

这段代码演示了如何使用Seaborn创建一个气泡图，以可视化风速、温度、臭氧浓度和月份之间的关系。不同的月份通过不同颜色的气泡来表示，气泡的大小与臭氧浓度相关。这样的可视化图表有助于理解气象数据之间的关联和趋势。

运行示例代码，绘制的图形如图6-2所示。

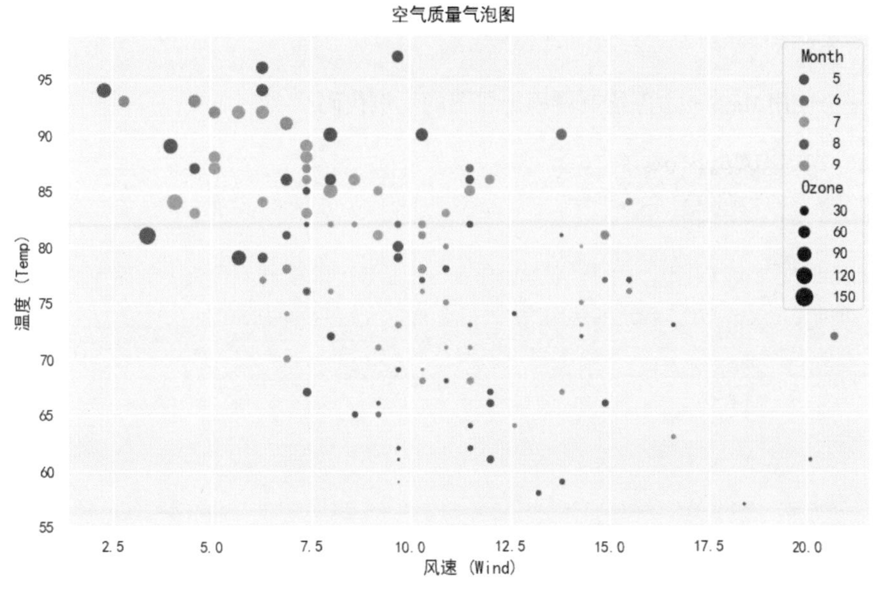

图6-2　空气质量气泡图

6.2 堆积折线图

堆积折线图可以显示多个数据系列叠加在一起的折线图，常用于展现不同类目的数据趋势变化。

以下是堆积折线图常见的应用场景。

（1）时间序列数据的趋势比较：堆积折线图常用于比较多个时间序列数据的趋势。例如，一个公司可以使用堆积折线图来比较不同产品线的销售趋势，以了解哪个产品线对总销售额的贡献最大。

（2）市场份额分析：堆积折线图可以用于比较不同公司或产品在市场上的份额变化。每个公司或产品的趋势线叠加在一起，显示它们在市场份额方面的相对贡献。

（3）资源分配和规划：在项目管理和资源规划中，堆积折线图可用于比较不同项目或任务的进度趋势，以及它们对总体资源利用的影响。

（4）社会经济数据：政府和研究机构可以使用堆积折线图来比较不同地区或群体的社会经济指标（如失业率、人口增长率等）的趋势，以便更好地了解这些变化。

（5）生态学研究：在生态学领域，堆积折线图可以用于比较不同物种或生态系统中各个因素的趋势，以研究它们之间的相互作用。

（6）投资组合分析：在金融领域，堆积折线图可用于比较不同投资组合中各个资产的表现，并展示它们对总投资组合价值的贡献。

总之，堆积折线图是一种强大的数据可视化工具，适用于许多领域，可以帮助分析师、决策者和研究人员更好地理解多个系列的趋势及它们在整体中的相对影响。通过堆积折线图清晰地展示数据，有助于我们作出有根据的决策和推断。

6.2.1 绘制堆积折线图

以下是一个使用Matplotlib库绘制堆积折线图的示例代码。

```
import matplotlib.pyplot as plt
import numpy as np

plt.rcParams['font.family'] = ['SimHei']      # 设置中文字体
plt.rcParams['axes.unicode_minus'] = False    # 设置负号显示

# 示例科研数据
实验 = ['实验1', '实验2', '实验3', '实验4', '实验5']
方法1结果 = [10, 15, 13, 17, 20]
方法2结果 = [8, 12, 11, 14, 18]
方法3结果 = [6, 9, 10, 13, 16]

# 转换为 NumPy 数组
方法1结果 = np.array(方法1结果)
方法2结果 = np.array(方法2结果)
方法3结果 = np.array(方法3结果)

# 创建堆积折线图
plt.figure(figsize=(10, 6))

# 绘制第一种方法的折线
plt.plot(实验, 方法1结果, label='方法1', marker='o')                    ①

# 绘制第二种方法的折线，并填充区域，堆积在第一种方法上面
plt.plot(实验, 方法2结果, label='方法2', marker='s')                    ②
plt.fill_between(实验, 方法1结果, 方法1结果 + 方法2结果,
                 color='lightblue', alpha=0.5)                          ③

# 绘制第三种方法的折线，并填充区域，堆积在前两种方法上面
plt.plot(实验, 方法3结果, label='方法3', marker='^')                    ④
plt.fill_between(实验, 方法1结果 + 方法2结果, 方法1结果 + 方法2结果 + 方法3结果,
                 color='lightgreen', alpha=0.5)                         ⑤

# 添加标题和轴标签
plt.title('科研结果的堆积折线图')
plt.xlabel('实验')
plt.ylabel('测量值')
```

```
# 添加图例
plt.legend()

# 显示图形
plt.grid(True)
plt.xticks(rotation=45)      # 旋转 X 轴标签，以避免重叠
plt.tight_layout()           # 自动调整子图布局
plt.show()
```

主要代码的解释如下。

代码第①、②和④行使用plt.plot 函数分别绘制了三种方法的折线图。

- 第一种方法的折线图，使用圆圈标记（marker='o'）。
- 第二种方法的折线图，使用正方形标记（marker='s'）。
- 第三种方法的折线图，使用三角形标记（marker='^'）。

代码第③和⑤行使用plt.fill_between 函数填充了折线图下方的区域，以实现堆积效果。分别填充了第一种方法和第二种方法之间的区域（color='lightblue'），以及第一种方法、第二种方法和第三种方法之间的区域（color='lightgreen'）。alpha 参数用于设置填充区域的透明度，使其不会完全遮挡下方的折线。

运行示例代码，绘制的图形如图6-3所示。

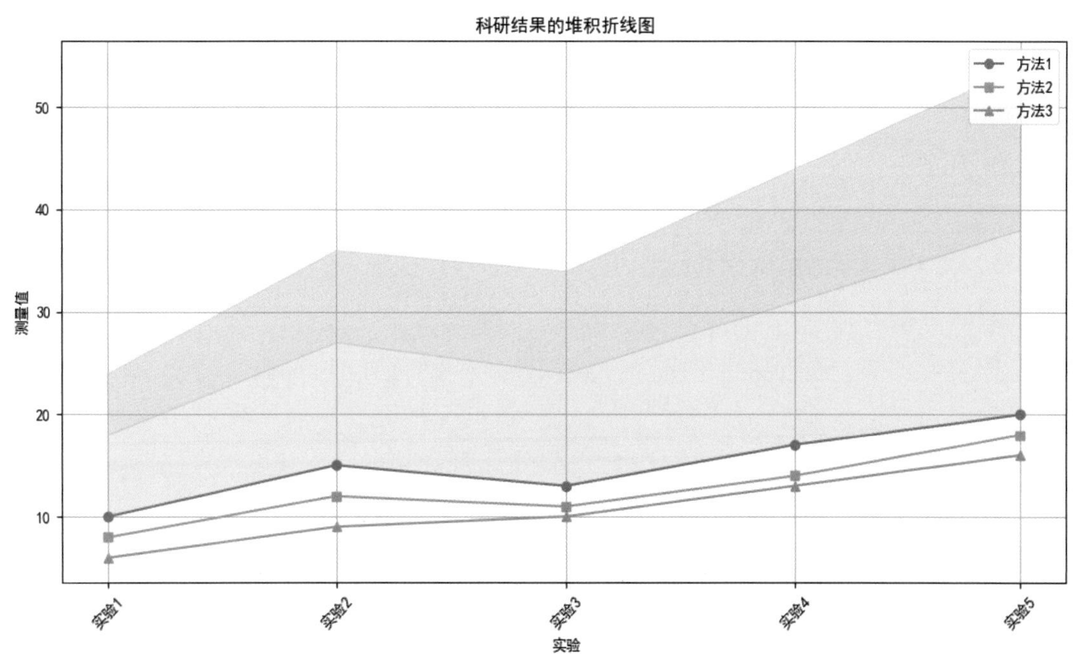

图6-3　科研结果的堆积折线图

6.2.2 示例：绘制苹果公司股票OHLC堆积折线图

股票分析师会采用OHLC（Open（开盘价）-High（最高价）-Low（最低价）-Close（收盘价）缩写）堆积折线图分析。本节我们介绍如何绘制苹果公司股票OHLC堆积折线图，数据来自“AAPL.csv”文件，部分内容如图6-4所示。

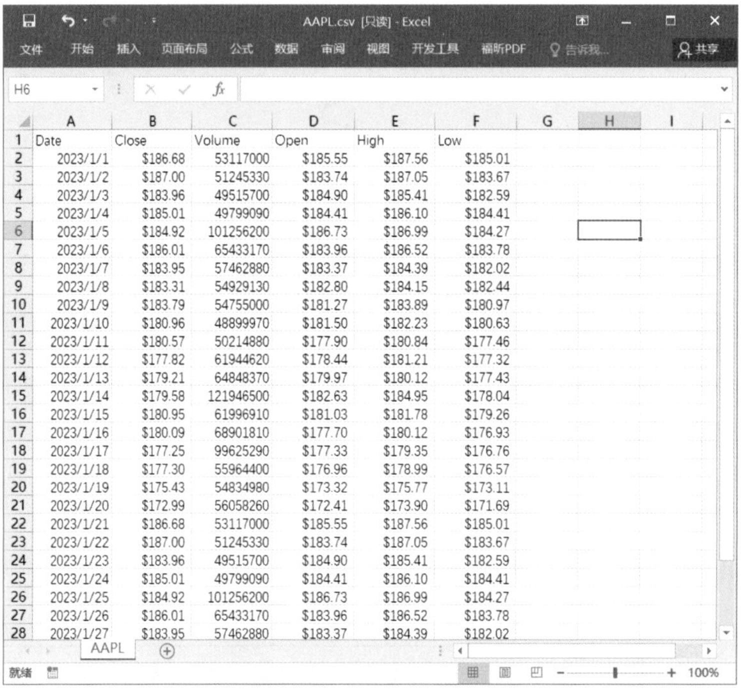

	A	B	C	D	E	F
1	Date	Close	Volume	Open	High	Low
2	2023/1/1	$186.68	53117000	$185.55	$187.56	$185.01
3	2023/1/2	$187.00	51245330	$183.74	$187.05	$183.67
4	2023/1/3	$183.96	49515700	$184.90	$185.41	$182.59
5	2023/1/4	$185.01	49799090	$184.41	$186.10	$184.41
6	2023/1/5	$184.92	101256200	$186.73	$186.99	$184.27
7	2023/1/6	$186.01	65433170	$183.96	$186.52	$183.78
8	2023/1/7	$183.95	57462880	$183.37	$184.39	$182.02
9	2023/1/8	$183.31	54929130	$182.80	$184.15	$182.44
10	2023/1/9	$183.79	54755000	$181.27	$183.89	$180.97
11	2023/1/10	$180.96	48899970	$181.50	$182.23	$180.63
12	2023/1/11	$180.57	50214880	$177.90	$180.84	$177.46
13	2023/1/12	$177.82	61944620	$178.44	$181.21	$177.32
14	2023/1/13	$179.21	64848370	$179.97	$180.12	$177.43
15	2023/1/14	$179.58	121946500	$182.63	$184.95	$178.04
16	2023/1/15	$180.95	61996910	$181.03	$181.78	$179.26
17	2023/1/16	$180.09	68901810	$177.70	$180.12	$176.93
18	2023/1/17	$177.25	99625290	$177.33	$179.35	$176.76
19	2023/1/18	$177.30	55964400	$176.96	$178.99	$176.57
20	2023/1/19	$175.43	54834980	$173.32	$175.77	$173.11
21	2023/1/20	$172.99	56058260	$172.41	$173.90	$171.69
22	2023/1/21	$186.68	53117000	$185.55	$187.56	$185.01
23	2023/1/22	$187.00	51245330	$183.74	$187.05	$183.67
24	2023/1/23	$183.96	49515700	$184.90	$185.41	$182.59
25	2023/1/24	$185.01	49799090	$184.41	$186.10	$184.41
26	2023/1/25	$184.92	101256200	$186.73	$186.99	$184.27
27	2023/1/26	$186.01	65433170	$183.96	$186.52	$183.78
28	2023/1/27	$183.95	57462880	$183.37	$184.39	$182.02

图6-4　AAPL.csv文件（部分）

示例代码如下。

```
import pandas as pd
import matplotlib.pyplot as plt

plt.rcParams['font.family'] = ['SimHei']    # 设置中文字体
plt.rcParams['axes.unicode_minus'] = False # 设置负号显示

# 从 CSV 文件中读取数据
data = pd.read_csv("data/AAPL.csv")

# 清洗数据：去除 OHLC 中的 "$" 符号并转换为数值
data['Close'] = data['Close'].str.replace('$', '').astype(float)        ①
data['Open'] = data['Open'].str.replace('$', '').astype(float)
data['High'] = data['High'].str.replace('$', '').astype(float)
data['Low'] = data['Low'].str.replace('$', '').astype(float)            ②
```

```
# 将日期列转换为日期时间类型
data['Date'] = pd.to_datetime(data['Date'])                    ③

# 设置图形大小
plt.figure(figsize=(10, 6))

# 绘制 OHLC 堆积折线图
plt.plot(data['Date'], data['Close'], label=' 收盘价 ', color='blue',
linewidth=1)                                                   ④
plt.plot(data['Date'], data['Open'], label=' 开盘价 ', color='green',
linewidth=1)                                                   ⑤
plt.plot(data['Date'], data['High'], label=' 最高价 ', color='red',
linewidth=1)                                                   ⑥
plt.plot(data['Date'], data['Low'], label=' 最低价 ', color='purple',
linewidth=1)                                                   ⑦

# 填充 OHLC 区域
plt.fill_between(data['Date'], data['Open'], data['Close'], color='lightblue',
    alpha=0.5)                                                 ⑧
plt.fill_between(data['Date'], data['Low'], data['High'], color='lightgreen',
          alpha=0.5)                                           ⑨

# 添加标题和轴标签
plt.title(' 苹果公司股票 OHLC 堆积折线图 ')
plt.xlabel(' 日期 ')
plt.ylabel(' 价格 ')

# 添加网格线
plt.grid(True)

# 旋转日期标签，以避免重叠
plt.xticks(rotation=45)

# 显示图例
plt.legend()

# 显示图形
plt.tight_layout()
plt.show()
```

主要代码的解释如下。

代码第①～②行是数据清洗部，其中使用 .str.replace('$', '') 去除 OHLC 列中的美元符号，并使用 .astype(float) 将它们转换为浮点数类型。这是因为在 CSV 文件中，这些价格值可能包含美元符号，而在绘制时需要将其转换为数值。

代码第③行将日期列转换为日期时间类型，以便后续的时间序列绘图。这使得 Matplotlib 能够正确地处理日期数据。

代码第④～⑦行用来绘制 OHLC 堆积折线图，其中使用 plt.plot 绘制四条折线，代表收盘价、开盘价、最高价和最低价。每一行代码都会绘制一条折线，其中包括标签、颜色和线宽度的设置。

代码第⑧行使用 plt.fill_between 函数在开盘价和收盘价之间填充浅蓝色，用于表示每日的价格涨跌情况。

代码第⑨行使用 plt.fill_between 函数在最低价和最高价之间填充浅绿色，用于表示每日价格的波动范围。

运行示例代码，绘制的图形如图 6-5 所示。

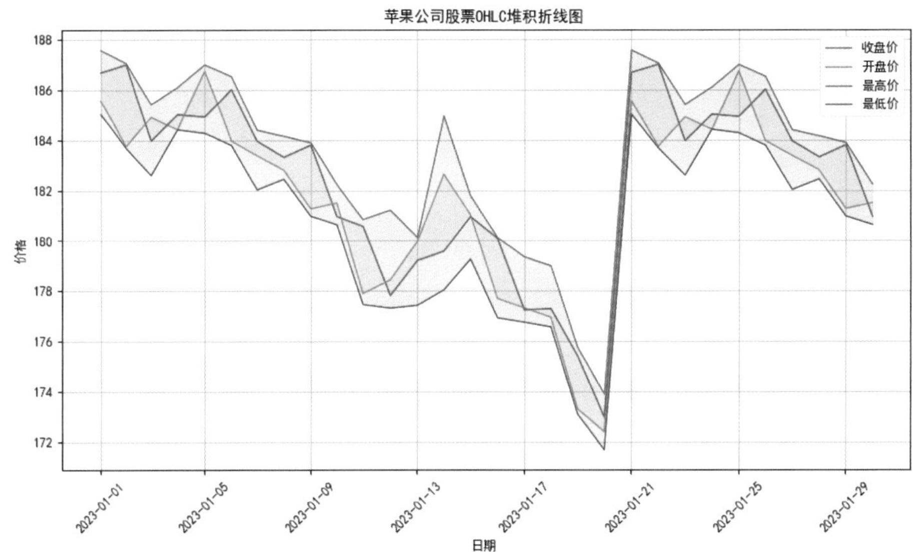

图 6-5　苹果公司股票 OHLC 堆积折线图

6.3 堆积面积图

堆积面积图是一种数据可视化图形，通常用于展示多个类别的数据在一个连续轴上的累积关系。每个类别的数据以不同颜色的堆积区域表示，以便观察整体趋势及每个类别的贡献。

6.3.1 堆积面积图的应用

堆积面积图通常用于展示多个类别或组的数据在一个时间段或连续轴上的积累趋势。以下是堆积面积图的应用示例。

（1）财务数据分析：堆积面积图可以用来展示公司的财务数据，如收入、成本、利润等在不同时间段的堆积变化。每个类别代表一个财务指标，而时间轴表示不同的财年或季度。

（2）市场份额分析：堆积面积图可用于展示不同竞争对手在市场上的份额随时间的变化。每个竞争对手的市场份额以不同颜色的堆积面积表示，以便比较它们的影响力。

（3）生态学研究：在生态学研究中，堆积面积图可以用来展示不同物种在生态系统中的相对丰富度随时间的变化。每个物种的丰富度以不同颜色的堆积面积表示。

（4）人口统计学：堆积面积图可以用于展示不同年龄组或人口组在一段时间内的人口分布变化。每个年龄组或人口组以不同颜色的堆积面积表示。

（5）气象数据分析：在气象学中，堆积面积图可用于展示不同气象因素（如温度、湿度、降水等）在一年中的季节性变化。每个气象因素以不同颜色的堆积面积表示。

（6）电力消耗分析：堆积面积图可用于展示不同能源来源（如煤炭、天然气、风能、太阳能等）在一个地区的电力消耗情况。每种能源来源以不同颜色的堆积面积表示。

堆积面积图是一种强大的工具，可帮助我们理解数据的分布、趋势和相对贡献。通过比较不同类别的堆积面积，我们可以快速识别出主要的趋势和变化，从而作出更好的决策。

6.3.2 绘制堆积面积图

绘制堆积面积图通常需要多个数据系列，以便将它们堆积在一起。下面是一个使用Matplotlib库绘制堆积面积图的示例代码。

```
import pandas as pd
import matplotlib.pyplot as plt

plt.rcParams['font.family'] = ['SimHei']    # 设置中文字体
plt.rcParams['axes.unicode_minus'] = False # 设置负号显示

# 创建示例数据集
data = pd.DataFrame({
    'Month': ['Jan', 'Feb', 'Mar', 'Apr', 'May'],
    'Series1': [10, 15, 25, 30, 35],
    'Series2': [5, 10, 15, 20, 25],
    'Series3': [8, 12, 18, 24, 30]
})

# 设置图形大小
plt.figure(figsize=(10, 6))

# 定义自定义颜色
colors = ['skyblue', 'lightgreen', 'salmon']

# 绘制堆积面积图，使用自定义颜色
```

```
plt.stackplot(data['Month'],
              data['Series1'],
              data['Series2'],
              data['Series3'],
              labels=['Series1', 'Series2', 'Series3'],
              colors=colors)

# 添加标题和轴标签
plt.title('堆积面积图示例')
plt.xlabel('月份')
plt.ylabel('值')

# 添加图例
plt.legend(loc='upper left')

# 显示图表
plt.show()
```

在上述示例代码中，我们首先使用了一个示例数据集，其中包含三个数据系列（Series1、Series2和Series3）。然后，我们使用plt.stackplot函数绘制堆积面积图，指定数据系列、标签和颜色。最后，我们添加了标题、轴标签和图例，并通过plt.show()显示图表。

运行示例代码，绘制的图形如图6-6所示。

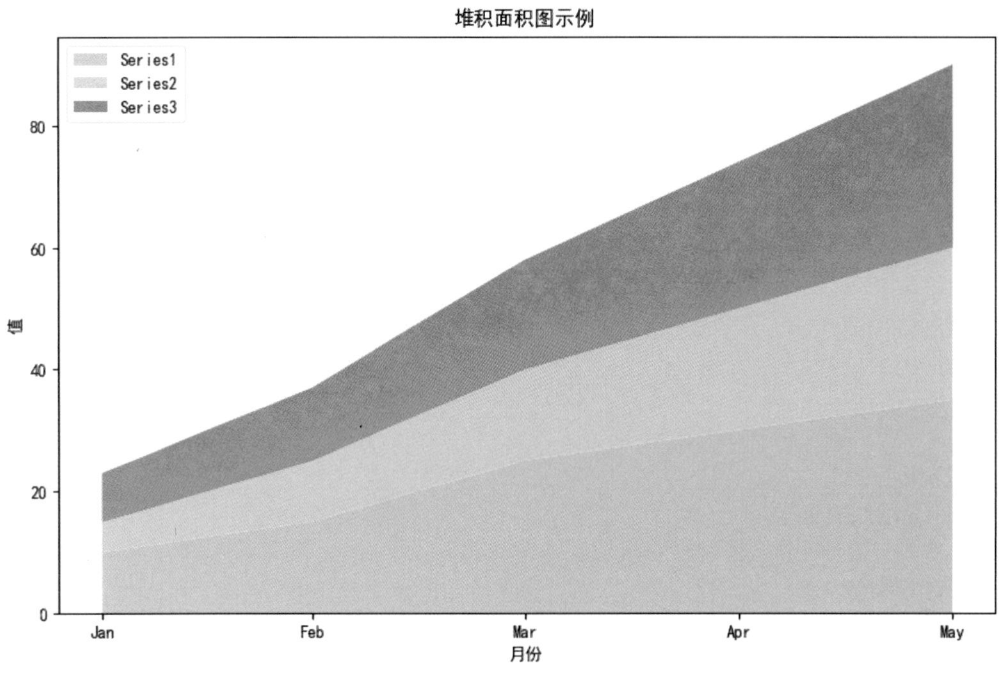

图6-6　堆积面积图示例

6.3.3 示例：绘制苹果公司股票OHLC堆积面积图

6.2.2节的苹果公司股票OHLC堆积折线图，还可以使用OHLC堆积面积图来表示，示例代码如下。

```
import pandas as pd
import matplotlib.pyplot as plt

plt.rcParams['font.family'] = ['SimHei']  # 设置中文字体
plt.rcParams['axes.unicode_minus'] = False  # 设置负号显示

# 从 CSV 文件中读取数据
data = pd.read_csv("data/AAPL.csv")

# 清洗数据：去除 OHLC 中的 "$" 符号并转换为数值
data['Close'] = data['Close'].str.replace('$', '').astype(float)
data['Open'] = data['Open'].str.replace('$', '').astype(float)
data['High'] = data['High'].str.replace('$', '').astype(float)
data['Low'] = data['Low'].str.replace('$', '').astype(float)

# 将日期列转换为日期时间类型
data['Date'] = pd.to_datetime(data['Date'])

# 设置图形大小
plt.figure(figsize=(10, 6))

# 计算堆积数据
stacked_data = data[['Open', 'Low', 'Close', 'High']].cumsum(axis=1)    ①

# 绘制堆积面积图，包括最高价
plt.fill_between(data['Date'], stacked_data['Open'], stacked_data['Low'],
color='lightblue', alpha=0.5, label='开盘价 - 最低价')  # 用不同颜色填充开盘价 - 最低
价之间的区域
plt.fill_between(data['Date'], stacked_data['Low'], stacked_data['Close'],
color='lightgreen', alpha=0.5, label='最低价 - 收盘价')  # 用不同颜色填充最低价 - 收
盘价之间的区域
plt.fill_between(data['Date'], stacked_data['Close'], stacked_data['High'],
color='salmon', alpha=0.8, label='收盘价 - 最高价')  # 使用更醒目的颜色和透明度填充收
盘价 - 最高价之间的区域

# 添加标题和轴标签
plt.title('苹果公司股票 OHLC 堆积面积图（包括最高价）')
plt.xlabel('日期')
```

```
plt.ylabel(' 价格 ')

# 添加网格线
plt.grid(True)

# 旋转日期标签，以避免重叠
plt.xticks(rotation=45)

# 显示图例
plt.legend()

# 显示图形
plt.tight_layout()
plt.show()
```

主要代码的解释如下。

代码第①行计算堆积数据，使用Pandas中的.cumsum()函数计算了OHLC四列数据的累积和，得到的堆积数据用于绘制堆积面积图。

运行示例代码，绘制的图形如图6-7所示。

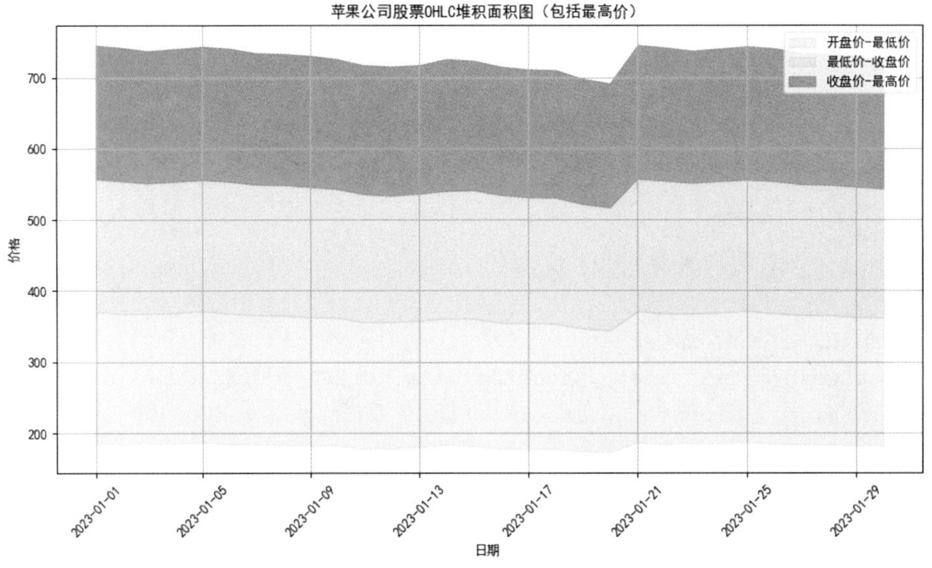

图6-7　苹果公司股票OHLC堆积面积图（包括最高价）

6.4 堆积柱状图

堆积柱状图是一种用于可视化分类数据的图形类型，特别适用于展示多个类别在一个或多个组中的相对比例和总计。它将多个柱状图堆积在一起，以形成一个整体柱状图，其中每个柱子代表一个组，而堆积在柱子内部的不同颜色的部分代表不同的类别。

6.4.1 堆积柱状图的应用

堆积柱状图主要用于呈现不同类别的数据在多个组或子组中的比例和组成。以下是堆积柱状图常见的应用示例。

（1）市场份额分析：堆积柱状图常用于展示不同品牌或公司的市场份额。每个柱子代表一个市场或行业，柱子内的不同颜色部分表示不同品牌或公司的市场份额，帮助观察者理解各个品牌的相对地位。

（2）资源分配：在项目管理中，堆积柱状图可用于展示不同资源或任务在项目中的分配情况。每个柱子代表一个项目阶段或时间段，柱子内的不同颜色部分表示不同资源或任务的占用情况，有助于优化资源分配。

（3）研究数据分析：在科学研究中，堆积柱状图可以用来展示实验数据的不同类别的分布情况。每个柱子代表一个实验条件或样本组，柱子内的不同颜色部分表示不同类别的测量值。

（4）金融分析：在金融领域中，堆积柱状图可以用来展示不同资产类别的投资组合。每个柱子代表一个投资组合，柱子内的不同颜色部分表示不同资产类别的占比。

总之，堆积柱状图是一种强大的工具，可用于多个领域的数据分析和可视化，以帮助观察者更好地理解数据的组成和比例关系。

6.4.2 绘制堆积柱状图

Matplotlib库和Seaborn库都可以绘制堆积柱状图，Matplotlib提供了更多的控制选项，适合需要自定义绘图的情况，而Seaborn更适合快速创建具有漂亮默认样式的图表，甚至我们还可以使用Pandas库直接绘制。

以下示例代码演示了如何使用Matplotlib绘制堆积柱状图。

```
import matplotlib.pyplot as plt

plt.rcParams['font.family'] = ['SimHei']      # 设置中文字体
plt.rcParams['axes.unicode_minus'] = False    # 设置负号显示

# 城市和对应的气体成分比例数据
cities = ['北京', '上海', '广州']
oxygen = [21, 25, 19]          # 氧气比例（%）
nitrogen = [70, 65, 60]        # 氮气比例（%）
other_gases = [9, 10, 21]      # 其他气体比例（%）

# 创建图表
plt.figure(figsize=(8, 6))
```

```
# 绘制堆积柱状图，使用不同颜色
plt.bar(cities, oxygen, label='氧气', color='lightblue')    ①
plt.bar(cities, nitrogen, label='氮气', color='lightgreen', bottom=oxygen)    ②
plt.bar(cities, other_gases, label='其他气体', color='orange', bottom=[sum(x)
for x in zip(oxygen, nitrogen)])    ③

# 添加轴标签和标题
plt.xlabel('城市')
plt.ylabel('气体比例（%）')
plt.title('不同城市的空气成分比例')

# 调整图例位置
plt.legend(loc='upper left', bbox_to_anchor=(1, 1))    ④

# 显示图表
plt.show()
```

主要代码的解释如下。

代码第①～③行分别绘制了堆积柱状图的三个部分，分别表示氧气、氮气和其他气体的比例。在这里，我们使用不同的颜色来区分这些部分，通过color参数指定颜色。通过bottom参数来指定在绘制氮气和其他气体时的基线是氧气部分，这样它们就会叠加在氧气上。

代码第④行用于添加图例，loc='upper left' 指定了图例的位置在左上角，bbox_to_anchor=(1, 1) 指定了图例放在图表的外部，以避免图例遮挡图形。

综上所述，这段代码创建了一个堆积柱状图，用于比较不同城市的空气成分比例，通过设置不同的颜色和图例位置，使图表更加清晰和易于理解。运行上述代码，绘制的图形如图6-8所示。

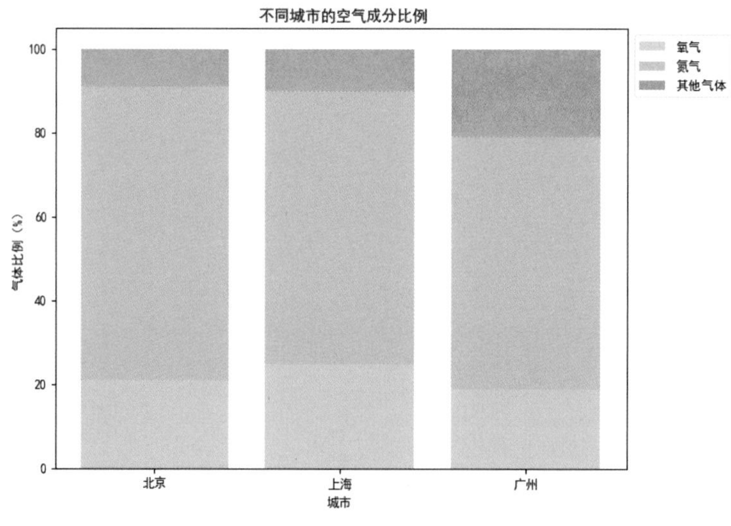

图6-8　不同城市的空气成分比例

6.4.3 示例：绘制玻璃特征堆积柱状图

本节我们通过一个示例熟悉一下如何绘制堆积柱状图，该示例数据来自“Glass.csv”文件，该文件存储有关不同类型的玻璃样本的化学成分数据，部分内容如图6-9所示。

该文件包含以下列。

- RI：折射率（Refractive Index），是光通过玻璃时的折射率。
- Na：钠的含量，以百分比表示。
- Mg：镁的含量，以百分比表示。
- Al：铝的含量，以百分比表示。
- Si：硅的含量，以百分比表示。
- K：钾的含量，以百分比表示。
- Ca：钙的含量，以百分比表示。
- Ba：钡的含量，以百分比表示。
- Fe：铁的含量，以百分比表示。
- Type：玻璃的类型，是一个分类标签。在这个数据集中，每个类型都用一个整数表示。

	A	B	C	D	E	F	G	H	I	J
1	RI	Na	Mg	Al	Si	K	Ca	Ba	Fe	Type
2	1.52101	13.64	4.49	1.1	71.78	0.06	8.75	0	0	1
3	1.51761	13.89	3.6	1.36	72.73	0.48	7.83	0	0	1
4	1.51618	13.53	3.55	1.54	72.99	0.39	7.78	0	0	1
5	1.51766	13.21	3.69	1.29	72.61	0.57	8.22	0	0	1
6	1.51742	13.27	3.62	1.24	73.08	0.55	8.07	0	0	1
7	1.51596	12.79	3.61	1.62	72.97	0.64	8.07	0	0.26	1
8	1.51743	13.3	3.6	1.14	73.09	0.58	8.17	0	0	1
9	1.51756	13.15	3.61	1.05	73.24	0.57	8.24	0	0	1
10	1.51918	14.04	3.58	1.37	72.08	0.56	8.3	0	0	1
11	1.51755	13	3.6	1.36	72.99	0.57	8.4	0	0.11	1
12	1.51571	12.72	3.46	1.56	73.2	0.67	8.09	0	0.24	1
13	1.51763	12.8	3.66	1.27	73.01	0.6	8.56	0	0	1
14	1.51589	12.88	3.43	1.4	73.28	0.69	8.05	0	0.24	1
15	1.51748	12.86	3.56	1.27	73.21	0.54	8.38	0	0.17	1
16	1.51763	12.61	3.59	1.31	73.29	0.58	8.5	0	0	1
17	1.51761	12.81	3.54	1.23	73.24	0.58	8.39	0	0	1
18	1.51784	12.68	3.67	1.16	73.11	0.61	8.7	0	0	1
19	1.52196	14.36	3.85	0.89	71.36	0.15	9.15	0	0	1
20	1.51911	13.9	3.73	1.18	72.12	0.06	8.89	0	0	1
21	1.51735	13.02	3.54	1.69	72.73	0.54	8.44	0	0.07	1
22	1.5175	12.82	3.55	1.49	72.75	0.54	8.52	0	0.19	1
23	1.51966	14.77	3.75	0.29	72.02	0.03	9	0	0	1
24	1.51736	12.78	3.62	1.29	72.79	0.59	8.7	0	0	1
25	1.51751	12.81	3.57	1.35	73.02	0.62	8.59	0	0	1
26	1.5172	13.38	3.5	1.15	72.85	0.5	8.43	0	0	1
27	1.51764	12.98	3.54	1.21	73	0.65	8.53	0	0	1
28	1.51793	13.21	3.48	1.41	72.64	0.59	8.43	0	0	1

图 6-9　Glass.csv 文件（部分）

示例代码如下。

```
import pandas as pd
import seaborn as sns
import matplotlib.pyplot as plt

plt.rcParams['font.family'] = ['SimHei']        # 设置中文字体
plt.rcParams['axes.unicode_minus'] = False     # 设置负号显示
sns.set_palette("coolwarm")   # 设置颜色调色板        ①

# 读取 CSV 文件，指定列名称
data = pd.read_csv('data/Glass.csv', usecols=['RI','Na', 'Mg', 'Al', 'Si',
'K', 'Ca', 'Ba', 'Fe','Type'])                          ②

# 选择要绘制的数值列
cols = ['Na','Mg','Al','Si','K','Ca','Ba','Fe']

# 创建画布
fig, ax = plt.subplots(figsize=(8,6))

# 按 Type 列分组，绘制堆积柱状图，使用自定义颜色
data[cols].groupby(data['Type']).sum().plot(kind='bar', stacked=True, ax=ax)③

# 设置标签
```

```
ax.set_xlabel('玻璃类型')
ax.set_ylabel('数值')
ax.set_title('玻璃元素的堆积柱状图')

# 显示图例
ax.legend(['钠(Na)', '镁(Mg)', '铝(Al)', '硅(Si)', '钾(K)', '钙(Ca)', '钡
(Ba)', '铁(Fe)'])

plt.show()
```

这段代码使用了Pandas、Seaborn和Matplotlib库来创建一个堆积柱状图，用于比较不同类型玻璃中各元素的含量。

主要代码的解释如下。

代码第①行使用Seaborn库的颜色调色板，使得图表的颜色更加美观。

代码第②行读取了一个CSV文件，包含各元素的含量数据及玻璃的类型。

代码第③行使用Pandas库的plot函数，按照玻璃类型('Type'列)将数据分组，并绘制了堆积柱状图，以可视化各元素的含量。stacked=True参数使得柱状图堆积起来，表示各元素的累积含量。

运行示例代码，绘制的图形如图6-10所示。

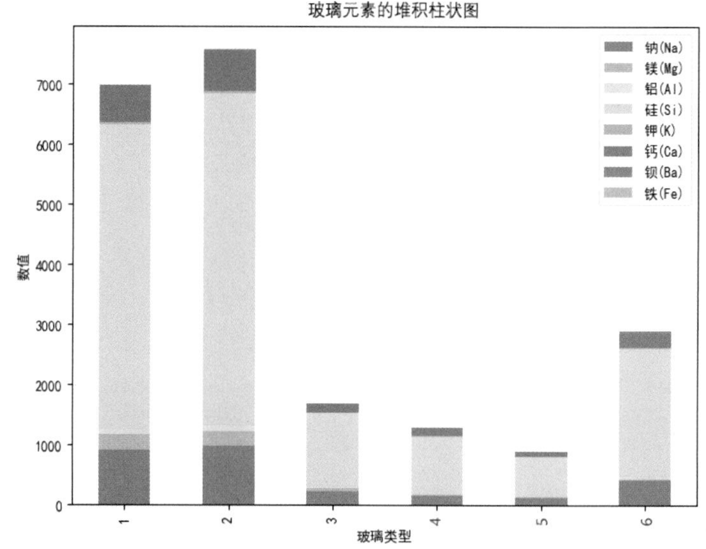

图6-10　玻璃元素的堆积柱状图

6.5 平行坐标图

平行坐标图是一种用于可视化多维数据的图形类型。它特别适用于探索多个特征或属性之间的关系，在数据可视化中被广泛使用。在平行坐标图中，每个数据点表示一条线段，该线段与坐标轴平行，每个坐标轴代表数据的一个特征或属性。通过在不同的坐标轴上绘制线段，可以观察到不同特征之间的关系和模式。

以下是平行坐标图的应用示例。

（1）数据探索和发现模式：平行坐标图可用于探索多维数据集中的模式、趋势和异常值。通过观察线段在不同坐标轴上的分布和交叉，可以帮助数据分析人员识别数据中的关系和规律。

（2）特征分析：在机器学习和数据科学中，平行坐标图可以用来分析不同特征之间的相关性和影响。这有助于选择最重要的特征以用于建模和预测。

（3）分类和聚类：平行坐标图可以帮助可视化不同类别或簇之间的差异。这对于分类和聚类任务的结果解释和验证非常有用。

（4）时间序列分析：如果每个坐标轴代表时间的不同点，那么平行坐标图可以用于可视化时间序列数据中的趋势和变化。

（5）地理信息系统（GIS）：在GIS中，平行坐标图可以用于可视化和分析具有多个地理属性的地理数据，如城市规划、地理特征的空间分布等。

（6）生物信息学：在生物学和遗传学中，平行坐标图可以用于分析基因组数据，比较不同基因的表达水平，或者可视化不同样本之间的差异。

（7）金融分析：在金融领域中，平行坐标图可以用于分析不同金融指标之间的关系，或者用于股票和投资组合的分析。

总之，平行坐标图是一种多功能的可视化工具，可用于各种领域的数据分析和探索，特别是当涉及多维数据时。

6.5.1 绘制平行坐标图

可以使用Python中的Matplotlib或Seaborn库绘制平行坐标图。以下示例代码演示了如何使用Seaborn创建平行坐标图。

```
import pandas as pd
import seaborn as sns
import matplotlib.pyplot as plt

# 设置图表的样式和图中字体
sns.set_style('darkgrid',{'font.sans-serif':['SimHei','Arial']})

# 读取 iris 数据集
iris = sns.load_dataset('iris')                          ①

# 创建平行坐标图
plt.figure(figsize=(10, 6))
pd.plotting.parallel_coordinates(iris, 'species', colormap='viridis')    ②
# 添加标题
plt.title(" 平行坐标图示例 ")
# 显示图表
plt.show()
```

这段代码的目的是绘制一个平行坐标图，用于可视化iris数据集中不同种类的鸢尾花在四个特征（花萼长度、花萼宽度、花瓣长度和花瓣宽度）上的分布情况。通过不同种类的鸢尾花的线条颜色，我们以观察它们在不同特征上的差异。

主要代码的解释如下。

代码第①行使用load_dataset函数加载了iris数据集，该数据集包含鸢尾花的特征数据。

代码第②行使用parallel_coordinates函数创建了平行坐标图。其中，“iris”是数据集，“species”是类别列，用于确定数据点的颜色，“colormap='viridis'”设置了颜色映射为“viridis”。

运行示例代码，绘制的图形如图6-11所示。

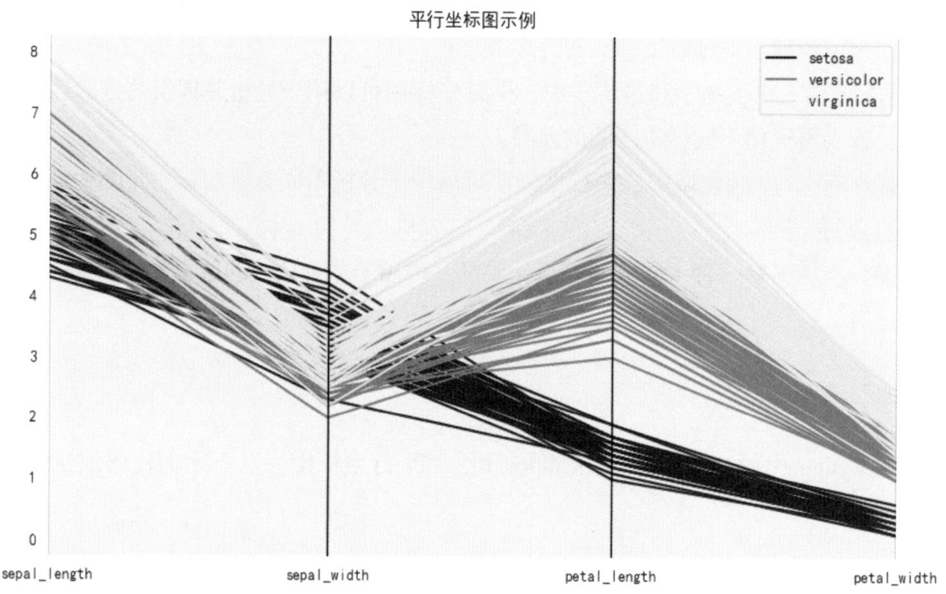

图6-11 平行坐标图示例

提示 如何分析平行坐标图?

当绘制好平行坐标图后，可以采用以下步骤来分析和理解图表。

(1)观察趋势：首先，查看每条线(数据点)在不同维度上的走势。观察线条是如何在各个维度之间移动的。这有助于识别维度之间的关系和趋势。

(2)比较不同类别：如果我们在图上使用了颜色映射或图例来表示不同的类别或分组，比较不同颜色之间的线条。看看它们是否在不同维度上有明显的差异。

(3)查找模式：尝试识别任何可见的模式或形状。这些模式可能表明数据在某些维度上具有特定的行为或关系。

(4)关注交叉点：注意数据线在平行坐标图中的交叉点。当线条相交时，表示数据在该维度上具有相似性。寻找这些交叉点有助于理解哪些维度之间存在关联。

(5)查找异常值：观察是否有任何在某些维度上明显偏离的数据点，这些可能是异常值。异常值可能对整体数据分析产生重要影响。

(6)多维度比较：利用平行坐标图的多维度特性，同时观察多个维度之间的关系。这有助于理解多个因素如何一起影响数据。

6.5.2 示例：绘制高温和低温条件下的数据差异平行坐标图

温度对于空气的各种指标是有一定的影响的，本例我们通过平行坐标图，观察和分析高温和低温条件对空气中各种指标数据的影响。

示例代码如下。

```
import pandas as pd
import matplotlib.pyplot as plt
from matplotlib.lines import Line2D                           ①

# 读取数据
data = pd.read_csv('data/airquality.csv')

# 根据温度条件分组数据
high_temp_data = data[data['Temp'] > 80]                      ②
low_temp_data = data[data['Temp'] <= 80]                      ③

# 创建图表
plt.figure(figsize=(12, 8))  # 增加图表大小

# 绘制平行坐标图
pd.plotting.parallel_coordinates(high_temp_data, 'Month', colormap='Reds',
alpha=0.7, linewidth=2)  # 颜色映射为 'Reds'                   ④
pd.plotting.parallel_coordinates(low_temp_data, 'Month', colormap='Blues',
alpha=0.7, linewidth=2)  # 颜色映射为 'Blues'                  ⑤

# 创建自定义图例条目
red_line = Line2D([0], [0], color='red', markerfacecolor='red', label='高温条件')
                                                              ⑥
blue_line = Line2D([0], [0], color='blue', markerfacecolor='blue', label='低温条件')
                                                              ⑦
# 添加轴标签和标题
plt.xlabel('特征', fontsize=12)  # 调整字体大小
plt.ylabel('数值', fontsize=12)
plt.title('高温和低温条件下的数据差异平行坐标图', fontsize=14) # 调整标题字体大小

# 添加图例
plt.legend(['高温条件', '低温条件'], fontsize=12)          # 调整图例字体大小

# 显示网格线
plt.grid(axis='y', linestyle='--', alpha=0.5)

# 添加背景颜色
plt.gca().set_facecolor('#F4F4F4')                       # 设置图表背景颜色
```

```
# 显示图表
plt.show()
```

这段代码展示了如何使用 Python 中的 Pandas 和 Matplotlib 库创建平行坐标图，用于比较高温和低温条件下的气象数据差异。

主要代码的解释如下。

代码第①行从 matplotlib.lines 模块中导入 Line2D 类。Line2D 是 matplotlib 中的一个核心类，用于表示二维图像中的线条。

代码第②～③行通过条件筛选创建两个新的DataFrame对象，high_temp_data 包含高温条件下的数据，low_temp_data 包含低温条件下的数据。

代码第④～⑤行使用pd.plotting.parallel_coordinates 绘制平行坐标图。对于高温条件下的数据，颜色映射为“Reds”，线条不透明度为 0.7，线条宽度为 2；对于低温条件下的数据，颜色映射为“Blues”，线条不透明度为 0.7，线条宽度为 2。

代码第⑥～⑦行创建了两个图例条目，其参数含义如下。

- [0], [0]：这两个参数指定了图例条目的位置。通常我们不关注这个位置，因此可以将其设置为0。
- color：指定图例条目的颜色。
- markerfacecolor：指定标记内部填充的颜色。
- label：指定图例条目的标签。

这段代码产生了一个平行坐标图，用于比较高温和低温条件下的气象数据的差异，通过不同颜色的线条和标签来区分两组数据。这种可视化工具有助于观察数据的分布和趋势。

运行示例代码，绘制的图形如图6-12所示。

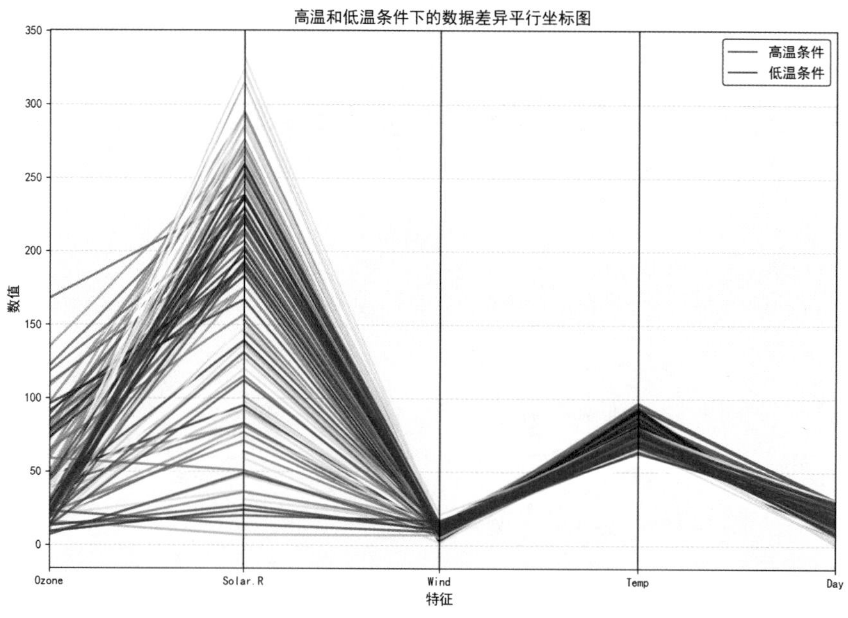

图6-12　高温和低温条件下的数据差异平行坐标图

6.6 矩阵图

矩阵图（Correlation Matrix Plot）是一种用于可视化多个变量之间相关性的图形。

矩阵图有多种类型，以下是一些常见的类型。

- 相关性矩阵图。
- 散点矩阵图。
- 密度矩阵图。

每种类型的矩阵图都有其独特的用途和优势，接下来我们分别介绍一下。

6.6.1 相关性矩阵图

相关性矩阵图是一种用于可视化多个变量之间的关联关系的图形。它通常用于了解数据中各个变量之间的相关性，帮助发现变量之间的潜在模式或趋势。在相关性矩阵图中，变量以矩阵的形式排列，每个单元格显示两个变量之间的关联度，通常使用颜色编码来表示。

相关性矩阵图通常使用热力图来表示。在热力图中，相关性矩阵的数值（相关系数）通过颜色编码来表示。通常，相关性强度的高低用颜色的深浅来表示，深色表示相关性较强，浅色表示相关性较弱。采用这种可视化方式，可以一目了然地了解多个变量之间的相关性。

提示 ⚠ 相关性系数表示多个变量的相关性度量，通常使用Pearson（皮尔逊）相关系数，皮尔逊相关系数的取值范围为-1到1之间。

当相关系数为1时，表示完全正相关，即两个变量呈线性正关系。

当相关系数为-1时，表示完全负相关，即两个变量呈线性负关系。

当相关系数接近0时，表示没有线性关系，即两个变量之间没有线性关联。

由于相关性矩阵图采用热力图表示，具体的绘制方法可以参考5.6.2小节，这里不再赘述。

6.6.2 示例：绘制不同汽车型号性能相关性热力图

下面我们使用mpg_ggplot2数据集比较不同型号的汽车的性能数据，包括燃油效率、马力等。

示例代码如下。

```
import pandas as pd
import matplotlib.pyplot as plt
import seaborn as sns

sns.set() # 使用 Seaborn 库的默认设置来绘制图形
plt.rcParams['font.family'] = ['SimHei']    # 设置中文字体
```

```
plt.rcParams['axes.unicode_minus'] = False # 设置负号显示

# 读取 CSV 文件
df = pd.read_csv("data/mpg_ggplot2.csv")

# 选择数值类型的列
numeric_columns = df.select_dtypes(include=['number'])          ①

# 计算性能相关性矩阵
correlation_matrix = numeric_columns.corr()                     ②

# 使用 Seaborn 创建热力图
plt.figure(figsize=(10, 8))
sns.heatmap(correlation_matrix,                                 ③
            annot=True,
            cmap='coolwarm',
            linewidths=.5)
# 添加标题
plt.title('不同汽车型号性能相关性热力图')

# 显示图形
plt.tight_layout()
plt.show()
```

主要代码的解释如下。

代码第①行使用df.select_dtypes(include=['number'])选择数据框中的数值类型列，将其存储在numeric_columns中。这一步可以确保只计算数值列之间的相关性。

代码第②行使用numeric_columns.corr()计算选定的数值列之间的相关性矩阵，并将结果存储在correlation_matrix中。这个矩阵将包含每对列之间的相关性值。

代码第③行使用sns.heatmap()函数创建热力图，传递了相关性矩阵correlation_matrix，参数设置如下。

- annot=True：在每个单元格中显示相关性值。
- cmap='coolwarm'：设置颜色映射为冷暖色调。
- linewidths=.5：设置单元格之间的线宽。

运行上述代码，绘制的图形如图6-13所示。

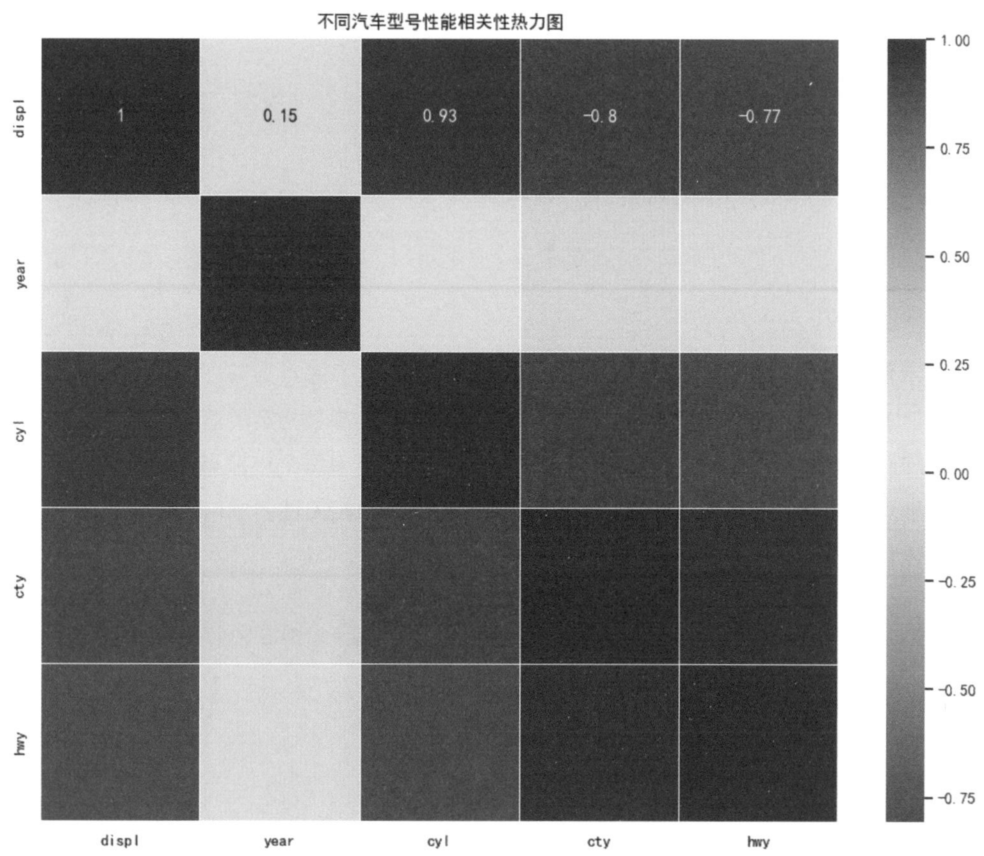

图6-13　不同汽车型号性能相关性热力图

6.6.3 散点矩阵图

散点矩阵图也称为散点矩阵或散点图矩阵，是一种用于可视化多个数值变量之间的关系的图形。它将多个散点图排列成矩阵的形式，使我们可以在同一图中比较不同变量之间的散点关系。

以下示例代码演示了如何使用Seaborn库创建散点矩阵图。

```
import seaborn as sns
import matplotlib.pyplot as plt

# 使用 Seaborn 的默认样式
sns.set()
# 设置图表的样式和图中字体
sns.set_style('darkgrid',{'font.sans-serif':['SimHei','Arial']})

# 导入数据集（示例数据）
# 这里使用 Seaborn 内置的 iris 数据集作为示例
iris = sns.load_dataset("iris")
```

```
# 创建散点矩阵图
sns.pairplot(iris, hue="species", markers=["o", "s", "D"])

# 添加图标题
plt.suptitle(" 散点矩阵图示例 ")

# 显示图表
plt.show()
```

在这个示例代码中，我们使用Seaborn的pairplot函数创建了散点矩阵图。参数hue="species"用于根据类别变量（这里是花的种类）对散点进行着色，而markers参数指定了不同类别的数据点的形状。

散点矩阵图将显示数据集中各个数值变量之间的关系，其中每个小散点图对应两个不同变量的散点图。这种可视化方式有助于发现变量之间的模式、趋势和相关性。

运行上述代码，绘制的图形如图6-14所示。

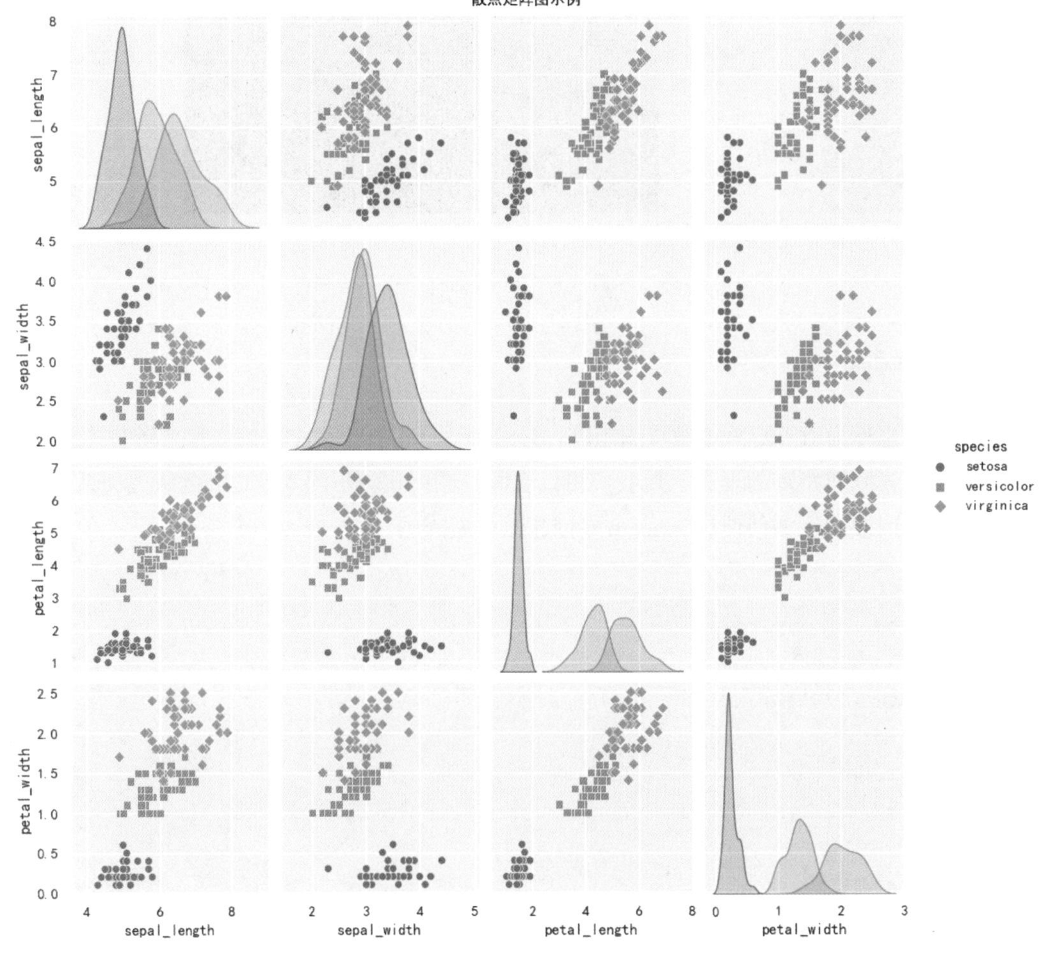

图6-14　散点矩阵图示例

6.6.4 示例：绘制车辆特征散点矩阵图

下面我们使用mpg_ggplot2数据集绘制车辆特征散点矩阵图，示例代码如下。

```
import seaborn as sns
import pandas as pd
import matplotlib.pyplot as plt

# 使用 Seaborn 的默认样式
sns.set()

# 读取数据
f = pd.read_csv("data/mpg_ggplot2.csv")

# 创建散点矩阵图
sns.set_style("ticks")   # 设置图表样式为 ticks
sns.pairplot(f, diag_kind="kde", markers="o", hue="class")

# 显示图表
plt.show()
```

在这个示例代码中，我们首先读取了CSV文件中的数据，然后使用Seaborn的pairplot函数创建了相关性散点矩阵图。diag_kind="kde"参数用于在对角线上显示核密度估计，markers="o"参数表示使用圆点作为散点的标记，hue="class"参数根据数据的class列对散点进行着色。

运行上述代码，绘制的图形如图6-15所示。

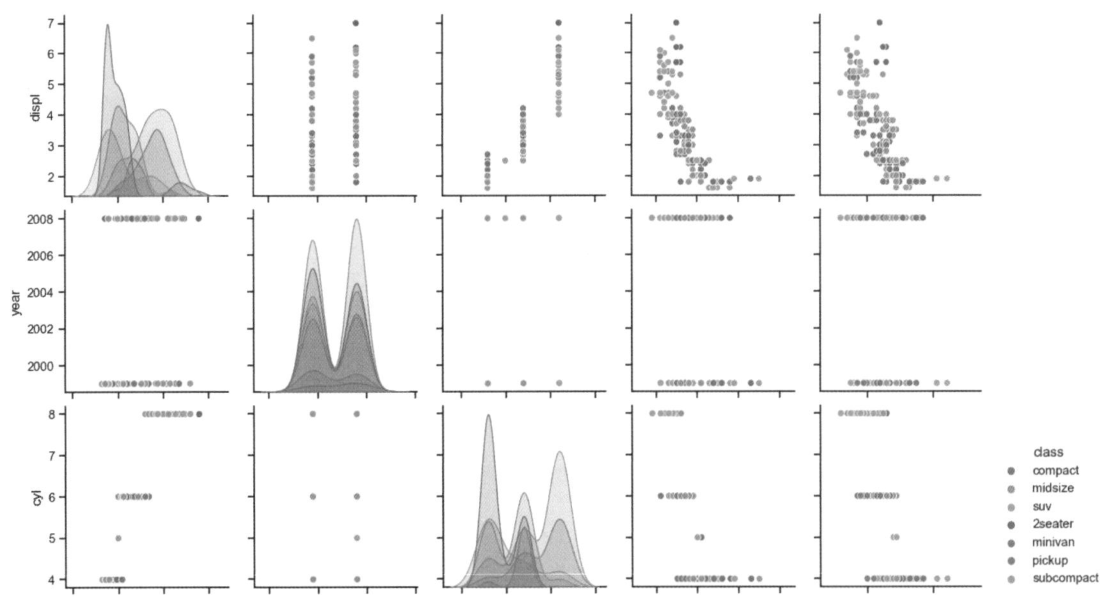

图6-15　车辆特征散点矩阵图

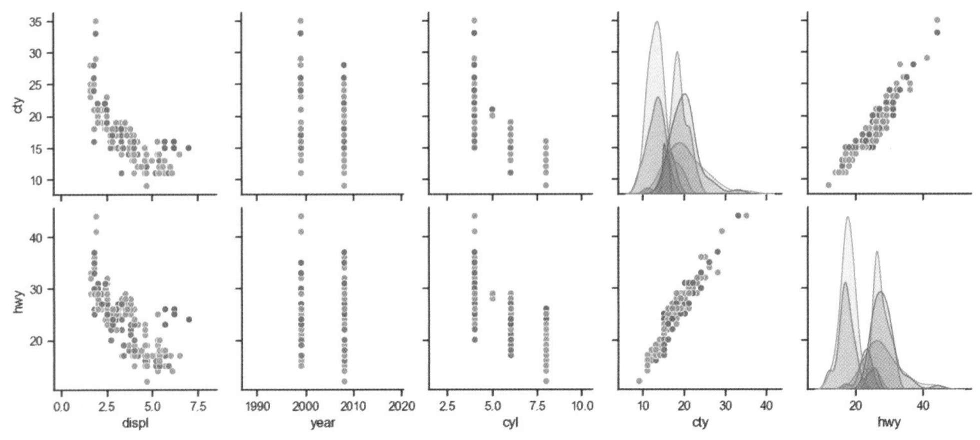

图6-15 车辆特征散点矩阵图（续）

6.6.5 密度矩阵图

密度矩阵图是一种用于可视化多个数值变量之间的关系和分布的图形技术。它类似于散点矩阵，但用密度估计替代了散点图，以更清晰地显示变量之间的分布。

以下示例代码演示了如何使用Python的Seaborn库创建密度矩阵图。

```
import seaborn as sns
import matplotlib.pyplot as plt

# 设置图表样式和字体
sns.set_style('whitegrid', {'font.sans-serif': ['SimHei', 'Arial']})

# 使用 Seaborn 的默认样式
sns.set()

# 加载 Seaborn 内置的示例数据集
iris = sns.load_dataset("iris")

# 创建密度矩阵图
sns.pairplot(iris, diag_kind="kde", markers="o", hue="species")     ①

# 显示图表
plt.show()
```

主要代码的解释如下。

代码第①行使用pairplot函数创建了密度矩阵图，其参数设置如下。

- iris是包含数据的DataFrame。
- diag_kind="kde"参数表示在对角线上显示核密度估计，以替代默认的直方图。

● markers="o"参数表示使用圆点作为散点的标记。

● hue="species"参数根据数据集中的"species"列对散点进行着色，以区分不同种类的鸢尾花。

运行上述代码，绘制的图形如图6-16所示。

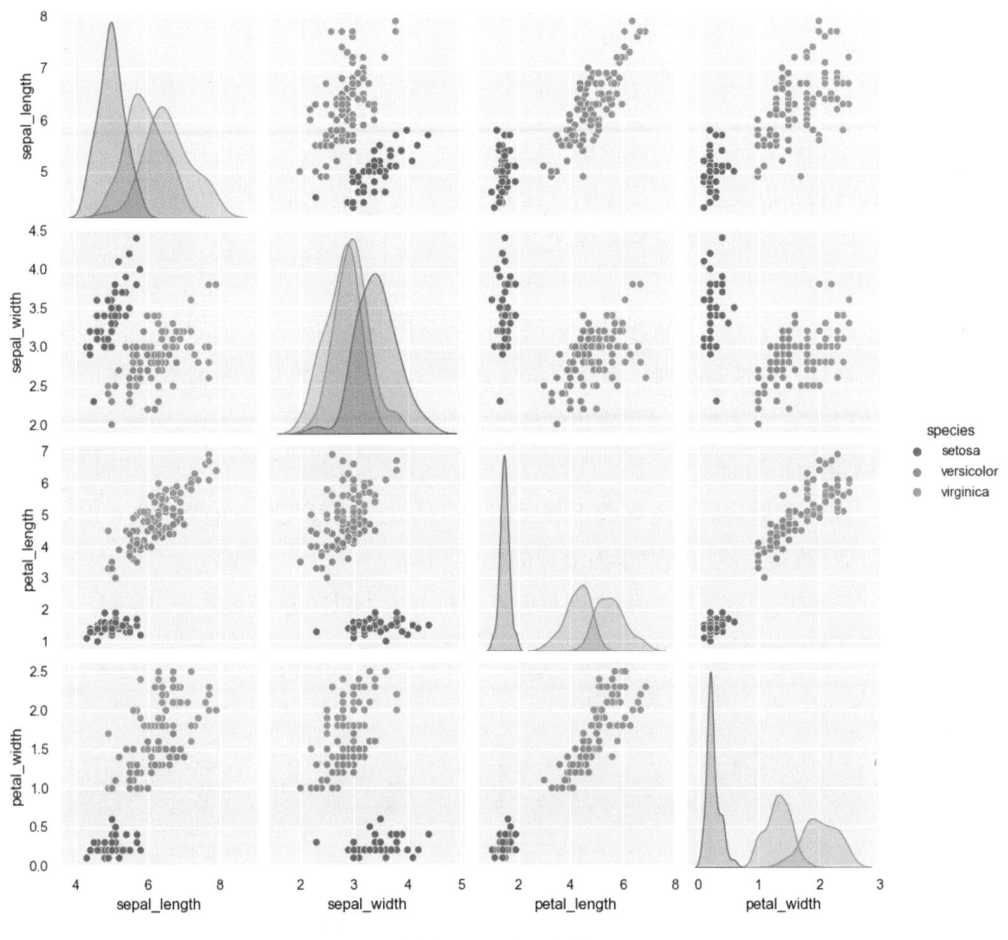

图6-16　密度矩阵图

6.6.6 示例：绘制车辆特征密度矩阵图

下面我们使用mpg_ggplot2数据集绘制车辆特征密度矩阵图，示例代码如下。

```
import seaborn as sns
import pandas as pd
import matplotlib.pyplot as plt

# 读取数据
f = pd.read_csv("data/mpg_ggplot2.csv")                    ①

# 设置图表样式和字体
```

```
sns.set_style('whitegrid', {'font.sans-serif': ['SimHei', 'Arial']})

# 创建密度矩阵图
sns.pairplot(f, diag_kind="kde", markers="o", hue="class")           ②

# 显示图表
plt.show()
```

这个示例使用了车辆特征变量的数据集，以创建密度矩阵图。密度矩阵图有助于了解不同特征变量之间的关系和分布，以及不同类型车辆之间的差异。这对于数据探索和分析非常有用。读者可以根据需要自定义图表的标题、轴标签和样式。

主要代码的解释如下。

代码第①行读取了CSV文件中的数据，数据文件的路径为“data/mpg_ggplot2.csv”。该文件包含了车辆特征变量的信息，包括制造商、型号、排气量、年份、气缸数、变速器类型等。

代码第②行使用pairplot函数创建了密度矩阵图，其参数设置如下。

- f是包含数据的DataFrame。
- diag_kind="kde" 参数表示在对角线上显示核密度估计，以替代默认的直方图。
- markers="o" 参数表示使用圆点作为散点的标记。
- hue="class" 参数根据数据的 "class" 列对散点进行着色，以区分不同类型的车辆。

运行上述代码，绘制的图形如图6-17所示。

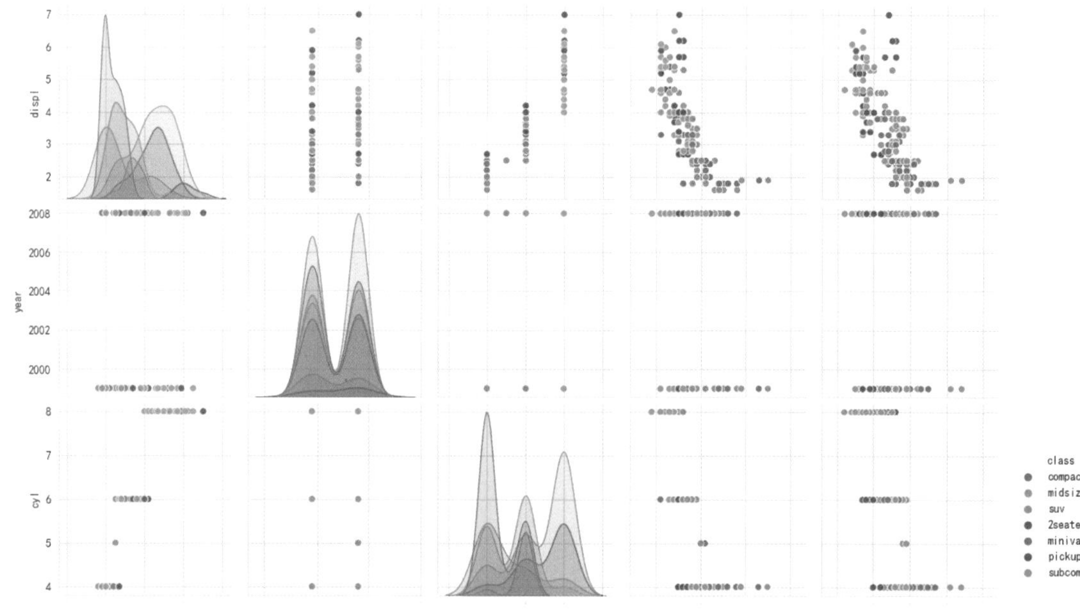

图6-17　车辆特征密度矩阵图

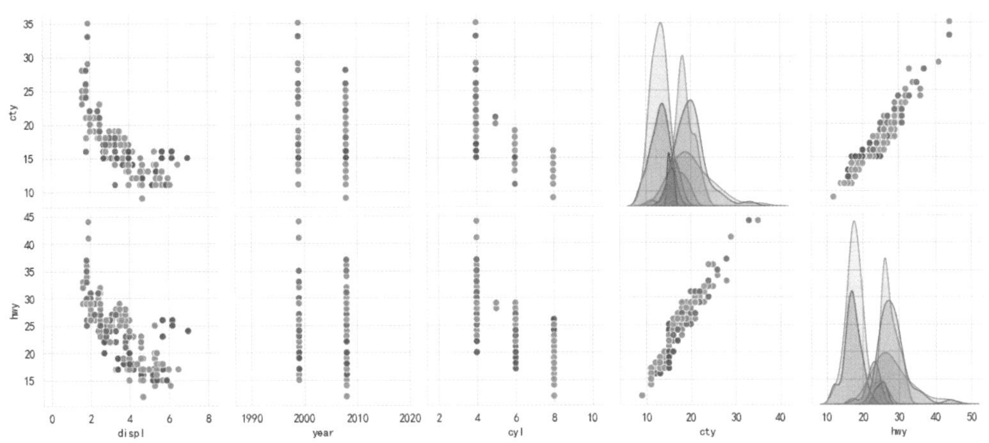

图6-17 车辆特征密度矩阵图（续）

6.7 分面网格分类图

分面网格分类图通常被用于可视化多个分类变量之间的关系，因此可以被视为一种多变量图形。通过分面（facet）将数据集拆分成多个小图，每个小图都显示了数据在一个或多个分类变量的不同子集之间的比较。

以下是分面网格分类图的应用示例。

（1）社会科学研究：在社会科学研究中，经常需要比较不同社会群体或群体子集的数据。分面网格分类图可以用来比较不同群体之间的变量分布，以识别潜在的趋势或差异。

（2）医学研究：在医学研究中，可以使用分面网格分类图来比较不同药物治疗组和对照组之间的效果。每个子图可以表示一个药物或治疗方法，纵轴可以表示治疗效果指标，以帮助医生和研究人员了解哪种治疗方法最有效。

（3）环境监测：在环境科学领域中，分面网格分类图可以用来比较不同地区或时间点的环境参数，如空气质量、水质或气温。这有助于科学家识别环境变化的模式和趋势。

（4）金融分析：在金融领域中，可以使用分面网格分类图来比较不同投资组合或资产类别的表现。每个子图可以代表一个投资组合，横轴可以表示时间，纵轴可以表示回报率。

6.7.1 绘制分面网格分类图

可以使用Python中的Seaborn库绘制分面网格分类图。分面网格分类图用于在不同子图中比较不同组或类别的数据分布，这有助于更好地理解数据的特征和关系。以下示例代码演示了如何使用Seaborn创建分面网格分类图。

```
# 导入需要的库
import seaborn as sns
```

```
import matplotlib.pyplot as plt
# 加载数据集
df = sns.load_dataset("tips")
# 创建 FacetGrid 对象，按 time 列进行分面
g = sns.FacetGrid(df, col="time")                    ①

# 映射每个子图的直方图
g.map(plt.hist, "total_bill")                     ②

# 设置图标题为 time 列值
g.set_titles("{col_name}")                        ③

# 设置 x、y 轴标签
g.set_axis_labels("Total Bill", "Count")
# 调整子图间距
g.fig.subplots_adjust(wspace=0.3)                 ④

# 设置共享 y 轴的范围
g.set(ylim=(0, 60))                                  ⑤

# 显示图形
plt.show()
```

在上述示例代码中，使用Seaborn库创建了一个分面网格分类图，使用数据集tips，按照time列的不同值进行分面，并在每个子图中绘制了total_bill列的直方图。主要代码的解释如下。

代码第①行创建了一个FacetGrid对象 g，并使用 col="time" 指定按照time列进行分面，这意味着会有两个子图，分别对应 Lunch 和 Dinner。

代码第②行使用g.map(plt.hist, "total_bill") 在每个子图中绘制total_bill列的直方图。

代码第③行使用g.set_titles("{col_name}") 设置子图的标题，将标题设置为time列的值，即Lunch和Dinner。

代码第④行使用g.fig.subplots_adjust(wspace=0.3) 调整子图之间的水平间距，以改善布局。

代码第⑤行使用g.set(ylim=(0, 60)) 设置共享的y轴范围，将y轴范围限制在0到60之间。

运行上述代码，绘制的图形如图6-18所示。

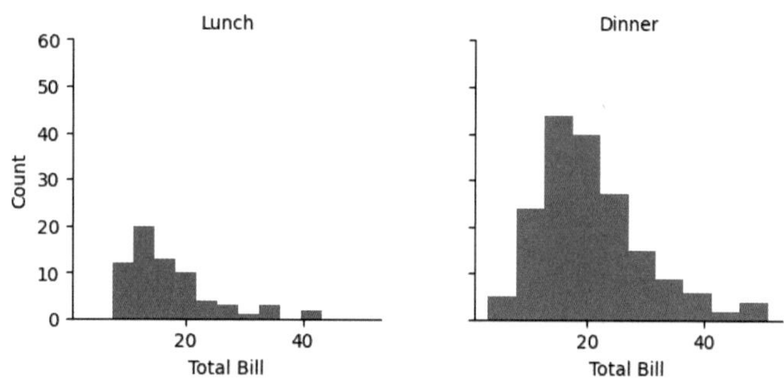

图6-18　分面网格分类图示例

6.7.2 示例：绘制不同制造商的汽车公路里程分布分面网格图

下面我们通过示例来熟悉分面网格图的绘制方法。该示例是为了创建一个分面网格分类图，用于比较不同制造商的汽车公路里程分布。

示例代码如下。

```
import pandas as pd
import seaborn as sns
import matplotlib.pyplot as plt

# 设置图表样式和字体
sns.set_style('whitegrid', {'font.sans-serif': ['SimHei', 'Arial']})
# 读取数据
df = pd.read_csv("data/mpg_ggplot2.csv")

# 创建 FacetGrid 对象，按 manufacturer 进行分面，同时使用 hue 参数按 class 分组并赋予不同颜色
g = sns.FacetGrid(df, col="manufacturer", col_wrap=3, hue="class")        ①

# 子图绘制带有颜色标记的直方图
g. map(sns.histplot, "hwy", bins=10)                                      ②
# 设置轴标签
g. set_axis_labels("Highway MPG", "Count")
# 调整子图间距
g. fig.subplots_adjust(wspace=0.3)                                        ③

# 设置共享的 y 轴范围
g. set(ylim=(0, 8))

# 添加整个图形的标题
g. fig.suptitle(" 不同制造商的汽车公路里程分布（按类别着色）", y=1.02)

# 添加图例
g. add_legend(title=" 车辆类型 ")

# 显示图形
plt.show()
```

主要代码的解释如下。

代码第①行创建FacetGrid对象：使用Seaborn的FacetGrid函数创建一个分面网格对象 g。这个对象将帮助对数据进行分组，并在多个子图中显示这些分组的数据。

代码第②行使用sns.histplot函数映射到每个子图上，绘制了hwy列的直方图。bins=10参数指定了直方图的分箱数量。

代码第③行使用g.fig.subplots_adjust(wspace=0.3)调整子图之间的水平间距，以改善布局。运行示例代码，绘制的图形如图6-19所示。

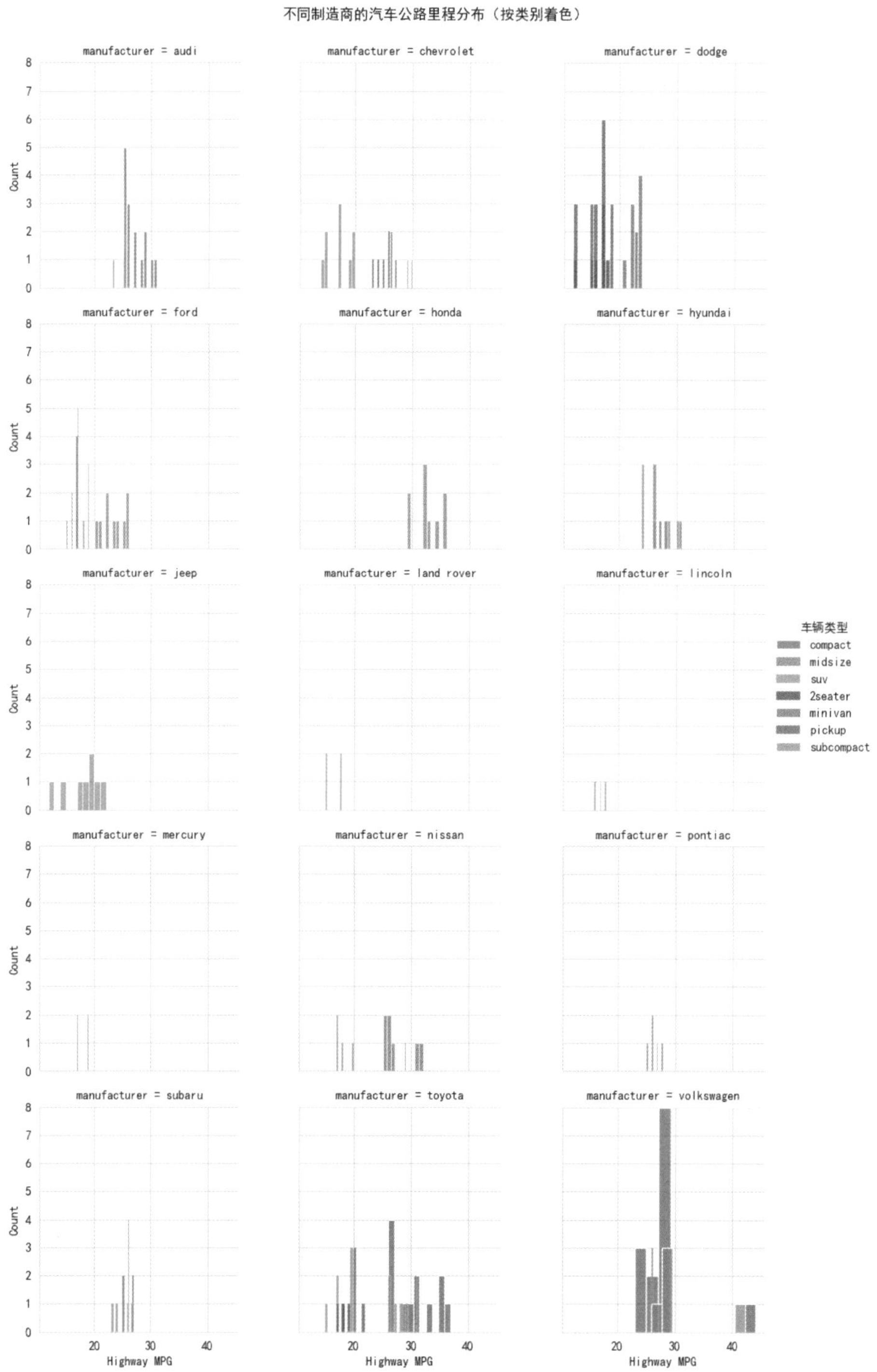

图6-19　不同制造商的汽车公路里程分布分面网格图

这段代码的最终效果是创建一个分面网格分类图，每个子图代表不同制造商的汽车在公路里程方面的分布情况，而颜色则根据车辆类型进行区分，帮助您观察和比较不同制造商和车辆类型之间的关系。

6.8 本章总结

本章介绍了多变量数据的可视化方法，包括气泡图、堆积折线图、堆积面积图、堆积柱状图、平行坐标图、矩阵图和分面网格分类图。这些方法允许我们在一个图表中同时展示多个变量的关系，以更全面地理解数据。通过这些多变量图形，我们可以更深入地分析数据，识别趋势和关联性，提高数据分析和可视化的技能。

07 第7章 绘制其他2D图形

在前面的章节中，我们已经学习了如何使用Python进行基本的2D图形绘制，包括折线图、散点图、柱状图等。然而，在数据可视化的领域，有许多其他类型的2D图形，可以帮助我们更好地理解和传达数据。本章将深入探讨一些其他2D图形绘制的技术和应用。

7.1 雷达图

雷达图，又称为蛛网图或星型图，是一种用于可视化多维数据的图形类型。它通常用于比较多个数据点或实体在多个属性或特征上的表现。雷达图的核心特点是将不同属性的数据值映射到一个多边形的顶点上，然后通过连接这些顶点来形成一个多边形，展示多个数据点之间的差异和相似性。

雷达图常用于可视化多维度的比较，特别是在评估多个变量或特征在不同情况下的表现时。它可以帮助观察者直观地识别哪些维度具有较高或较低的值，以及它们之间的相对关系。雷达图通常用于数据的归一化或标准化，以确保不同维度的值具有可比性。

7.1.1 绘制雷达图

绘制雷达图与传统的笛卡尔坐标系图形有一些显著的不同之处。绘制雷达图的步骤如下。

（1）导入所需库：导入绘图所需的库，通常是Matplotlib和NumPy。

（2）准备数据：收集或生成要在雷达图上表示的数据。数据通常以矩阵或列表的形式存在，其中一行代表一个数据点，一列代表一个维度。确保数据的范围适用于雷达图的坐标系。

（3）计算角度：确定要在雷达图的每个维度上放置的角度。通常情况下，角度均匀分布在整个雷达图上，可以使用NumPy的 linspace 函数来计算。

（4）创建雷达图坐标系：使用Matplotlib的 subplot 函数创建一个极坐标系（polar coordinates）。这是绘制雷达图所需的坐标系。

（5）绘制数据多边形：对于每个数据点，计算它在每个维度上的坐标，然后绘制数据多边形。可以使用Matplotlib的plot函数来连接数据点，形成多边形的边界线，然后使用fill 函数来填充多边形的区域，以突出数据。

（6）设置类目标签和轴标签：添加类目标签，这些标签通常是每个维度的名称，可以使用set_thetagrids或set_xticklabels函数设置雷达图的轴标签。

（7）设置其他属性：根据需要设置雷达图的其他属性，如标题、坐标范围、网格线、图例等。

（8）显示雷达图：使用show函数将雷达图显示出来，或者将其保存为图像文件。

以下示例代码演示了如何使用Matplotlib库绘制一个简单的雷达图。

```
import matplotlib.pyplot as plt
import numpy as np

plt.rcParams['font.family'] = ['SimHei']      # 设置中文字体
plt.rcParams['axes.unicode_minus'] = False    # 设置负号显示

# 定义城市名称和维度标签
cities = ['城市A', '城市B', '城市C', '城市D', '城市E']                    ①
dimensions =  ['经济', '医疗保健', '教育', '安全', '环境']                ②

# 每个城市在不同维度上的评分数据（示例数据，0到10之间）
data = np.array([                                                        ③
    [7, 8, 9, 6, 7],
    [8, 7, 7, 8, 6],
    [6, 7, 8, 7, 9],
    [9, 8, 7, 9, 7],
    [7, 6, 8, 7, 8]
])

# 设置雷达图的参数
N = len(dimensions)                                                      ④
angles = np.linspace(0, 2 * np.pi, N, endpoint=False).tolist()           ⑤
angles += angles[:1]                                                     ⑥

# 创建雷达图的坐标系
plt.figure(figsize=(8, 6))
ax = plt.subplot(111, polar=True)                                        ⑦

# 绘制每个城市的雷达图
for i in range(len(cities)):                                             ⑧
    values = data[i].tolist()
    values += values[:1]
    ax.fill(angles, values, alpha=0.5, label=cities[i])

# 添加维度标签
```

```
plt.xticks(angles[:-1], dimensions, fontsize=12)                    ⑨

# 添加图例
plt.legend(loc='upper right', bbox_to_anchor=(0.1, 0.1))            ⑩

# 添加标题
plt.title(' 不同城市的维度评分雷达图 ', fontsize=16)

# 显示图形
plt.show()
```

主要代码的解释如下。

代码第①行定义了一个名为“cities”的列表，其中包含五个城市的名称。

代码第②行定义了一个名为“dimensions”的列表，其中包含五个维度标签，分别是经济、医疗保健、教育、安全和环境。

代码第③行创建了一个名为“data”的NumPy数组，其中包含五个城市在不同维度上的评分数据。示例数据的范围在0到10之间。

代码第④行计算了维度的数量（N），这里是5个维度。

代码第⑤行使用NumPy的 linspace 函数生成一个包含5个角度值的列表（angles），这些角度均匀分布在0到2π之间，并不包括2π。这些角度用于确定雷达图中的每个维度的位置。

代码第⑥行将角度列表angles中的最后一个元素复制一份并添加到列表的开头，以创建一个闭合的角度路径。这是为了确保雷达图是一个封闭的多边形，使其能够连接起来，而不是一个简单的开放路径。

代码第⑦行创建雷达图的坐标系，并设置其为极坐标系（polar=True），用于绘制雷达图。

代码第⑧行通过循环遍历每个城市，为每个城市绘制雷达图，循环体中的参数如下。

- values = data[i].tolist()：这行代码将数据数组 data 中的第 i 行数据转换为Python列表 values。这一行的目的是获取当前城市在不同维度上的评分数据。

- values += values[:1]：这行代码将列表 values 中的第一个元素复制并添加到列表的末尾，以确保雷达图是一个封闭的多边形。这是因为雷达图的绘制需要起始和结束点相同，以形成封闭的图形。

- ax.fill(angles, values, alpha=0.5, label=cities[i])：这行代码使用 fill 方法绘制雷达图的多边形区域。

代码第⑨行设置雷达图的维度标签，将角度（angles）与维度标签（dimensions）对应起来，用于在雷达图上显示维度信息。

代码第⑩行添加图例，将城市名称显示在图的右上角，以区分不同城市的雷达图。

运行示例代码，绘制的图形如图7-1所示。

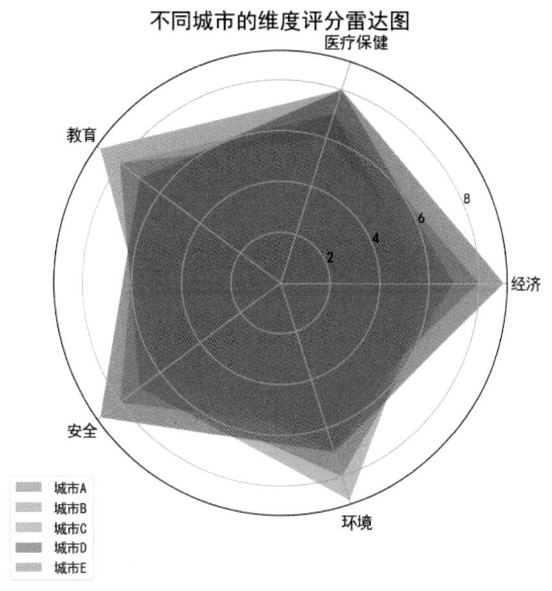

图 7-1　雷达图示例

7.1.2 示例：绘制问卷调查结果雷达图

下面我们通过示例介绍一下如何绘制雷达图。现在我们有一个问卷调查结果，如图 7-2 所示，数据保存在“问卷调查.csv”文件中。

问题编号	题目	非常满意	比较满意	一般	不太满意	非常不满意
1	智慧教室实施后,您的教学效率与效果如何?	21.60%	54.30%	15.10%	6.40%	2.60%
2	数字化改造后,学校行政服务效率如何?	16.80%	46.20%	25.30%	8.90%	2.80%
3	您对学校设施智能化改造效果的评价如何?	25.30%	41.90%	19.80%	10%	3%
4	您对项目进度安排的满意度如何?	6.20%	12.40%	17.90%	42.80%	20.70%
5	您对项目资源配置的评价如何?	5.30%	9.60%	16.40%	42.70%	26%
6	您对系统操作培训与支持的满意度如何?	7.80%	13.20%	18.60%	41.40%	19%
7	您对项目后续建设与改进有何建议?	4.60%	8.30%	14.90%	46.70%	25.50%
8	您对系统功能优化或升级有何意见与想法?	8.90%	12.70%	16.40%	42.10%	19.90%
9	您对数字化改造项目的总体满意度如何?	7.20%	11.60%	18.40%	43.70%	19.10%
10	您对"智慧校园"建设项目的总体评价如何?	7.80%	13.20%	28.60%	81.40%	19%

图 7-2　问卷调查结果

我们先从“问卷调查.csv”文件读取数据，然后绘制雷达图，以便于分析用户的满意度。

示例代码如下。

```
import pandas as pd
import matplotlib.pyplot as plt
import numpy as np
```

```
plt.rcParams['font.family'] = ['SimHei'] # 设置中文字体
plt.rcParams['axes.unicode_minus'] = False # 设置负号显示

# 读取 csv 文件并加载数据
data = pd.read_csv("data/ 问卷调查 .csv", encoding="gbk")                ①

# 选择需要绘制雷达图的数据列（非常满意至非常不满意这 5 列数据）
dimension_columns = [" 非常满意 ", " 比较满意 ", " 一般 ", " 不太满意 ", " 非常不满意 "] ②

# 将百分比数据转换为浮点数
for column in dimension_columns:                                          ③
    data[column] = data[column].str.rstrip('%').astype(float)             ④
average_scores = data[dimension_columns].mean()                           ⑤

# 创建雷达图的参数
N = len(dimension_columns)
angles = np.linspace(0, 2 * np.pi, N, endpoint=False).tolist()
angles += angles[:1]

# 创建雷达图的坐标系
plt.figure(figsize=(8, 6))
ax = plt.subplot(111, polar=True)

# 绘制雷达图，填充区域，并添加标签
values = average_scores.tolist()                                          ⑥
values += values[:1]
ax.fill(angles, values, alpha=0.5, label=" 综合评分 ",facecolor='lightblue')  ⑦

# 添加维度标签
plt.xticks(angles[:-1], dimension_columns, fontsize=12)                   ⑧

# 添加图例和标题
plt.legend(loc='upper right', bbox_to_anchor=(0.1, 0.1))
plt.title(' 问卷调查维度评分雷达图 ', fontsize=16)

# 显示图形
plt.show()
```

主要代码的解释如下。

代码第①行从“问卷调查.csv”文件中读取数据，并指定文件编码为GBK。这是因为文件包含中文字符，需要使用适当的编码解析文件。

代码第②行定义了一个要在雷达图中显示的维度的列表。这些维度对应数据文件中的列名。

代码第③行用于遍历维度列。

代码第④行在循环中，对每个维度列执行操作。这行代码首先使用str.rstrip('%')去除百分号字符，然后使用astype(float)将数据转换为浮点数类型。这是因为数据文件中的百分比值以字符串形式存储，需要转换为数值以进行后续计算。

代码第⑤行计算了每个维度列的平均值，以获得每个维度的平均评分。

代码第⑥行将平均评分转换为列表形式，以便在雷达图中使用。

代码第⑦行用于绘制雷达图。首先，将平均评分列表的第一个值复制到列表的末尾，以确保雷达图是一个闭合的图形。然后，使用ax.fill绘制雷达图，填充区域，并添加标签。alpha参数设置填充区域的透明度，facecolor参数设置填充区域的颜色。

代码第⑧行用于添加维度标签，将标签放置在雷达图的轴上。

运行上述代码，绘制的图形如图7-3所示。从图7-3可见，“不太满意”和“比较满意”偏多，而“非常满意”比较少。

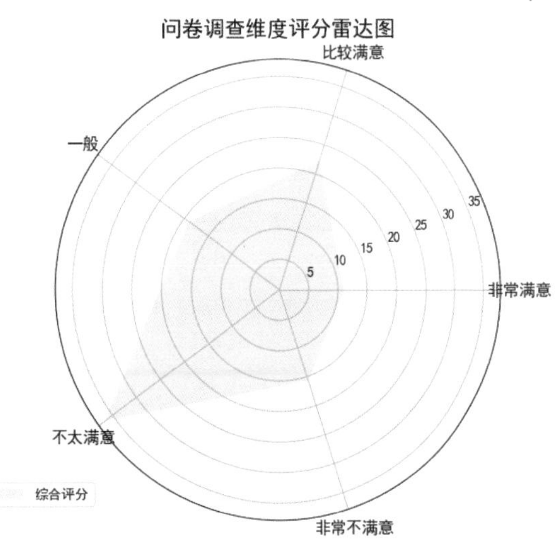

图7-3　问卷调查维度评分雷达图

7.2 矩形树状图

矩形树状图是一种用于可视化层次数据的图表类型，通常用于表示树状结构或分层数据。它的主要特点是以矩形的形式表示不同层次的数据，每个矩形的面积与数据的大小成比例。矩形树状图的应用场景如下。

（1）文件夹结构可视化：可以用于可视化计算机文件夹的嵌套结构，帮助用户了解文件和文件夹的分布。

（2）组织结构图：可以用于绘制组织结构图，表示不同部门、岗位或员工之间的关系。

（3）数据分类：可以用于表示数据的层次分类，如产品分类、地理区域分类等。

（4）层次关系可视化：可以用于可视化分层数据，如科学分类、产品销售分析等。

（5）树状图：可以用于可视化树状结构的数据，如家谱、组织结构、决策树等。

（6）地图热力图：在地理信息系统（GIS）中，可以用矩形树状图来表示地图上不同区域的数据分布。

（7）资源分配：在项目管理中，可以用来表示不同任务或资源的分配情况。

矩形树状图通常使用矩形的面积来表示数据的大小，因此更大的矩形代表更多的数据。这种可视化方式有助于用户直观地理解数据的分布和层次结构，从而更好地作出决策和分析。

7.2.1 绘制矩形树状图

在Python中，我们可以使用Squarify库来绘制矩形树状图，这个库提供了简单而强大的工具，用于创建各种类型的矩形树状图。

可以使用如下的pip指令安装Squarify库。

```
pip install squarify
```

以下示例代码可以创建一个可视化的矩形树状图，用于展示不同科技书籍主题的分布情况，每个矩形的大小表示主题的权重或相关性，用颜色来区分不同的主题。

```
import squarify
import matplotlib.pyplot as plt

plt.rcParams['font.family'] = ['SimHei']      # 设置中文字体
plt.rcParams['axes.unicode_minus'] = False    # 设置负号显示

# 示例数据
topics = ["机器学习", "数据科学", "人工智能", "物联网", "区块链",
          "虚拟现实", "云计算", "自然语言处理"]

# 数据的权重，表示每个主题的相关性或重要性
weights = [30, 25, 15, 12, 20, 28, 10, 18]

# 自定义颜色
colors = ["#FF5733", "#33FF57", "#3366FF", "#FF33A1", "#FFA133",
          "#33B5E5", "#9933FF", "#FF3366"]

# 使用squarify绘制矩形树状图，并指定颜色
squarify.plot(sizes=weights, label=topics, alpha=0.7, color=colors)     ①

# 设置坐标轴不可见
plt.axis('off')                                                          ②

# 添加标题
plt.title("科技书籍主题分布矩形树状图")

# 显示图形
plt.show()
```

主要代码的解释如下。

代码第①行使用Squarify库的plot函数绘制矩形树状图，其中sizes参数指定了每个矩形的大小；label参数指定了每个矩形的标签；alpha参数控制透明度；color参数指定了矩形的颜色。

代码第②行 plt.axis('off') 设置坐标轴不可见，因为矩形树状图不需要坐标轴。

运行上述代码，绘制的图形如图 7-4 所示。

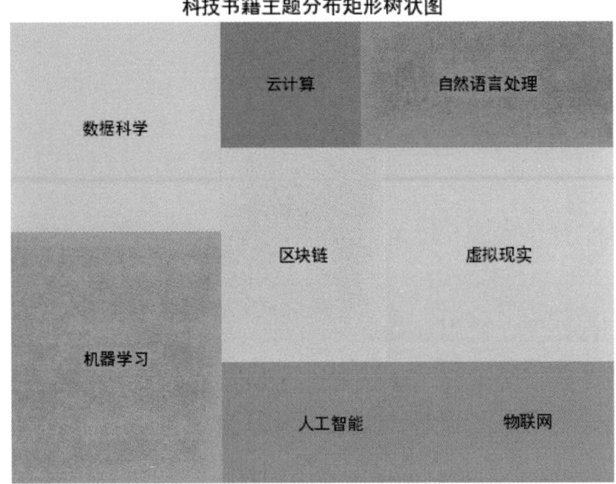

图 7-4　矩形树状图示例

7.2.2 示例：绘制车辆分类矩形树状图

在本示例中，我们将使用 Python 的 Pandas、Matplotlib 和 Squarify 库来创建一个矩形树状图，用于可视化车辆分类数据的分布情况。该图表将展示不同车辆类别的数量，并使用颜色来区分它们。

示例代码如下。

```
import pandas as pd
import squarify
import matplotlib.pyplot as plt

# 设置中文字体
plt.rcParams['font.family'] = ['SimHei']

# 导入数据
df_raw = pd.read_csv("data/mpg_ggplot2.csv")                              ①

# 准备数据
df = df_raw.groupby('class').size().reset_index(name='counts')            ②
labels = df.apply(lambda x: str(x[0]) + "\n (" + str(x[1]) + ")", axis=1)  ③
sizes = df['counts'].values.tolist()                                       ④
colors = [plt.cm.Spectral(i/float(len(labels))) for i in range(len(labels))]⑤

# 绘制矩形树状图
plt.figure(figsize=(10, 8))
```

```
squarify.plot(sizes=sizes, label=labels, color=colors, alpha=0.8)        ⑥

# 图表装饰
plt.title('车辆分类矩形树状图')
plt.axis('off')
# 显示图形
plt.show()
```

主要代码的解释如下。

代码第①行使用Pandas库的read_csv函数读取名为“mpg_ggplot2.csv”的CSV文件，将数据加载到DataFrame的df_raw中。

代码第②行对数据进行处理，使用groupby函数按照“类别”列对数据进行分组，然后使用size()函数计算每个类别的数量，并将结果存储在名为df的DataFrame中。

代码第③行通过应用一个lambda函数，创建标签，标签包括类别名称和对应的数量。

代码第④行sizes = df['counts'].values.tolist()：提取类别数量列的数值，并将其转换为Python列表，用于绘制树状图的大小。

代码第⑤行生成颜色列表，用于为每个矩形块分配颜色。这里使用plt.cm.Spectral颜色映射，颜色数与类别数相同。

代码第⑥行使用Squarify库的plot函数绘制矩形树状图。sizes参数指定每个矩形块的大小，label参数指定每个块的标签，color参数指定每个块的颜色，alpha参数设置块的透明度。

运行上述代码，绘制的图形如图7-5所示。

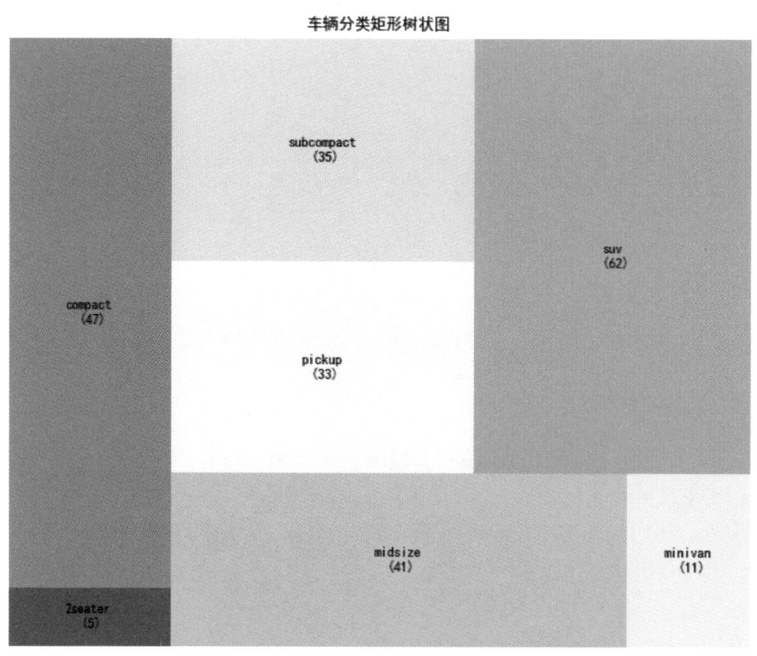

图7-5　车辆分类矩形树状图

7.3 三元相图

三元相图属于多变量散点图，是一种用于可视化三个组分之间相对比例的图形类型。它通常用于分析和表示混合物或化合物中的三个不同成分或组分之间的相对比例关系。

三元相图如图7-6所示，通常基于一个等边三角形的坐标系，其中三个顶点分别表示三个组分，并且内部的点表示混合物中各个组分的比例。

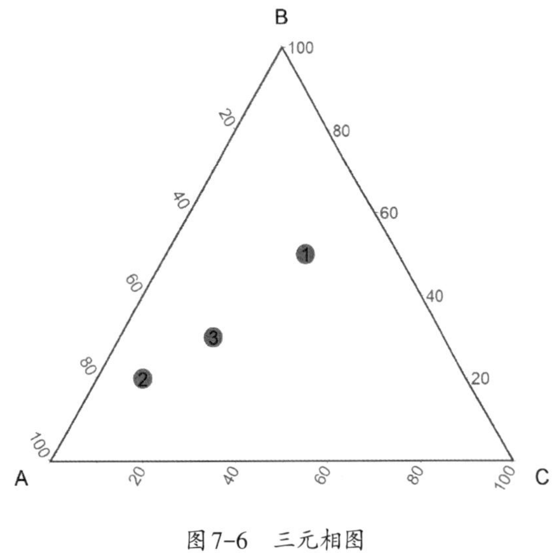

图7-6　三元相图

三元相图的特点如下。

（1）等边三角形：通常使用一个等边三角形来表示三元相图，其中每个角代表一个组分。这个三角形的边界上的点表示单一成分的纯度，而在三角形内部的点表示混合物中不同组分的比例。

（2）比例关系：三元相图通过点的位置来表示不同组分之间的比例关系。每个点在三角形内的位置表示了其包含的每个组分的百分比。

（3）直观可视化：三元相图是一种直观的可视化工具，可以帮助人们理解不同组分之间的相对比例，尤其在化学、材料科学和地质学等领域中广泛应用。

（4）混合物分析：三元相图通常用于分析混合物的组成，如合金、岩石、液体混合物等。通过观察点在图中的位置，可以了解混合物中各个组分的含量和比例。

7.3.1 三元相图的应用

三元相图广泛应用于多个领域，特别是用于可视化和分析涉及三个组分或变量的相对比例关系。以下是一些三元相图的常见应用领域和示例。

（1）化学与材料科学：

- 合金分析：用于表示不同合金中各种金属元素的比例，帮助工程师和科学家了解合金性能。
- 矿物学：用于分析矿石中不同矿物的组成比例，以确定矿石的性质和品质。

（2）地质学：

- 岩石成分分析：用于表示不同岩石样本中不同矿物的含量比例，帮助地质学家了解岩石的成分和特性。

（3）生态学：

- 食物链分析：用于表示生态系统中不同生物种类的相对比例，以及它们之间的食物链关系。

（4）环境科学：

- 土壤分析：用于表示土壤中不同元素的含量比例，以评估土壤质量和污染程度。

（5）化工工程：

- 反应物比例：用于表示化工反应中不同原料的比例，帮助优化反应条件和生产工艺。

（6）食品科学：

- 配方开发：用于表示不同成分在食品配方中的比例，以调整和改进食品配方。

7.3.2 创建三元相图

可以使用 Plotly 库创建三元相图。确保已安装 Plotly，如果尚未安装，可以使用以下的 pip 指令进行安装。

```
pip install plotly
```

用 Python 创建一个简单的三元相图的示例代码如下。

```
import plotly.express as px
import pandas as pd

# 创建数据框
data = pd.DataFrame({                                                    ①
    'A': [0.2, 0.7, 0.5],
    'B': [0.5, 0.2, 0.3],
    'C': [0.3, 0.1, 0.2]
})

# 绘制三元相图
fig = px.scatter_ternary(data, a="A", b="B", c="C",
      labels={"A": "Variable A", "B": "Variable B", "C": "Variable C"},
      title=" 三元相图示例 ", size_max=10, color_discrete_sequence=["red"]) ②

# 显示图形
fig.show()
```

主要代码的解释如下。

代码第①行使用 Pandas 创建一个包含三个变量 A、B 和 C 的 DataFrame 对象，它的列 A、B 和 C 分别代表了三个不同的变量。这些变量可以是我们感兴趣的数值或测量值，如温度、湿度、压力等。在这个示例中，我们用 A、B 和 C 来表示这三个变量。

另外，DataFrame 对象每一行代表一个独立的数据点或观测值。每一行包含了对应变量 A、B 和 C 的数值。例如，第一行表示一个数据点，其中 A 的值为 0.2、B 的值为 0.5、C 的值为 0.3。

代码第②行使用 px.scatter_ternary 函数创建三元相图，其中参数的解释如下。

- data 参数指定数据框，其中包含了要可视化的数据。
- a="A", b="B", c="C" 参数分别指定三个轴（变量 A、B 和 C）的数据列。
- labels 参数用于指定轴标签的名称。
- title 参数设置图表的标题。
- size_max 参数用于指定定义点的最大值。
- color_discrete_sequence 参数指定点的颜色为红色。

运行上述代码，绘制的图形如图 7-7 所示。

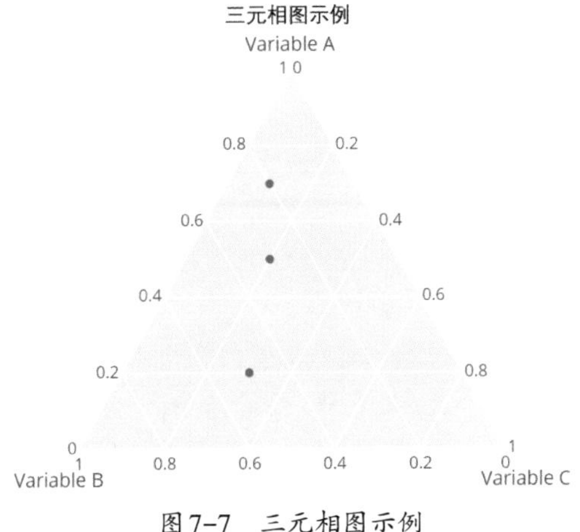

图 7-7　三元相图示例

7.3.3 示例：绘制铜锌镍合金三元相图

三元相图常用于合金分析，以下示例演示了如何使用 Ploty 库绘制铜（Cu）、锌（Zn）和镍（Ni）合金的三元相图。在这个示例中，我们将使用一个自定义的数据框来表示不同铜锌镍合金样本中的组分比例，并在三元相图中可视化这些比例关系。

示例代码如下。

```
import plotly.express as px
import pandas as pd

# 创建数据框
data = pd.DataFrame({
    'Cu': [20, 40, 10, 30],
    'Zn': [30, 10, 60, 20],
    'Ni': [50, 30, 30, 50],
    '样本': ["样本 1", "样本 2", "样本 3", "样本 4"]
})
```

```
# 绘制三元相图
fig = px.scatter_ternary(data, a="Cu", b="Zn", c="Ni",
  labels={"Cu": "铜百分比", "Zn": "锌百分比", "Ni": "镍百分比"},
                        title="铜锌镍合金三元相图",
                        color="样本",
                        size_max=5)

# 显示图形
fig.show()
```

运行上述代码，绘制的图形如图7-8所示。

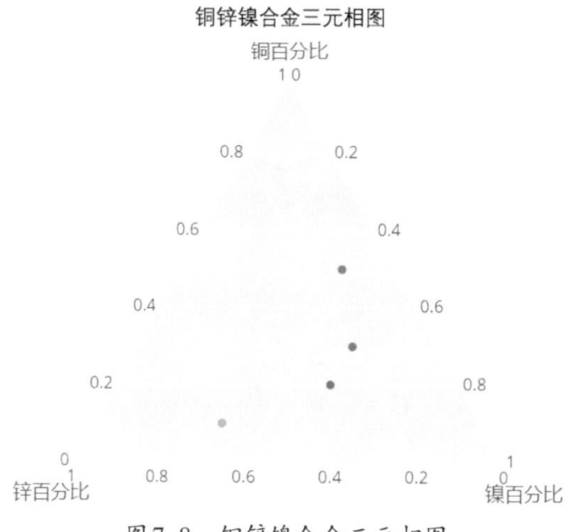

图7-8　铜锌镍合金三元相图

从图7-8所示的三元相图中可见有4个数据点（样本），每个样本在三元相图中的位置表示了该样本中铜、锌和镍三个组分的比例关系。通过观察这些数据点，可以直观地了解不同合金样本之间的组分差异，以及各组分之间的相对比例。

7.4 峰峦图

峰峦图是一种数据可视化方法，用于展示多个密度分布曲线在同一图表中的重叠情况，以便比较和观察数据的分布特征。峰峦图通常用于以下3种情况。

（1）比较多个组或类别的分布：峰峦图允许同时显示多个组或类别的数据分布，以便更好地理解它们之间的相似性和差异性。

（2）可视化数据的密度：通过在不同密度分布之间绘制重叠的线条，峰峦图显示了数据的密度分布，有助于识别数据的高峰和低谷。

（3）观察分布的变化：可以使用峰峦图来观察数据分布随着时间、地点或其他因素的变化而变化的情况，从而识别潜在的趋势或模式。

7.4.1 绘制峰峦图

在Python中，我们可以使用joypy库来绘制峰峦图。可以使用如下的pip指令安装joypy库。

```
pip install joypy
```

以下示例代码演示了如何使用joypy库绘制一个简单的峰峦图。

```
import numpy as np
import pandas as pd
import joypy
from matplotlib import pyplot as plt

# 生成数据
df = pd.DataFrame({'category': ['A', 'B', 'C'] * 100,
                   'value': np.random.normal(size=300)})

# 使用 joypy 创建峰峦图，并设置颜色
fig, axes = joypy.joyplot(df, by='category',
                          column='value',
                          figsize=(10, 3),
                          color='lightblue')
# 设置图表标题和标签
plt.title('Joy Plot of Category Data')
plt.xlabel('Value')

plt.show()
```

在这段代码中，使用joypy.joyplot函数创建峰峦图，其中参数的解释如下。

- df：数据框，包含要可视化的数据。
- by='category'：指定要根据哪一列数据进行分组，这里是根据“category”列的不同取值进行分组。
- column='value'：指定要绘制在峰峦图上的值所在的列，这里是“value”列。
- figsize=(10, 3)：设置图表的大小，这里是宽度为10个单位，高度为3个单位。
- color='lightblue'：设置峰峦图的颜色为淡蓝色。

这段代码的主要作用是使用joypy库创建一个峰峦图，将数据按照不同的类别（'category'列）绘制出来，并设置了图表的颜色为淡蓝色。峰峦图是一种可用于观察数据分布情况的可视化工具，特别适用于比较多个类别之间的数据分布。

运行上述代码，绘制的图形如图7-9所示。

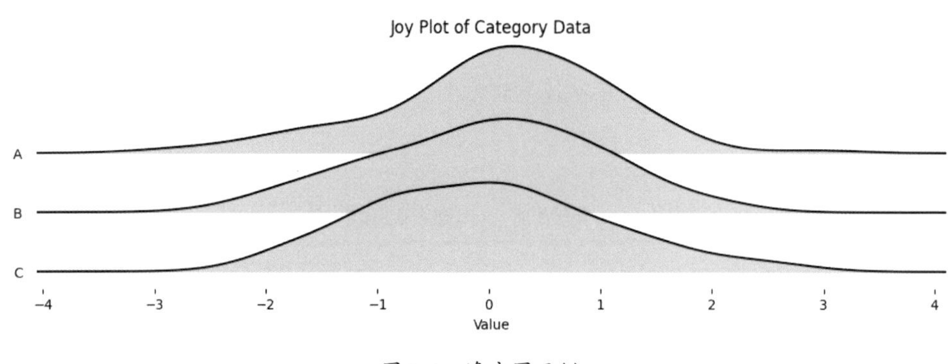

图 7-9　峰峦图示例

7.4.2 示例：绘制不同车型的城市和高速公路里程的峰峦图

下面我们使用mpg_ggplot2数据集绘制峰峦图来可视化比较不同车型的城市和高速公路里程的油耗情况。

示例代码如下。

```
# 导入所需的库
import pandas as pd
import joypy
import numpy as np
import matplotlib.pyplot as plt

plt.rcParams['font.family'] = ['SimHei']    # 设置中文字体
plt.rcParams['axes.unicode_minus'] = False # 设置负号显示

# 设置一些显示选项
pd.set_option('display.max_rows', 500)                                    ①
pd.set_option('display.max_columns', 500)
pd.set_option('display.width', 1000)                                      ②

# 导入 csv 文件数据
df2 = pd.read_csv('data/mpg_ggplot2.csv')

# 创建一个用于颜色渐变的函数，将在 colormap 参数中使用
def color_gradient(x=0.0, start=(0, 0, 0), stop=(1, 1, 1)):              ③
    r = np.interp(x, [0, 1], [start[0], stop[0]])
    g = np.interp(x, [0, 1], [start[1], stop[1]])
    b = np.interp(x, [0, 1], [start[2], stop[2]])
    return (r, g, b)

fig, axes = joypy.joyplot(df2,                                            ④
```

```
                                column=['hwy', 'cty'],
                                overlap=2.5,
                                by="model",
                                ylim='own',
                                x_range=(0,60),
                                figsize=(10,13),
                                colormap=lambda x: color_gradient(x, start=(.08,
.45, .8), stop=(.8, .34, .44)),
                                alpha=0.6,
                                linewidth=.5,
                                linecolor='w')                    ⑤
plt.title('不同车型的城市和高速公路里程的峰峦图'
          , fontsize=14
          , color='grey'
          , alpha=1)
plt.xlabel('每加仑英里数 (MPG)', fontsize=14, color='grey', alpha=1)
plt.ylabel('汽车型号', fontsize=8, color='grey', alpha=1)

# 调整子图布局，增加底部间距
plt.subplots_adjust(top=0.9, bottom=0.1)

# 保存图片
plt.savefig('joy_plot.png', dpi=300)
plt.show()
```

上述代码的解释如下。

代码第①～②行设置Pandas的显示选项，包括显示的最大行数、最大列数和显示宽度。这可以控制显示大数据集时的行列数，使结果更全面。

代码第③行定义color_gradient函数，用于生成joyplot中颜色渐变的效果。它通过输入参数，可以生成不同颜色之间的渐变结果。

代码第④～⑤行调用joypy.joyplot函数绘制峰峦图，并设置相关参数。

- column：绘制的变量。
- overlap：曲线重叠程度。
- by：分组变量。
- ylim：设置y轴的范围。
- x_range：x轴范围。
- figsize：图像大小。
- colormap：指定色彩映射函数为color_gradient。
- alpha：用于设置填充区域的透明度。

运行上述代码，绘制的图形如图7-10所示。

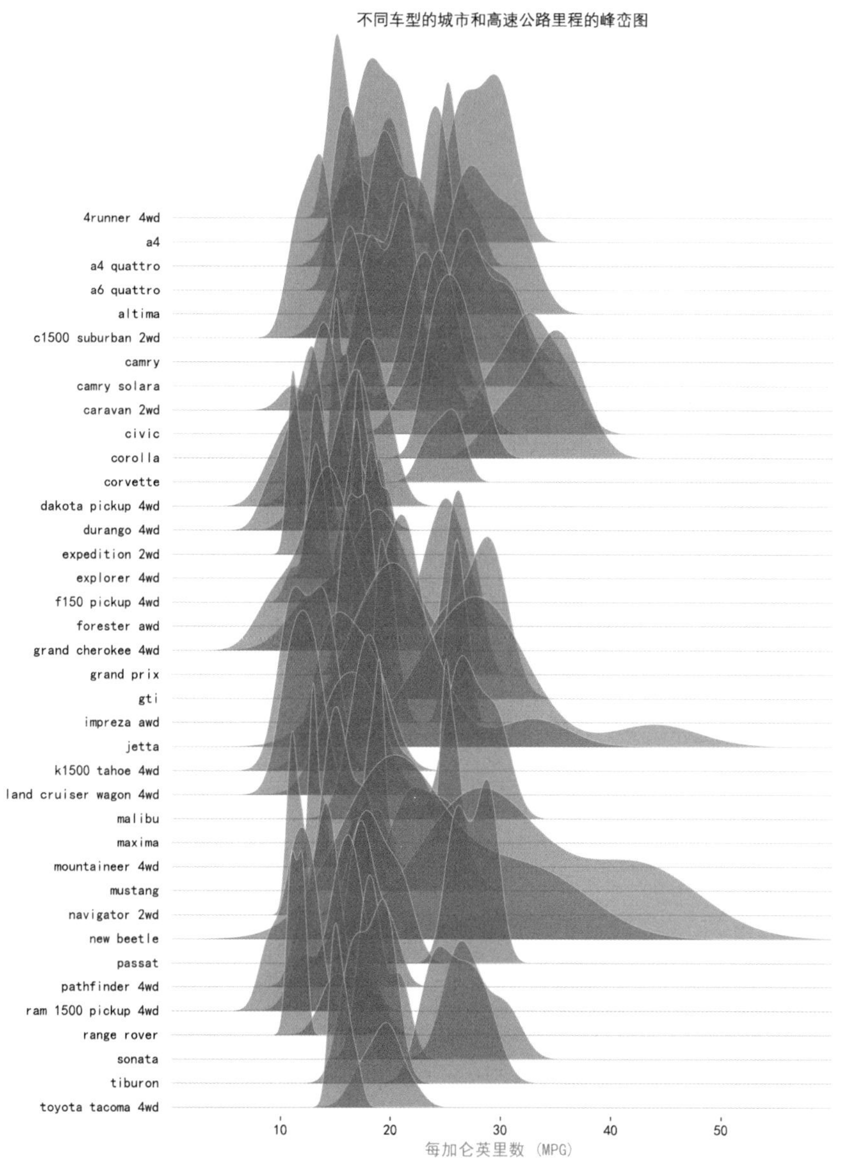

图 7-10　不同车型的城市和高速公路里程的峰峦图

7.5 本章总结

本章介绍了多种2D图形的绘制方法，包括雷达图、矩形树状图、三元相图和峰峦图。这些图形有助于展示不同数据之间的关系、趋势和模式，并提供了一种可视化数据的方式，使读者能够更深入地了解复杂的信息。通过本章的学习，读者可以掌握如何使用Seaborn库绘制这些特殊类型的图形，从而提高数据分析和可视化的技能，为数据驱动的决策提供更多有力的支持。

第8章 绘制3D图形

当谈到数据可视化时，3D图表是一种强大的工具，它可以帮助我们更好地理解和展示具有三个维度的数据。本章介绍如何绘制各种类型的3D图表，以及如何利用这些图表来传达数据的复杂关系。

8.1 绘制3D图形库

在Python中，有几个库可以用来绘制3D图形。以下是一些常用的3D图形库。

（1）Matplotlib：Matplotlib是一个功能强大的绘图库，可以用于创建各种类型的图形。我们可以使用Matplotlib创建3D散点图、曲线图、柱状图等。

（2）Mayavi：Mayavi是一个专门用于绘制3D科学数据可视化的库。它提供了丰富的绘图功能，适用于复杂的3D数据可视化任务。Mayavi的功能包括绘制体积图、等值面图、流线图等。

（3）Plotly：Plotly是一个交互式绘图库，可以用于创建3D散点图、曲面图、等值面图等。它支持在Web浏览器中交互式地浏览和探索3D图形。

8.2 3D静态图形

Matplotlib是一个强大的Python数据可视化库，它的mpl_toolkits.mplot3d子模块提供了绘制3D图形的功能。这个子模块允许用户创建各种类型的3D图形，包括散点图、线图、曲面图、网格图等。

8.2.1 3D散点图

3D散点图是一种用于可视化三维数据的图形表示方式，它与二维散点图类似，但在3D空间中显示数据点，通常使用X轴、Y轴和Z轴表示三个不同的变量或维度。每个数据点由三个值确定，分别对应于X轴、Y轴和Z轴上的位置。这种图形可以帮助我们更好地理解数据的分布、趋势和关系，尤其适用于数据集中包含多个连续或数值型变量的情况。

3D散点图有许多实际应用场景，主要的应用场景如下。

（1）数据挖掘和探索性数据分析：通过3D散点图可以直观地观察样本点的分布，帮助发现数据之间的内在关系和聚类结构，可以高效地完成特征选择、异常点检测等工作。

（2）多元统计分析：3D散点图可以同时展示多个变量，通过点的位置反映各维度的数值。这有助于观察多个变量之间的相关性，进行多元统计分析。

（3）轨迹和流场可视化：可以使用3D散点图可视化对象的三维运动轨迹，或是显示三维流场中的路径线。这类应用常见于运动学分析、气象学等领域。

（4）交互式数据分析：3D散点图支持旋转、缩放和过滤操作，可以让用户以交互的方式探索数据，发现数据间的关系。

8.2.2 绘制3D散点图

可以使用Matplotlib中的mpl_toolkits.mplot3d子模块绘制3D散点图。以下示例演示了如何使用Matplotlib绘制3D散点图。

示例代码如下。

```
import matplotlib.pyplot as plt
from mpl_toolkits.mplot3d import Axes3D

plt.rcParams['font.family'] = ['SimHei']        # 设置中文字体
plt.rcParams['axes.unicode_minus'] = False     # 设置负号显示

# 创建一个 Figure 对象和 3D 坐标轴
fig = plt.figure()                                              ①
ax = fig.add_subplot(111, projection='3d')                      ②

# 生成一些示例数据
x = [1, 2, 3, 4, 5]
y = [2, 3, 4, 5, 6]
z = [3, 4, 5, 6, 7]

# 使用 scatter 绘制 3D 散点图
ax.scatter(x, y, z, c='r', marker='o')                          ③

# 设置坐标轴标签
ax.set_xlabel('X 轴')
ax.set_ylabel('Y 轴')
ax.set_zlabel('Z 轴')

# 设置图标题
ax.set_title('3D 散点图示例')
```

```
# 显示图形
plt.show()
```

主要代码的解释如下。

代码第①行调用 matplotlib.pyplot 模块的 figure() 函数创建一个 Figure 对象，Figure 对象代表绘图的整个图像区域和坐标系，绘制 3D 图形需要创建 Figure 作为绘图的顶层容器。

代码第②行调用 Figure 对象的 add_subplot 函数在图像区域添加一个 Axes 子图，其中参数 111 表示 1 行 1 列的第一个子图；projection='3d' 表示创建一个 3D 坐标轴。

代码第③行在 Axes 对象 ax 上调用 scatter 函数绘制散点图，其中参数 x，y，z 为数据点的坐标；c 为指定点的颜色，这里是 red；marker 为指定点的形状，这里是圆形。

运行示例代码，绘制的图形如图 8-1 所示。

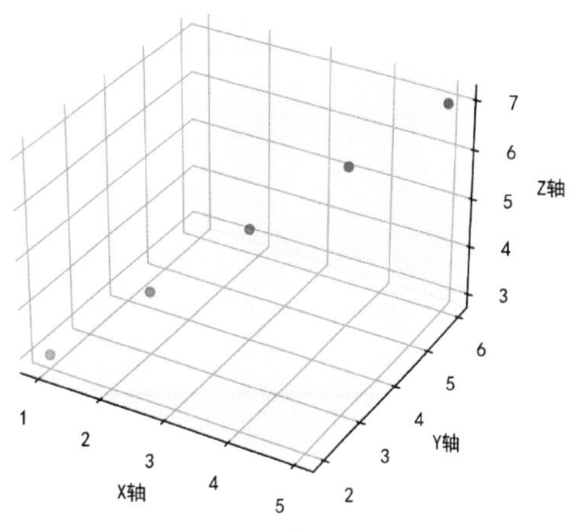

图 8-1　3D 散点图示例

8.2.3 示例：绘制玻璃属性 3D 散点图

下面我们通过示例演示如何使用 Matplotlib 的 mpl_toolkits.mplot3d 子模块绘制 3D 散点图，该示例是绘制玻璃成分 3D 散点图，该示例数据来自 Glass 数据集。

示例代码如下。

```
import pandas as pd
import matplotlib.pyplot as plt
from mpl_toolkits.mplot3d import Axes3D

plt.rcParams['font.sans-serif'] = ['SimHei']   # 设置中文字符显示
plt.rcParams['axes.unicode_minus'] = False     # 设置负号显示

# 加载数据集
data = pd.read_csv("data/Glass.csv")                                ①

# 提取数据列
x = data["Na"]
y = data["Al"]
z = data["Mg"]
```

```
# 创建一个 Figure 对象和 3D 坐标轴
fig = plt.figure()
ax = fig.add_subplot(111, projection='3d')

# 使用 scatter 绘制 3D 散点图
ax.scatter(x, y, z, c='r', marker='o')

# 设置坐标轴标签
ax.set_xlabel('钠 (Na)')
ax.set_ylabel('铝 (Al)')
ax.set_zlabel('镁 (Mg)')

# 设置图标题(中文)
ax.set_title('玻璃成分 3D 散点图')

# 保存图片为 PNG 格式,指定 DPI 为 300
plt.savefig("3D_Glass_Component_Scatter_Plot.png", dpi=300)          ②

# 显示图形
plt.show()
```

主要代码的解释如下。

代码第①行使用Pandas读取CSV数据集，存储在data变量中。

代码第②行将图片保存为PNG格式的文件，指定DPI参数为300。

运行上述代码，绘制的图形如图8-2所示。

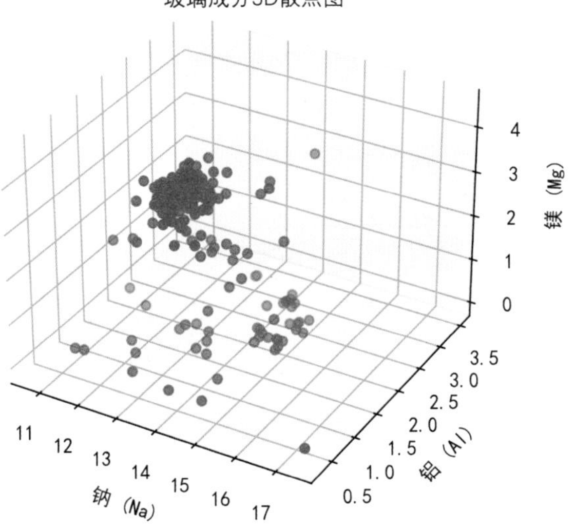

图 8-2　玻璃成分 3D 散点图

8.2.4 3D线图

3D线图是一种用于可视化三维数据的图表类型，通常用于显示在三个维度（X、Y、Z）上的数据趋势和关联性。

3D线图主要应用于以下几个方面。

（1）轨迹可视化：可以在三维空间中可视化对象的运动轨迹，如飞机的飞行路线、运动员的行走路线等。通过折线表示轨迹更加平滑连贯。

（2）映射时间的变化趋势：沿着时间轴绘制三维曲线图，展示某一变量随时间的变化情况及趋势。如股票价格、气温变化等时间序列数据。

（3）显示空间路径：表示空间或地形中蜿蜒的路径，如山路、河流、管道等的定量结构信息。

（4）功能关系的图像：绘制表示光滑功能关系的三维曲面，可以帮助理解函数图像，如正弦曲线。

（5）线程的执行过程：在并行编程分析中，可以使用3D线图表示每个线程的执行过程及时间信息。

（6）医学动画：在医学动画中，可以利用3D折线构建人体器官或运动的图像，如肌肉收缩过程。

（7）游戏设计：构建游戏场景中的三维机械动画，如角色使用道具的动作。

8.2.5 绘制3D线图

3D线图是一种展示三维数据的图形，通常用于可视化三维数据中的趋势和模式。在Matplotlib中，我们可以使用mpl_toolkits.mplot3d子模块创建3D线图，下面的示例代码演示了如何绘制一个简单的3D线图。

```
import matplotlib.pyplot as plt
from mpl_toolkits.mplot3d import Axes3D

plt.rcParams['font.sans-serif'] = ['SimHei']  # 设置中文字符显示
plt.rcParams['axes.unicode_minus'] = False    # 设置负号显示

# 创建示例数据
X = [1, 2, 3, 4, 5]
Y = [2, 3, 4, 5, 6]
Z = [1, 2, 1, 3, 2]

# 创建一个 Figure 对象和 3D 坐标轴
fig = plt.figure()
ax = fig.add_subplot(111, projection='3d')                    ①

# 绘制 3D 线图，并指定颜色
ax.plot(X, Y, Z, color='red')  # 在这里使用红色              ②

# 设置坐标轴标签和图标题
ax.set_xlabel('X 轴 ')
ax.set_ylabel('Y 轴 ')
ax.set_zlabel('Z 轴 ')
ax.set_title(' 简单的 3D 线图 ')

# 保存图片为 PNG 格式，指定 DPI 为 300
plt.savefig("3D_line_plot_colorful.png", dpi=300)             ③
```

```
# 显示图形
plt.show()
```

主要代码的解释如下。

代码第①行创建一个3D坐标轴并将其添加到Figure对象中。“projection='3d'”参数表示要创建一个3D图。

代码第②行使用plot函数绘制3D线图。我们把X、Y和Z设置为数据点坐标，然后通过color参数将线的颜色设置为红色。

代码第③行使用savefig函数将绘制的图形保存为PNG格式的文件。指定DPI参数为300，以提高图像的分辨率。

运行上述代码，绘制的图形如图8-3所示。

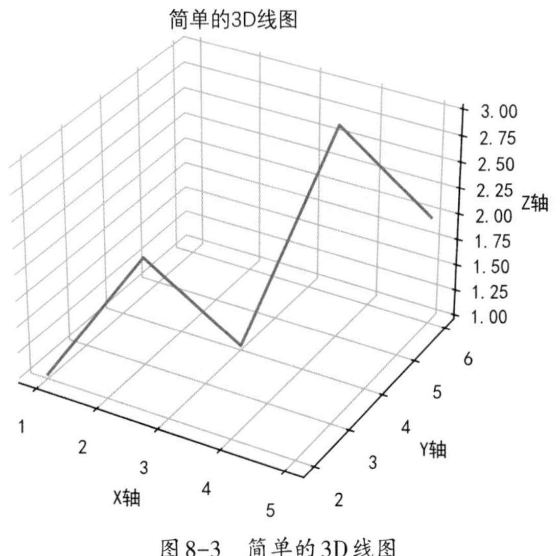

图8-3　简单的3D线图

8.2.6 示例：绘制鸢尾花花萼和花瓣的关系3D线图

本节我们将使用Seaborn库内置数据集iris创建一个3D线图，以展示鸢尾花数据集中花萼和花瓣的关系。这个图形将有助于我们可视化不同鸢尾花品种的特征之间的关系。

我们将使用内置数据集iris，其中包含了鸢尾花的测量数据。通过将花萼长度、花萼宽度和花瓣长度作为三个坐标轴的数据，我们可以创建一个交互式的3D线图，使我们能够旋转和查看数据，以更好地理解它们之间的关系。

示例代码如下。

```
import seaborn as sns
import matplotlib.pyplot as plt
from mpl_toolkits.mplot3d import Axes3D

plt.rcParams['font.sans-serif'] = ['SimHei']  # 设置中文字符显示
plt.rcParams['axes.unicode_minus'] = False    # 设置负号显示

# 使用 Seaborn 加载鸢尾花数据集
iris = sns.load_dataset("iris")                                    ①

# 创建 3D 图形
fig = plt.figure(figsize=(10, 8))
ax = fig.add_subplot(111, projection='3d')                         ②
```

```
# 绘制 3D 线图
for species in iris['species'].unique():                          ③
    species_data = iris[iris['species'] == species]
    ax.plot(species_data['sepal_length'],
            species_data['sepal_width'],
            species_data['petal_length'],
            label=species)
# 设置坐标轴标签
ax.set_xlabel(" 花萼长度 (cm)")
ax.set_ylabel(" 花萼宽度 (cm)")
ax.set_zlabel(" 花瓣长度 (cm)")

# 设置图例
ax.legend()

# 设置图标题
ax.set_title(" 鸢尾花花萼和花瓣的关系 3D 线图 ")

# 保存图片为 PNG 格式，指定 DPI 为 300
plt.savefig("3D_line_plot.png", dpi=300)

# 显示图形
plt.show()
```

主要代码的解释如下。

这段代码使用Seaborn库和Matplotlib库绘制了鸢尾花数据集中花萼和花瓣的关系的3D线图。

代码第①行使用sns.load_dataset("iris")加载鸢尾花数据集，将数据存储在名为“iris”的DataFrame中。

代码第②行使用fig.add_subplot(111, projection='3d')创建一个3D坐标轴，将其添加到图形对象中，并将其赋给ax。

代码第③行绘制3D线图，其中使用for循环遍历鸢尾花数据集中的每个品种，在循环体中的参数如下。

- 对于每个品种选择相应的数据子集，并使用ax.plot绘制3D线图。这里分别使用花萼长度、花萼宽度和花瓣长度作为x、y和z坐标。
- 对于每个品种的线图使用不同的颜色，并在图例中标记品种名称。

运行上述代码，绘制的图形如图8-4所示。

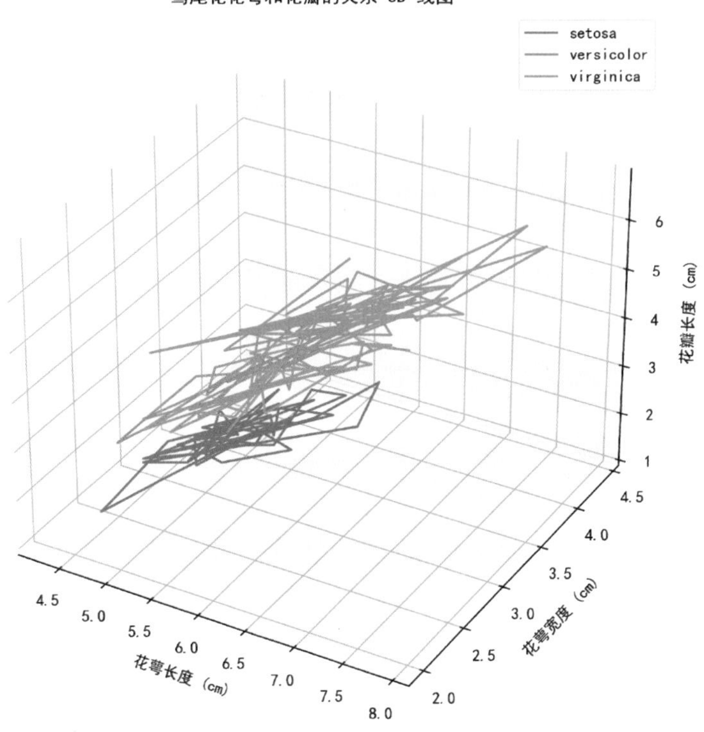

图8-4　鸢尾花花萼和花瓣的关系3D线图

8.2.7 3D曲面图

3D曲面图是一种可视化方式，它用于显示三维数据的表面形状和曲线。以下是3D曲面图的应用场景。

（1）地形建模：用3D曲面图来展示地形高度信息，建立数字高程模型。这对地理信息系统、地形分析都很有用。

（2）数学函数可视化：用3D曲面图来展示多变量函数的高维数据，更直观地展示函数的形式。

（3）流体建模：用3D曲面图来模拟流体的流动形式，建立计算流体动力学模型。

（4）医学图像：用3D曲面图展示MRI、CT等医学扫描结果，可视化人体器官和组织结构。

（5）计算机图形学：3D曲面图可用于表示三维模型的表面，用于计算机动画、游戏、虚拟现实等领域。

（6）气象气候学：建立三维气象变量的高度场分布，用3D曲面图展示天气系统的结构。

（7）科学计算可视化：可视化复杂的物理、化学模拟过程，通过3D曲面图直观呈现模拟结果。

（8）数据挖掘：对高维数据进行可视化分析，用3D曲面图展示数据之间的关系。

8.2.8 绘制3D曲面图

3D曲面图是一种可视化方式，用于显示三维数据中的连续性信息。它通常用于表示三维函数或数据集中的平滑变化。在Matplotlib中，我们可以使用plot_surface函数来创建3D曲面图。

以下是一个使用Matplotlib库的示例，演示如何创建一个简单的3D曲面图。

```
import matplotlib.pyplot as plt
from mpl_toolkits.mplot3d import Axes3D
import numpy as np

plt.rcParams['font.sans-serif'] = ['SimHei']  # 设置中文字符显示
plt.rcParams['axes.unicode_minus'] = False    # 设置负号显示

# 创建数据网格
x = np.linspace(-5, 5, 100)
y = np.linspace(-5, 5, 100)
X, Y = np.meshgrid(x, y)

# 定义一个简单的三维函数（这里是一个二次函数）
Z = X**2 + Y**2

# 创建一个 Figure 对象和 3D 坐标轴
fig = plt.figure()
ax = fig.add_subplot(111, projection='3d')

# 使用 plot_surface 函数创建 3D 曲面图，并使用颜色映射
surf = ax.plot_surface(X, Y, Z, cmap='viridis')                ①

# 设置坐标轴标签和图标题
ax.set_xlabel('X Label')
ax.set_ylabel('Y Label')
ax.set_zlabel('Z Label')
ax.set_title('3D 曲面图示例 ')

# 添加颜色映射的颜色栏
fig.colorbar(surf, shrink=0.5, aspect=10)                     ②
plt.savefig("3D_plot.png", dpi=300)
# 显示图形
plt.show()
```

主要代码的解释如下。

代码第①行使用ax.plot_surface 函数创建3D曲面图，其中 X 和 Y 是数据网格，Z 是对应的函数值，cmap='viridis' 指定了颜色映射为“viridis”。

代码第②行使用fig.colorbar 添加颜色映射的颜色栏，shrink 和 aspect 参数控制颜色栏的大小和外观。

运行上述代码，绘制的图形如图 8-5 所示。

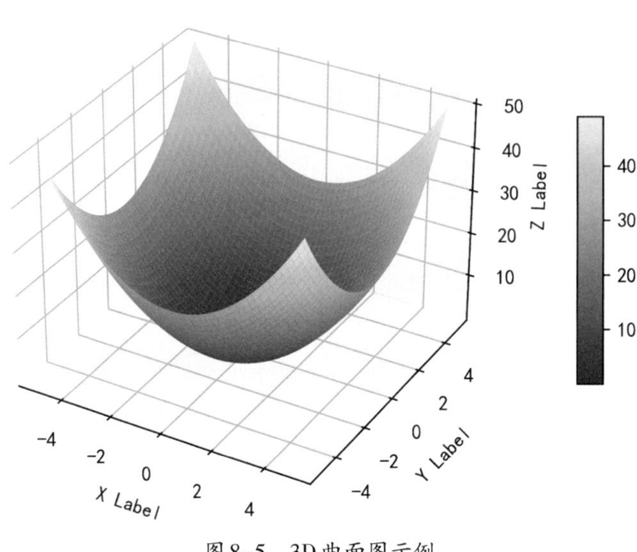

图 8-5　3D 曲面图示例

8.2.9 示例：绘制伊甸火山 3D 曲面图

伊甸山是新西兰奥克兰市的一座火山，也是一处受欢迎的旅游景点。本节我们将创建伊甸火山的 3D 曲面图，以展示其地形，示例代码如下。

```
import matplotlib.pyplot as plt
from mpl_toolkits.mplot3d import Axes3D
import pandas as pd
import numpy as np
plt.rcParams['font.family'] = ['SimHei']    # 设置中文字体
plt.rcParams['axes.unicode_minus'] = False # 设置负号显示

# 导入数据，跳过第一行（列名）
data = pd.read_csv("data/volcano.csv", header=0)        ①

# 提取数据列
Z = data.values                                         ②

# 创建 X 和 Y 坐标
x = np.arange(1, Z.shape[1] + 1)                        ③
y = np.arange(1, Z.shape[0] + 1)                        ④
X, Y = np.meshgrid(x, y)                                ⑤
```

```
# 创建一个 Figure 对象和 3D 坐标轴
fig = plt.figure()
ax = fig.add_subplot(111, projection='3d')                    ⑥

# 使用 plot_surface 函数创建 3D 曲面图，并使用颜色映射
surf = ax.plot_surface(X, Y, Z, cmap='viridis')               ⑦

# 设置坐标轴标签和图标题
ax.set_xlabel('X 轴标签 ')
ax.set_ylabel('Y 轴标签 ')
ax.set_zlabel('Z 轴标签 ', labelpad=20) # 调整 Z 轴标题与坐标轴的间距
ax.set_title(' 伊甸火山 3D 曲面图 ')

# 添加颜色映射的颜色栏，放在图的右侧外部，并调整与 Z 轴标题的距离
cbar = fig.colorbar(surf, shrink=0.5, aspect=10, pad=0.12)        ⑧
cbar.set_label(' 颜色映射标签 ')

plt.savefig("3D_plot.png", dpi=300)
# 显示图形
plt.show()
```

主要代码的解释如下。

代码第①行从名为“volcano.csv”的CSV文件中读取数据，并将数据存储在名为“data”的DataFrame中。header=0参数表示跳过文件的第一行，将其视为列名。

代码第②行提取DataFrame中的数值数据，并将其存储在名为“Z”的NumPy数组中。

代码第③行创建一个NumPy数组x，其中包含从1到列数的一系列整数，用于表示X坐标。

代码第④行创建一个NumPy数组y，其中包含从1到行数的一系列整数，用于表示Y坐标。

代码第⑤行使用NumPy的meshgrid函数创建X坐标网格和Y坐标网格。这将创建两个矩阵X和Y，用于表示3D坐标的所有点。

代码第⑥行创建一个3D坐标轴，并将其赋给“ax”变量。projection='3d'参数表示创建一个3D坐标轴。

代码第⑦行使用plot_surface函数创建3D曲面图，其中X、Y、Z是坐标网格和对应的高度数据，cmap='viridis'指定了颜色映射。

代码第⑧行添加一个颜色映射的颜色栏，shrink和aspect参数控制颜色栏的大小和比例。

运行上述代码，绘制的图形如图8-6所示。

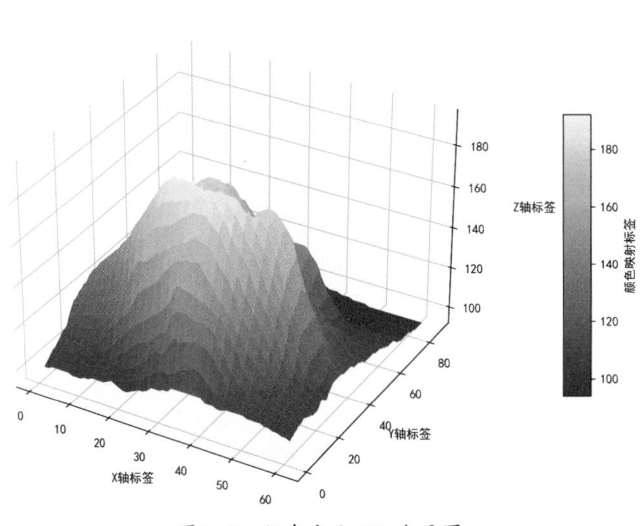

图 8-6　伊甸火山 3D 曲面图

8.2.10 3D 网格图

3D 网格图是一种用于可视化三维数据的图表类型，它通常用于显示复杂的表面、曲线或场景。

3D 网格图与 3D 曲面图的区别如下。

1. 3D 网格图

● 数据表示：3D 网格图通常表示离散的数据点，这些点位于三维空间中的特定坐标位置。这些坐标点之间通常没有平滑的连接，而是以网格的形式排列在坐标交点上。

● 图形特点：网格图呈现的是数据点之间的分布，通常没有平滑的表面。它强调了数据点之间的离散性和跃变。

● 应用领域：3D 网格图通常用于表示离散的、非连续的数据，适用于地理信息系统（GIS）中的网格数据、分区数据或分类数据等场景。

2. 3D 曲面图

● 数据表示：3D 曲面图通常表示连续的数据分布，其数据点之间存在平滑的连接，形成一个连续的曲面或表面。

● 图形特点：曲面图呈现的是数据的连续性分布，通过平滑的曲面或表面来表示。这种图表类型更适合于可视化函数的输出、科学建模、工程分析等领域。

● 应用领域：3D 曲面图通常用于表示连续的数据分布，如流体动力学模拟、地质建模、分子建模等需要考虑数据连续性的领域。

总之，3D 网格图和 3D 曲面图之间的主要区别在于数据的离散性和连续性。网格图适用于表示离散的、非连续的数据，而曲面图适用于表示连续的、平滑的数据分布。选择使用哪种图表类型应根据自己的数据类型和可视化需求来决定。

8.2.11 绘制3D网格图

可以使用plot_wireframe函数绘制3D网格图，以下示例代码演示了如何创建一个简单的3D网格图。

```
import matplotlib.pyplot as plt
from mpl_toolkits.mplot3d import Axes3D
import numpy as np

plt.rcParams['font.sans-serif'] = ['SimHei']   # 设置中文字符显示
plt.rcParams['axes.unicode_minus'] = False     # 设置负号显示

# 创建数据网格
x = np.linspace(-5, 5, 100)                                          ①
y = np.linspace(-5, 5, 100)                                          ②
X, Y = np.meshgrid(x, y)                                             ③

# 定义一个简单的三维函数（这里是一个二次函数）
Z = X**2 + Y**2                                                      ④

# 创建一个 Figure 对象和 3D 坐标轴
fig = plt.figure()
ax = fig.add_subplot(111, projection='3d')

# 使用 plot_wireframe 函数创建 3D 网格图
ax.plot_wireframe(X, Y, Z)                                           ⑤

# 设置坐标轴标签和图标题
ax.set_xlabel('X Label')
ax.set_ylabel('Y Label')
ax.set_zlabel('Z Label')
ax.set_title('3D 网格图示例 ')

plt.savefig("3D_plot.png", dpi=300)

# 显示图形
plt.show()
```

主要代码的解释如下。

代码第①～②行创建数据网格，它们都使用np.linspace函数生成在[-5, 5]范围内均匀分布的100个点，作为X和Y坐标轴上的数据点。

代码第③行使用np.meshgrid函数将X和Y坐标组合成网格，这将用于定义3D函数的输入坐标。

代码第④行是一个二次函数Z = X**2 + Y**2，表示Z坐标轴上的数值。

代码第⑤行使用plot_wireframe函数创建3D网格图。

运行上述代码，绘制的图形如图8-7所示。

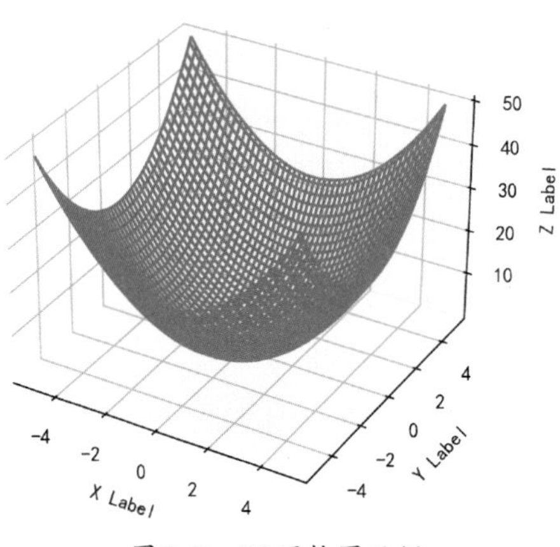

图8-7　3D网格图示例

8.2.12 示例：绘制伊甸火山3D网格图

本节我们采用3D网格图可视化分析伊甸火山数据，以展示其地形，示例代码如下。

```
import matplotlib.pyplot as plt
from mpl_toolkits.mplot3d import Axes3D
import pandas as pd
import numpy as np

plt.rcParams['font.sans-serif'] = ['SimHei']   # 设置中文字符显示
plt.rcParams['axes.unicode_minus'] = False     # 设置负号显示

# 导入数据，跳过第一行（列名）
data = pd.read_csv("data/volcano.csv", header=0)

# 提取数据列
Z = data.values

# 创建 X 和 Y 坐标
x = np.arange(1, Z.shape[1] + 1)
y = np.arange(1, Z.shape[0] + 1)
X, Y = np.meshgrid(x, y)

# 创建一个 Figure 对象和 3D 坐标轴
fig = plt.figure()
```

```
ax = fig.add_subplot(111, projection='3d')

# 使用plot_wireframe函数创建3D网格图
ax.plot_wireframe(X, Y, Z)

# 设置坐标轴标签和图标题
ax.set_xlabel('X 轴标签')
ax.set_ylabel('Y 轴标签')
ax.set_zlabel('Z 轴标签')
ax.set_title('伊甸火山 3D 网格图')

plt.savefig("3D_grid_plot.png", dpi=300)
# 显示图形
plt.show()
```

这段代码将3D曲面图修改成3D网格图，使用ax.plot_wireframe函数创建了一个3D网格图，其中X、Y坐标表示数据的行列位置，Z坐标表示每个点的高度值。

运行上述代码，绘制的图形如图8-8所示。

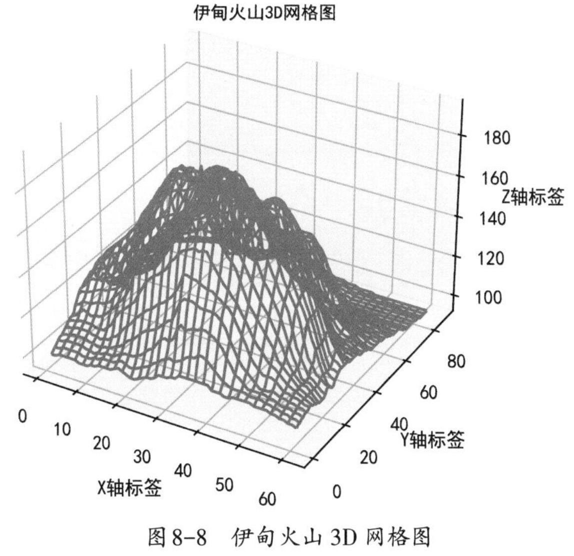

图 8-8　伊甸火山 3D 网格图

8.3 交互式3D图形

交互式3D图形是指可以通过鼠标或其他交互方式操作、移动、旋转三维图像的3D图形，其主要特点如下。

（1）可以自由调整视角：用户可以通过鼠标拖曳、滚轮等方式调整观察3D图形的视角，从不同角度查看3D场景。

（2）支持旋转操作：用户可以旋转3D图形来持续观察不同角度的视图。

（3）支持缩放操作：放大或缩小3D图形，将场景拉近或推远。

（4）鼠标悬停提示：鼠标悬停在图形上可以显示当前位置的具体数据或提示。

（5）支持动画：可以通过程序控制来生成3D动画，连续变化视角或数据。

本章使用Plotly库学习交互式3D图形。可以使用如下的pip指令安装Plotly库。

```
pip install Plotly
```

8.3.1 绘制交互式3D散点图

以下示例代码演示了如何使用Plotly创建一个交互式3D散点图。

```
import plotly.express as px

# 导入数据
df = px.data.iris()

# 创建交互式 3D 散点图
fig = px.scatter_3d(df, x='sepal_length',
                    y='sepal_width',
                    z='petal_length',
                    color='species',
                    size='petal_length', opacity=0.7)

# 设置图形标题和轴标签
fig.update_layout(
    title=' 鸢尾花数据集的交互式 3D 散点图 ',
    scene=dict(
        xaxis_title='Sepal Length',
        yaxis_title='Sepal Width',
        zaxis_title='Petal Length'
    )
)

# 显示交互式图形
fig.show()
```

在这个示例代码中，我们使用了Plotly库来创建一个交互式3D散点图。我们使用鸢尾花数据集中的数据，并指定了x、y、z轴的数据，以及颜色、点的大小和透明度。然后，我们设置了图形的标题和轴标签，并使用fig.show()来显示交互式图形。

运行上述代码，即可在浏览器中查看交互式3D散点图，如图8-9所示。

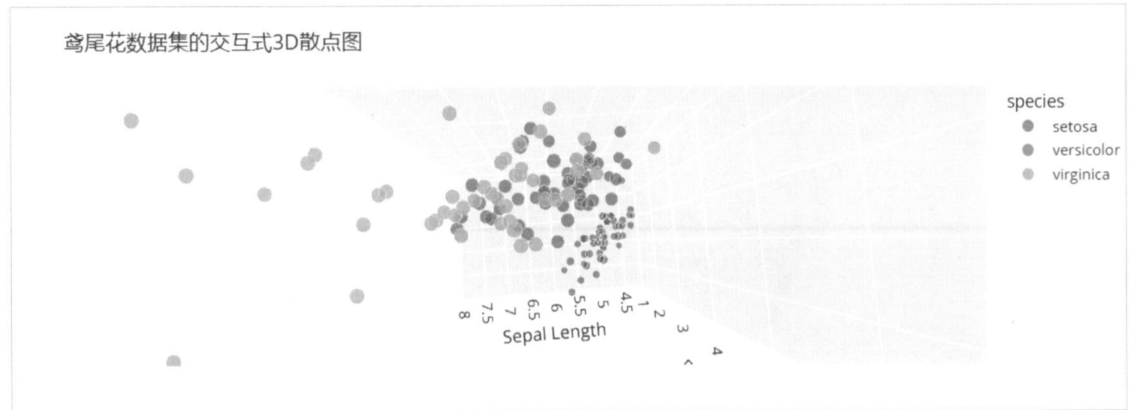

图8-9　鸢尾花数据集的交互式3D散点图

8.3.2 绘制交互式3D曲面图

以下示例代码演示了如何使用Plotly创建一个交互式3D曲面图。

```
import plotly.graph_objects as go
import numpy as np

# 创建数据网格
x = np.linspace(-5, 5, 100)
y = np.linspace(-5, 5, 100)
X, Y = np.meshgrid(x, y)

# 定义一个三维函数（这里是一个二次函数）
Z = X**2 + Y**2

# 创建 3D 曲面图
fig = go.Figure(data=[go.Surface(z=Z, colorscale='Viridis')])

# 设置坐标轴标签和图标题
fig.update_layout(scene=dict(
                    xaxis_title='X Label',
                    yaxis_title='Y Label',
                    zaxis_title='Z Label',
                    ),
                    title=' 交互式 3D 曲面图示例 ')

# 显示图形
fig.show()
```

运行上述码，即可在浏览器中查看交互式3D曲面图，如图8-10所示。

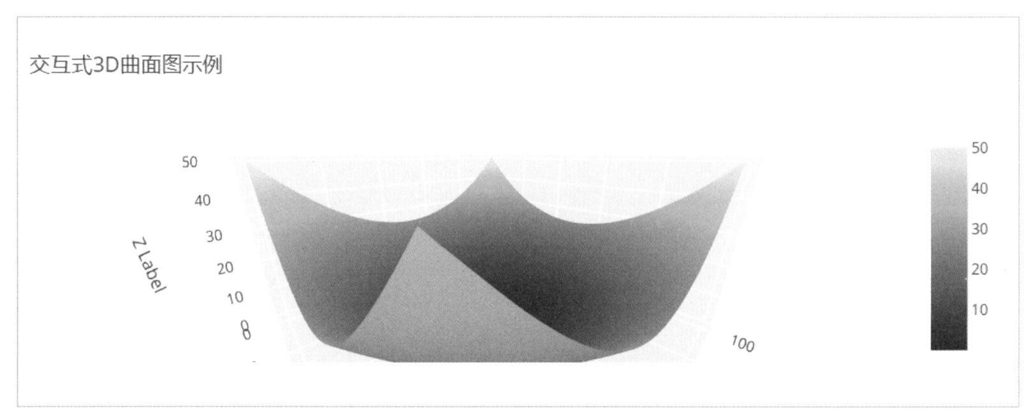

图8-10　交互式3D曲面图示例

8.3.3 绘制交互式3D网格图

以下示例代码演示了如何使用Plotly创建一个交互式3D网格图。

```
import plotly.graph_objects as go
import numpy as np

# 创建数据网格
x = np.linspace(-5, 5, 100)
y = np.linspace(-5, 5, 100)
X, Y = np.meshgrid(x, y)

# 定义一个三维函数（这里是一个简单的 sin 函数）
Z = np.sin(np.sqrt(X**2 + Y**2))

# 创建 3D 网格图
fig = go.Figure(data=[go.Surface(z=Z, colorscale='Viridis')])

# 设置坐标轴标签和图标题
fig.update_layout(scene=dict(
                    xaxis_title='X Label',
                    yaxis_title='Y Label',
                    zaxis_title='Z Label',
                    ),
                    title=' 交互式 3D 网格图示例 ')

# 显示图形
fig.show()
```

在这个示例代码中，我们首先创建了一个数据网格 X 和 Y，然后定义了一个简单的三维函数 Z，Z 是 sin 函数的曲面，然后使用 go.Surface 创建 3D 网格图，并设置颜色映射为“Viridis”。

运行上述代码，即可在浏览器中查看交互式 3D 网格图，如图 8-11 所示。

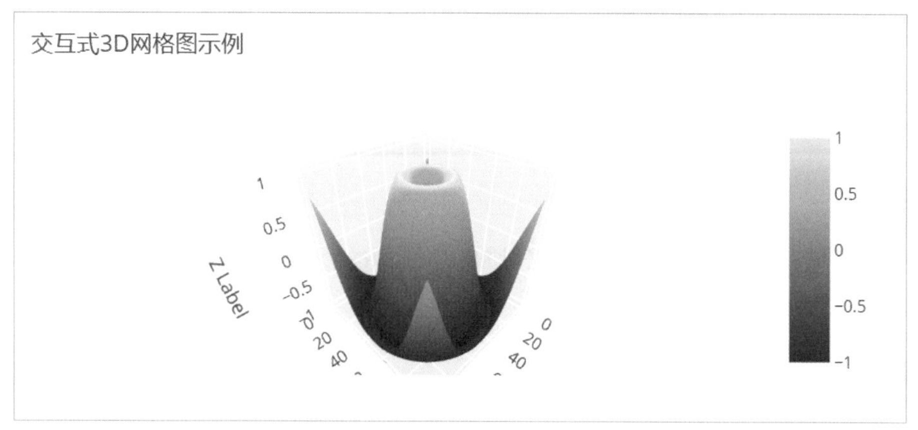

图 8-11　交互式 3D 网格图示例

8.4 本章总结

本章介绍了 3D 图形的绘制方法，包括使用不同的 3D 绘图库来创建静态和交互式的 3D 图形。我们学习了如何绘制 3D 散点图、3D 线图、3D 曲面图和 3D 网格图，并通过示例展示了这些图形的应用场景。这些 3D 图形不仅可以提供更深入的数据展示，还能为数据分析和可视化增加更多的维度和交互性。通过本章的学习，我们能够掌握绘制 3D 图形的基本技能，为更全面地理解和呈现数据做好准备。

09 第9章 地理信息可视化

地理信息可视化是一种将地理空间数据以图形或图像的形式呈现出来，以便更好地理解和分析地理信息的过程。它将地理数据（如地图、地理坐标、地形、地点、地理特征等）与可视化元素（如点、线、区域、符号、颜色等）结合起来，以创建易于理解和解释的可视化呈现。

地理信息可视化的目的如下。

（1）传达信息：通过可视化地理数据，可以更有效地传达地理信息，使观众更容易理解地理现象、趋势和关系。

（2）发现模式：地理信息可视化有助于发现数据中的模式、趋势和异常，从而支持决策制定和问题解决。

（3）决策支持：在政府、商业和学术领域，地理信息可视化可以用于支持决策制定，如城市规划、资源管理、市场分析等。

（4）教育和研究：地理信息可视化在教育和研究中也有广泛的应用，可以帮助学生和研究人员更深入地了解地理概念和数据。

地理信息可视化通常包括以下类型的可视化方法。

（1）地图：创建各种类型的地图，包括点地图、线地图、面地图等，以显示地理数据的分布和关系。

（2）散点图和气泡图：使用点、圆圈或其他符号在地图上表示位置数据，通常用于显示地点或事件的分布。

（3）流向图：用于表示物流、人员流动或其他类型的流动数据，通常使用箭头或流线来表示。

（4）热力图：使用颜色渐变来表示地理区域的密度或强度，以帮助观察数据的聚集情况。

（5）地形和地势图：使用等高线、颜色或其他方法来表示地形和地势的变化。

（6）地理信息系统（GIS）：使用GIS创建复杂的地理信息可视化，结合多个地理数据层进行分析。

地理信息可视化在许多领域都有广泛的应用，包括地理学、城市规划、环境科学、卫生研究、商业分析等。它是一种强大的工具，有助于我们更好地理解和利用地理空间数据。

9.1 地图散点图

地图散点图通常用于可视化地理数据，特别是在地图上显示各种地理位置的点。Python中有多个库可以用来创建地图散点图，主要有以下两个。

（1）Folium：Folium适合需要创建交互式地图可视化的用例，尤其是在Web应用程序中嵌入地图。

（2）Geopandas：Geopandas适合需要处理和分析地理数据的用例，以及创建静态地图可视化。

考虑到交互性，笔者推荐使用Folium库，下面我们详细介绍一下如何使用Folium库绘制地图散点图。

9.1.1 绘制地图散点图

Folium是一个用于创建交互式地图的Python库，它可以轻松地创建地图散点图。

可以使用pip工具安装Folium库，安装指令如下。

```
pip install Folium
```

以下是一个使用Folium创建地图散点图的示例。

```
import folium
import pandas as pd

# 创建包含地理坐标的数据框
data = pd.DataFrame({                                                  ①
    'City': ["New York", "Los Angeles", "Chicago", "Houston", "Phoenix"],
    'Longitude': [-74.006, -118.243, -87.629, -95.369, -112.074],
    'Latitude': [40.712, 34.052, 41.878, 29.760, 33.448],
    'Population': [8398748, 3990456, 2705994, 2320268, 1680992]
})

# 创建基本地图对象，指定地图的初始中心点坐标和缩放级别
map_obj = folium.Map(location=[data['Latitude'].mean(),
                     data['Longitude'].mean()],
                     zoom_start=4)                                     ②
# 添加散点标记
for index, row in data.iterrows():                                     ③
    folium.CircleMarker(
        location=[row['Latitude'], row['Longitude']], # 标记的位置，使用城市的经纬度
        radius=row['Population'] / 200000,   # 标记的半径大小，根据人口数量动态计算
        color='blue',        # 标记的边框颜色
        fill=True,           # 是否填充标记
```

```
        fill_color='blue',        # 填充颜色
        fill_opacity=0.6,         # 填充不透明度
        tooltip=row['City']       # 悬停提示信息，显示城市名称
    ).add_to(map_obj)
# 显示地图
map_obj.save('map.html')                                        ④
```

主要代码的解释如下。

代码第①行创建一个包含地理坐标的DataFrame对象，其中包括城市名称(City)、经度(Longitude)、纬度(Latitude)和人口数量(Population)。

代码第②行使用folium.Map函数创建一个基本地图对象，我们指定地图的初始中心点坐标(使用数据框中的平均纬度和经度)和缩放级别。

代码第③行使用一个循环遍历DataFrame中的每个城市，并为每个城市创建一个散点标记。我们使用folium.CircleMarker函数来创建标记，并设置其位置、大小、颜色、填充等属性。

代码第④行将创建的地图保存为HTML文件，以便在浏览器中查看。使用map_obj.save('map.html')保存地图。

运行上述代码，会在程序文件的当前目录下生成map.html文件，打开该文件可以查看刚才创建的地图散点图。

9.1.2 绘制加利福尼亚州各城市数据

本示例使用Folium库采用地图散点图可视化显示加利福尼亚州各城市，该示例数据来自california_cities.csv文件，文件内容如图9-1所示，其中各列的说明如下。

- city：城市名称。
- latd：纬度。
- longd：经度。
- elevation_m：海拔高度(米)。
- elevation_ft：海拔高度(英尺)。
- population_total：总人口数。
- area_total_sq_mi：总面积(平方英里)。
- area_land_sq_mi：陆地面积(平方英里)。
- area_water_sq_mi：水域面积(平方英里)。
- area_total_km2：总面积(平方公里)。
- area_land_km2：陆地面积(平方公里)。
- area_water_km2：水域面积(平方公里)。
- area_water_percent：水域面积百分比。

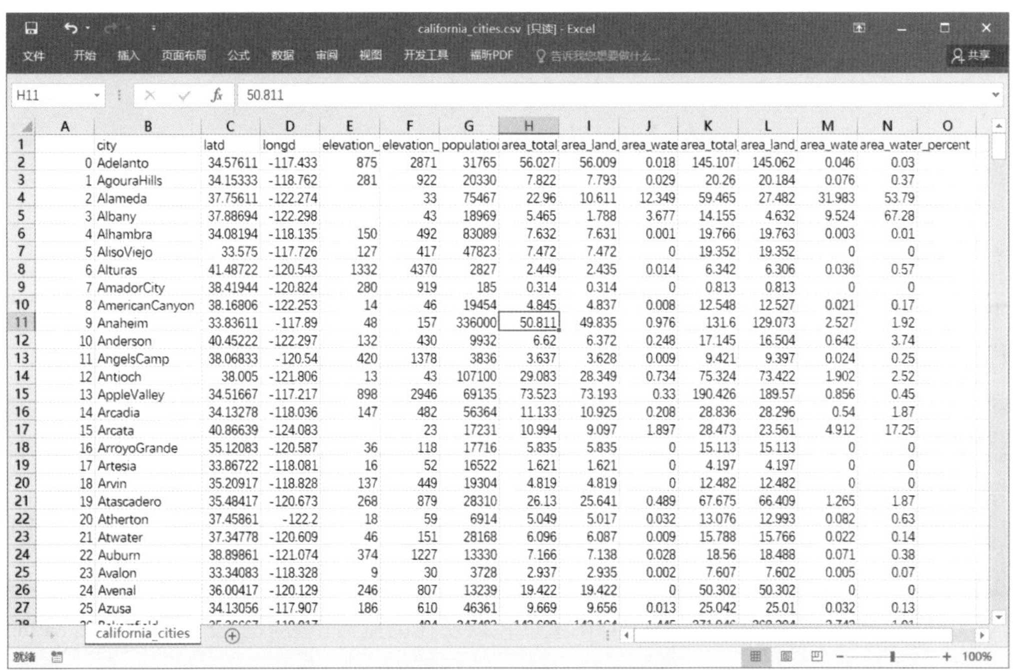

	A	B	C	D	E	F	G	H	I	J	K	L	M	N
1		city	latd	longd	elevation_	elevation_	populatio	area_total	area_land	area_wate	area_total	area_land	area_wate	area_water_percent
2	0	Adelanto	34.57611	-117.433	875	2871	31765	56.027	56.009	0.018	145.107	145.062	0.046	0.03
3	1	AgouraHills	34.15333	-118.762	281	922	20330	7.822	7.793	0.029	20.26	20.184	0.076	0.37
4	2	Alameda	37.75611	-122.274		33	75467	22.96	10.611	12.349	59.465	27.482	31.983	53.79
5	3	Albany	37.88694	-122.298		43	18969	5.465	1.788	3.677	14.155	4.632	9.524	67.28
6	4	Alhambra	34.08194	-118.135	150	492	83089	7.632	7.631	0.001	19.766	19.763	0.003	0.01
7	5	AlisoViejo	33.575	-117.726	127	417	47823	7.472	7.472	0	19.352	19.352	0	0
8	6	Alturas	41.48722	-120.543	1332	4370	2827	2.449	2.435	0.014	6.342	6.306	0.036	0.57
9	7	AmadorCity	38.41944	-120.824	280	919	185	0.314	0.314	0	0.813	0.813	0	0
10	8	AmericanCanyon	38.16806	-122.253	14	46	19454	4.845	4.837	0.008	12.548	12.527	0.021	0.17
11	9	Anaheim	33.83611	-117.89	48	157	336000	50.811	49.835	0.976	131.6	129.073	2.527	1.92
12	10	Anderson	40.45222	-122.297	132	430	9932	6.62	6.372	0.248	17.145	16.504	0.642	3.74
13	11	AngelsCamp	38.06833	-120.54	420	1378	3836	3.637	3.628	0.009	9.421	9.397	0.024	0.25
14	12	Antioch	38.005	-121.806	13	43	107100	29.083	28.349	0.734	75.324	73.422	1.902	2.52
15	13	AppleValley	34.51667	-117.217	898	2946	69135	73.523	73.193	0.33	190.426	189.57	0.856	0.45
16	14	Arcadia	34.13278	-118.036	147	482	56364	11.133	10.925	0.208	28.836	28.296	0.54	1.87
17	15	Arcata	40.86639	-124.083		23	17231	10.994	9.097	1.897	28.473	23.561	4.912	17.25
18	16	ArroyoGrande	35.12083	-120.587	36	118	17716	5.835	5.835	0	15.113	15.113	0	0
19	17	Artesia	33.86722	-118.081	16	52	16522	1.621	1.621	0	4.197	4.197	0	0
20	18	Arvin	35.20917	-118.828	137	449	19304	4.819	4.819	0	12.482	12.482	0	0
21	19	Atascadero	35.48417	-120.673	268	879	28310	26.13	25.641	0.489	67.675	66.409	1.265	1.87
22	20	Atherton	37.45861	-122.2	18	59	6914	5.049	5.017	0.032	13.076	12.993	0.082	0.63
23	21	Atwater	37.34778	-120.609	46	151	28168	6.096	6.087	0.009	15.788	15.766	0.022	0.14
24	22	Auburn	38.89861	-121.074	374	1227	13330	7.166	7.138	0.028	18.56	18.488	0.071	0.38
25	23	Avalon	33.34083	-118.328	9	30	3728	2.937	2.935	0.002	7.607	7.602	0.005	0.07
26	24	Avenal	36.00417	-120.129	246	807	13239	19.422	19.422	0	50.302	50.302	0	0
27	25	Azusa	34.13056	-117.907	186	610	46361	9.669	9.656	0.013	25.042	25.01	0.032	0.13

图 9-1 california_cities.csv 文件

示例代码如下。

```
import folium
import pandas as pd

# 导入所需的库，包括 Folium 和 Pandas
import folium
import pandas as pd

# 读取数据文件
data = pd.read_csv('data/california_cities.csv')                                          ①

# 创建地图对象，使用加利福尼亚州的经纬度坐标作为初始中心点
california_map = folium.Map(location=[36.7783, -119.4179], zoom_start=6)     ②

# 添加城市散点到地图上
for index, row in data.iterrows():                                                        ③
    folium.CircleMarker(
        location=[row['latd'], row['longd']],  # 标记的位置，使用城市的纬度和经度
        radius=5,  # 标记的半径大小
        popup=f"城市 : {row['city']}<br>人口 : {row['population_total']}<br>海拔高度 : {row['elevation_m']} 米",  # 弹出窗口内容
        color='blue',  # 标记的边框颜色
```

```
        fill=True,   # 是否填充标记
        fill_color='blue',   # 填充颜色
        fill_opacity=0.6   # 填充不透明度
    ).add_to(california_map)

# 显示地图
california_map.save('california_cities_map.html')                    ④
```

主要代码的解释如下。

代码第①行创建一个包含地理坐标的DataFrame对象，其中包括城市名称(City)、经度(Longitude)、纬度(Latitude)和人口数量(Population)。

代码第②行使用folium.Map函数创建一个基本地图对象，我们指定地图的初始中心点坐标(使用数据框中的平均纬度和经度)和缩放级别。

代码第③行使用一个循环遍历DataFrame中的每个城市，并为每个城市创建一个散点标记。我们使用folium.CircleMarker函数来创建标记，并设置其位置、大小、颜色、填充等属性。

代码第④行将创建的地图保存为HTML文件，以便在浏览器中查看。使用map.save('california_cities_map.html')保存地图。

运行上述代码会在程序文件的当前目录下生成california_cities_map.html文件，打开该文件可以查看刚才创建的地图散点图。

9.2 地图热力图

地图热力图是一种用于可视化密度分布的数据图表类型，通常用于展示点数据的密度分布，其中颜色的深浅表示数据点的密度。在地理信息可视化中，地图热力图经常用来显示地理位置数据的热点分布，如人口密度、犯罪热点、交通流量等。

9.2.1 创建地图热力图

我们也可以使用Folium库创建地图热力图。以下示例代码演示了如何创建一个地图热力图。

```
import folium
from folium.plugins import HeatMap
import pandas as pd

# 创建一个包含地理坐标的数据框
data = pd.DataFrame({                                                  ①
    'City': ["New York", "Los Angeles", "Chicago", "Houston", "Phoenix"],
    'Longitude': [-74.006, -118.243, -87.629, -95.369, -112.074],
    'Latitude': [40.712, 34.052, 41.878, 29.760, 33.448],
```

```
    'Population': [8398748, 3990456, 2705994, 2320268, 1680992]
})

# 创建一个基本地图对象，指定初始中心点坐标和缩放级别
m = folium.Map(location=[37.7749, -122.4194], zoom_start=6)  # 这里使用加利福尼
亚州的中心点坐标                                                    ②
# 使用给定数据创建一个包含坐标点的列表
locations = data[['Latitude', 'Longitude']].values.tolist()        ③
# 创建热力图
HeatMap(locations).add_to(m)                                       ④

# 显示地图
map_obj.save('heatmap.html')                                       ⑤
```

主要代码的解释如下。

代码第①行创建一个包含地理坐标的DataFrame对象，其中包括城市名称（City）、经度（Longitude）、纬度（Latitude）和人口数量（Population）。

代码第②行使用folium.Map函数创建一个基本地图对象，我们指定地图的初始中心点坐标（使用数据框中的平均纬度和经度）和缩放级别。

代码第③行使用给定数据创建一个包含坐标点的列表locations，将纬度和经度信息转化为二维列表。

代码第④行创建热力图，使用HeatMap插件将 locations 添加到地图对象 m 上。

代码第⑤行将创建的地图保存为HTML文件，以便在浏览器中查看。使用map_obj.save('heatmap.html')保存地图。

运行上述代码，会在程序文件的当前目录下生成heatmap.html文件。打开该文件，可以查看刚才创建的地图热力图。

9.2.2 示例：绘制加利福尼亚州城市人口密度热力图

我们使用“california_cities.csv”文件数据，采用地图热力图可视化加利福尼亚州城市人口密度，示例代码如下。

```
import folium
from folium.plugins import HeatMap
import pandas as pd

# 读取数据文件
data = pd.read_csv('data/california_cities.csv')                       ①

# 创建地图对象，使用加利福尼亚州的中心坐标作为初始中心点
california_map = folium.Map(location=[36.7783, -119.4179], zoom_start=6) ②
```

```
# 使用数据中的经纬度坐标和人口数据创建一个包含坐标点的列表
locations = data[['latd', 'longd', 'population_total']].values.tolist()  ③
# 创建热力图
HeatMap(locations).add_to(california_map)                                  ④

# 保存地图为 HTML 文件
california_map.save('california_population_heatmap.html')
```

主要代码的解释如下。

代码第①行读取包含城市数据的CSV文件，并将数据存储在名为“data”的DataFrame中。这个DataFrame包含了城市的各种信息，如经度、纬度和人口数据。

代码第②行使用folium.Map创建一个地图对象，指定了初始中心点的经度（36.7783）和纬度（-119.4179），以及初始缩放级别（zoom_start=6）。这里将地图的初始中心点设置为加利福尼亚州的中心坐标。

代码第③行从data DataFrame 中提取城市的纬度、经度和人口数据，并将它们存储在一个包含坐标点的列表 locations 中。locations 列表的每个元素都是一个包含城市纬度、经度和人口数据的列表。

代码第④行使用HeatMap(locations)创建热力图，并将它添加到地图对象 california_map 中。这样，热力图会在地图上显示城市人口密度的热点分布情况。

运行上述代码，会在程序文件的当前目录下生成“california_population_heatmap.html”文件。打开该文件，可以查看刚才创建的地图热力图。

9.3 等值线图

等值线图是一种用来可视化数据的图表类型，它通过连接具有相同数值的数据点，以创建一系列曲线或线条来展示数据的分布和变化。这些曲线或线条通常被称为等值线或等高线，因为它们表示相同数值的数据点在图表上的位置。

通常，等值线图在地理信息系统（GIS）、气象学、地质学、工程学和科学研究等领域中广泛使用。

9.3.1 创建等值线图

可以使用Matplotlib的contour() 函数在Python中创建等值线图。以下示例代码演示了如何创建一个简单的等值线图。

```
import numpy as np
import matplotlib.pyplot as plt

plt.rcParams['font.family'] = ['SimHei']       # 设置中文字体
```

```
plt.rcParams['axes.unicode_minus'] = False    # 设置负号显示

# 创建示例数据
x = np.linspace(-5, 5, 100)                              ①
y = np.linspace(-5, 5, 100)                              ②
X, Y = np.meshgrid(x, y)                                 ③
Z = X**2 + Y**2

# 创建等值线图
contour = plt.contour(X, Y, Z, levels=20, cmap='rainbow')        ④

# 添加颜色栏
plt.colorbar(contour, label='Value')                             ⑤

# 添加标题和坐标轴标签
plt.title('简单等值线图')
plt.xlabel('X轴')
plt.ylabel('Y轴')

# 显示等值线图
plt.show()
```

主要代码的解释如下。

代码第①行使用NumPy的linspace()函数生成X轴的数据，范围是-5到5，分成100个元素。

代码第②行使用linspace()生成Y轴的数据，范围和分段数与X轴相同。

代码第③行使用NumPy的meshgrid()函数，根据X轴和Y轴的数据生成二维网格坐标点（X，Y）。

代码第④行使用plt.contour()函数绘制等值线图，传入坐标网格数据X、Y和高度数据Z，levels指定等高线的数量，cmap指定颜色映射表。

代码第⑤行使用plt.colorbar()函数添加颜色栏，传入之前的contour输出，并设置颜色栏的标签为“Value”。

运行上述代码，绘制的图形如图9-2所示。

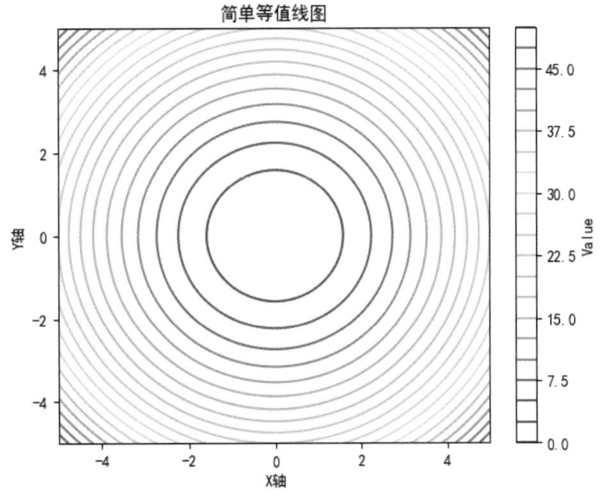

图9-2　简单等值线图

9.3.2 示例：绘制伊甸火山地形图的等值线图

我们可以使用volcano数据集来创建等值线图，其中等值线将表示相同的高度。以下示例代码演示了如何使用 volcano 数据集创建伊甸火山地形图的等值线图。

```
import pandas as pd
import matplotlib.pyplot as plt

# 从 CSV 文件加载数据
data = pd.read_csv("data/volcano.csv")                                  ①

# 提取数据列
volcano = data.values                                                   ②

# 创建等值线图
contour = plt.contour(volcano, levels=20, cmap='terrain')               ③
# 添加坐标轴标签
plt.xlabel('X Coordinates')
plt.ylabel('Y Coordinates')

# 添加颜色条
plt.colorbar()

# 添加标题
plt.title('Volcano Terrain Map')

# 保存图片
plt.savefig('contour.png')

plt.show()
```

主要代码的解释如下。

代码第①行使用Pandas库的read_csv()函数从CSV文件加载数据，存储在data中。

代码第②行使用data中的values属性提取其中的数值，存储在volcano变量中。

代码第③行使用plt.contour()函数绘制等值线图，数据来自volcano数组。指定等值线的数量levels为20，颜色映射cmap为terrain。

运行以上代码，将生成一个显示伊甸火山地形的等值线图，如图9-3所示，其中颜色表示高度不同的区域，等值线轮廓显示了海拔高度的变化。

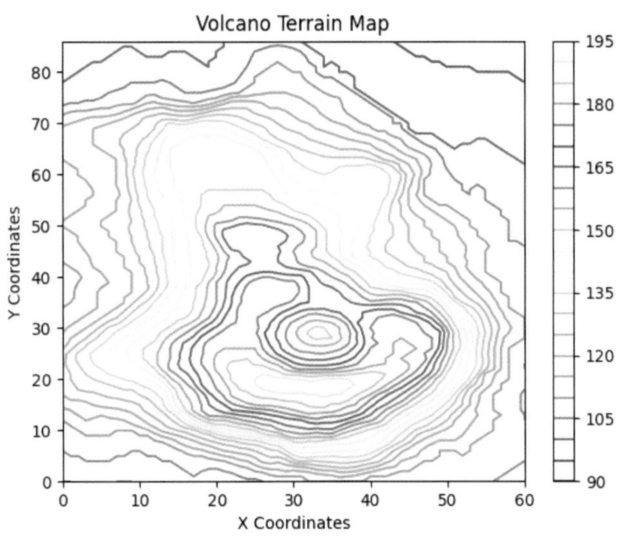

图9-3　伊甸火山地形图的等值线图

9.4 本章总结

本章介绍了地理信息可视化的方法，包括地图散点图、地图热力图和等值线图。这些工具能够帮助我们将数据与地理位置相关联，从而更好地理解地理分布和空间趋势。通过示例，我们展示了如何使用Python绘制这些地理信息可视化图形，特别是加利福尼亚州的城市数据和伊甸火山的地形图。这些可视化工具为科技领域的数据分析和决策提供了有力支持，能够帮助我们发现有关地理空间的深刻见解。通过学习本章内容，读者能够掌握地理信息可视化的基本技能，为地理数据分析和展示做好准备。

第10章 数据学术报告和学术论文

在本章中，我们将进一步深入讨论如何将数据分析成果有效地传达给其他人，包括学术报告、学术论文。

10.1 使用Jupyter Notebook撰写学术论文

使用Jupyter Notebook来撰写学术论文是一个不错的选择，特别是如果需要在文档中包含代码、数据分析和文本。

10.1.1 设置文档结构

Jupyter Notebook文档（.ipynb）支持使用Markdown单元格，Markdown单元格可以帮助创建标题、子标题、段落及插入LaTeX公式。默认情况下，Jupyter Notebook插入的单元格是代码类型的。如果要将代码类型单元格转换为Markdown单元格，可以通过菜单Cell→Cell Type→Markdown实现。

以下是一些常见的Markdown语法示例。

1. 标题

Markdown使用"#"来表示标题的级别。Markdown语法中提供了六级标题（从# 一级标题到###### 六级标题）。注意#后面要有个空格，然后才是标题内容。

示例如下。

```
# 一级标题
## 二级标题
### 三级标题
#### 四级标题
##### 五级标题
###### 六级标题
```

在Markdown单元格编辑Markdown代码，如图10-1所示，为了预览Markdown代码，我们可以运行该单元格，切换到预览模式，会看到如图10-2所示的效果。

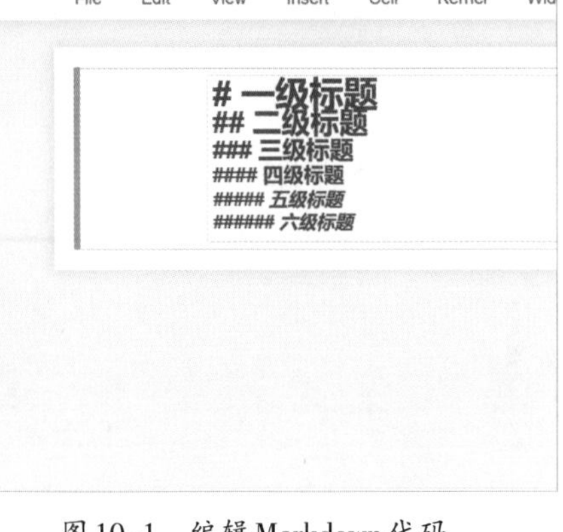

图 10-1　编辑 Markdown 代码

图 10-2　预览效果

2. 列表

无序列表可以使用“-”或“*”，有序列表则使用数字加“.”，注意“-”或“*”后面也要有个空格，示例如下。

```
- 无序列表项 1
- 无序列表项 2
- 无序列表项 3

1. 有序列表项 1
2. 有序列表项 2
3. 有序列表项 3
```

上述的这个 Markdown 代码，切换到预览模式，会看到如图 10-3 所示的效果。

3. 引用

使用“>”符号表示引用，注意“>”后面也要有一个空格，示例如下。

```
> 这是一段引用文本。
```

上述的这个 Markdown 代码，切换到预览模式，会看到如图 10-4 所示的效果。

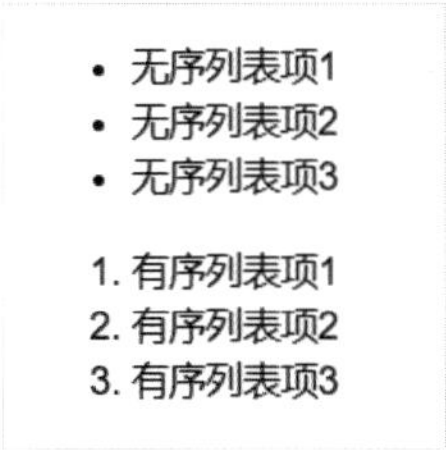

图 10-3　预览效果

图 10-4　预览效果

4. 粗体和斜体

使用“**”包围文本来表示粗体，使用“*”包围文本来表示斜体，注意“**”或“*”后面也要有个空格，示例如下。

```
这是 ** 粗体 ** 文本，这是 * 斜体 * 文本。
```

上述的这个Markdown代码，切换到预览模式，会看到如图10-5所示的效果。

这是**粗体**文本，这是*斜体*文本。

图 10-5　预览效果

5. 图片

Markdown 图片的语法如下。

```
![图片 alt](图片链接 "图片 title")
```

示例代码如下。

```
![AI 生成图片](./images/deepmind-mbq0qL3ynMs-unsplash.jpg "这是 AI 生成的图片。")
```

上述的这个Markdown代码，切换到预览模式，会看到如图10-6所示的效果。

图 10-6　预览效果

6. 插入 LaTeX 公式

在Markdown中，可以使用美元符号 $ 来插入LaTeX公式。示例如下。

```
这是一个行内公式：$E=mc^2$。

这是一个居中显示的公式：
```

```
$$
F = \frac{G \cdot m1 \cdot m2}{r^2}
$$
```

上述的这个Markdown代码，切换到预览模式，会看到如图10-7所示的效果。

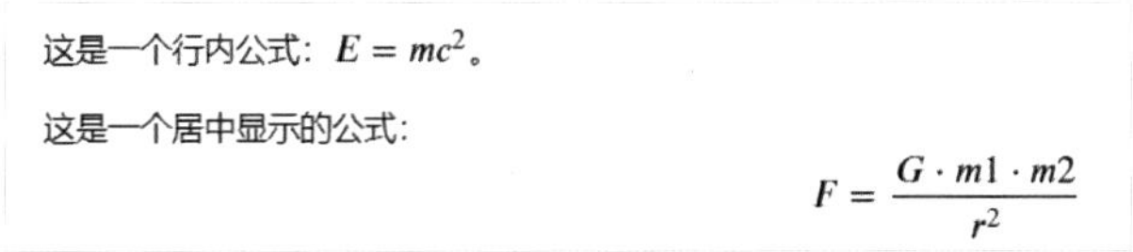

这是一个行内公式：$E = mc^2$。

这是一个居中显示的公式：

$$F = \frac{G \cdot m1 \cdot m2}{r^2}$$

图10-7　预览效果

7. 脚注

在R Markdown中，我们可以使用脚注来为文档中的特定文本添加注释或额外的信息。以下是在R Markdown中创建脚注的示例。

```
这是一些正文文本 [^1]。

这是另一些正文文本 [^2]。

[^1]: 这是脚注 1 的内容。
[^2]: 这是脚注 2 的内容。
```

上述的这个Markdown代码，切换到预览模式，会看到如图10-8所示的效果。

```
这是一些正文文本 [^1]。

这是另一些正文文本 [^2]。

[^1]: 这是脚注 1 的内容。
[^2]: 这是脚注 2 的内容。
```

这是一些正文文本^1。

这是另一些正文文本^2。

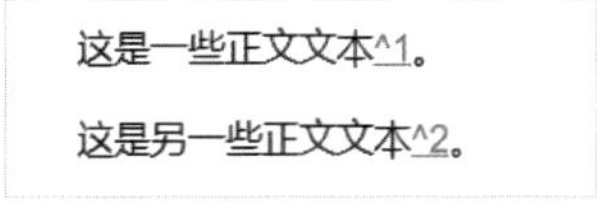

图10-8　预览效果

8. 代码块

在Markdown中插入代码块可以用来显示和格式化代码，使其在文档中更易于阅读。Markdown支持不同类型的代码块，如果我们有多行代码或更大的代码段，可以使用三个反引号(```)或三个波浪号(～～～)来创建代码块，并指定代码块的编程语言，以便Markdown能够正确高亮显示代码。以下是一段Python代码。

````
```python
def greet(name):
````
````

```
print(f"Hello, {name}!")
```

上述的这个Markdown代码，切换到预览模式，会看到如图10-9所示的效果。

以下是一段Java代码。

```
```java
public class HelloWorld {
    public static void main(String[] args) {
        System.out.println("Hello, World!");
    }
}
```

上述的这个Markdown代码，切换到预览模式，会看到如图10-10所示的效果。

```
def greet(name):
    print(f"Hello, {name}!")
```

图10-9 预览效果

```
public class HelloWorld {
    public static void main(String[] args) {
        System.out.println("Hello, World!");
    }
}
```

图10-10 预览效果

9. 添加表格

我们可以使用Markdown语法创建简单的表格，示例如下。

```
| 姓名      | 年龄 | 职业      |
|---------|-----|---------|
| Alice   | 30  | 工程师    |
| Bob     | 28  | 设计师    |
| Charlie | 35  | 分析师    |
```

在上面的示例中，使用“|”符号来分隔表格的列，使用“-”符号来创建表头下方的分隔线。生成的表格将根据Markdown语法呈现为HTML、PDF或其他输出格式的表格。

上述的这个示例，切换到预览模式，会看到如图10-11所示的效果。

姓名	年龄	职业
Alice	30	工程师
Bob	28	设计师
Charlie	35	分析师

图10-11 预览效果

10.1.2 导出文档

一旦论文完成了，可以使用Jupyter Notebook的导出功能将Notebook转换为PDF、HTML或其他格式。Jupyter Notebook支持导出的格式有很多，读者可以打开菜单File→Download as弹出如图10-12所示的导出文件子菜单。

如图10-12所示，这些文档格式都是支持的，但是直接导出.pdf等文档格式还需要安装一些其他的插件。对于初学者来说，笔者推荐导出.md文件，即Markdown 文件，它可以方便转换为其他
```

格式的文档。

如果要导出.md文件，可以通过菜单File→Download as→Markdown (.md)下载.zip文件，例如笔者的文件是“10.1 使用Jupyter Notebook撰写学术论文.ipynb”，那么导出并下载后的文件则是“10.1 使用Jupyter Notebook撰写学术论文.zip”，解压该文件后的内容如图10-13所示。

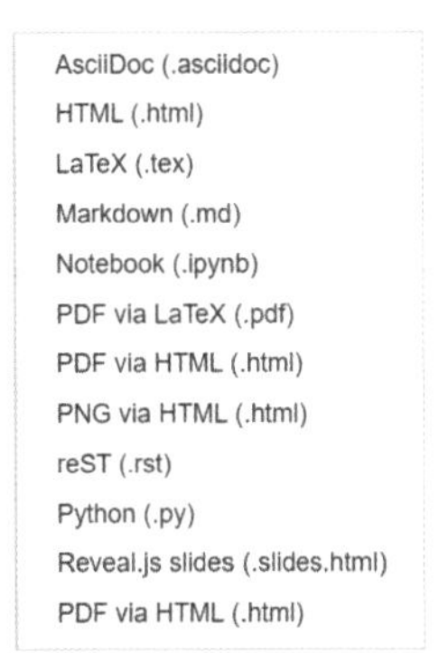

图10-12　导出文件子菜单

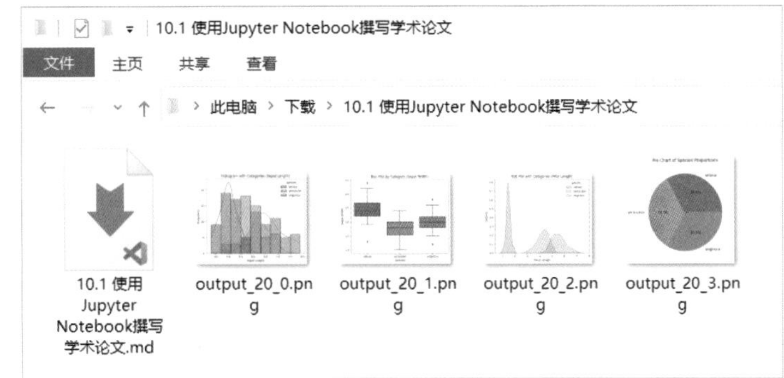

图10-13　解压后的文件内容

在图10-13中，“10.1 使用Jupyter Notebook撰写学术论文.md”是我们需要的主文件。我们可以使用一些Markdown工具打开该文件，笔者使用的是Typora工具。文件打开后如图10-14所示，使用Typora工具导出PDF文件或Word等格式的文件。Typora是一个收费软件，如果读者没有授权，也可以使用VS Code+Markdown Preview Enhanced扩展等。

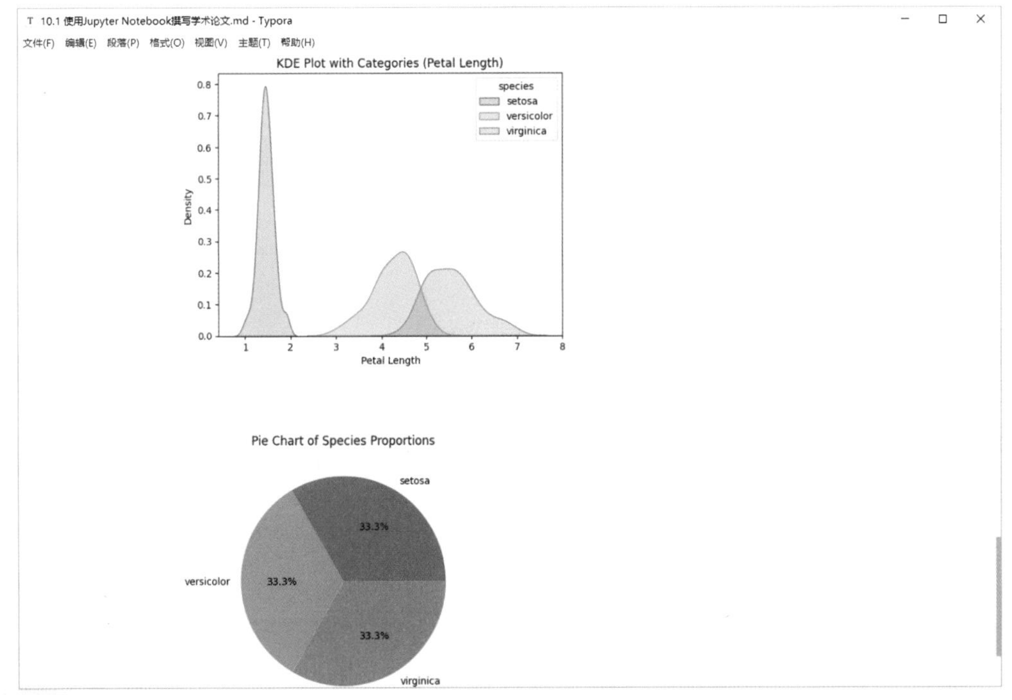

图10-14　使用Typora工具打开.md文件

笔者可以使用Typora工具导出PDF文件，如图10-15所示，也可以导出Word文件，如图10-16所示。

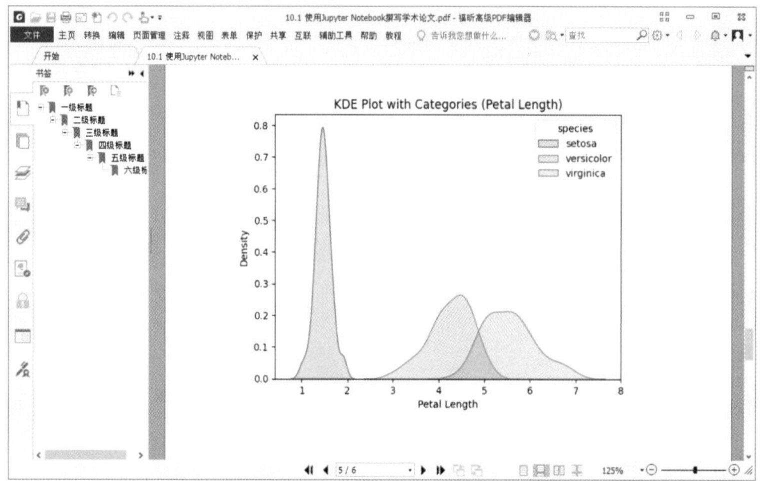

图 10-15　导出 PDF 文件

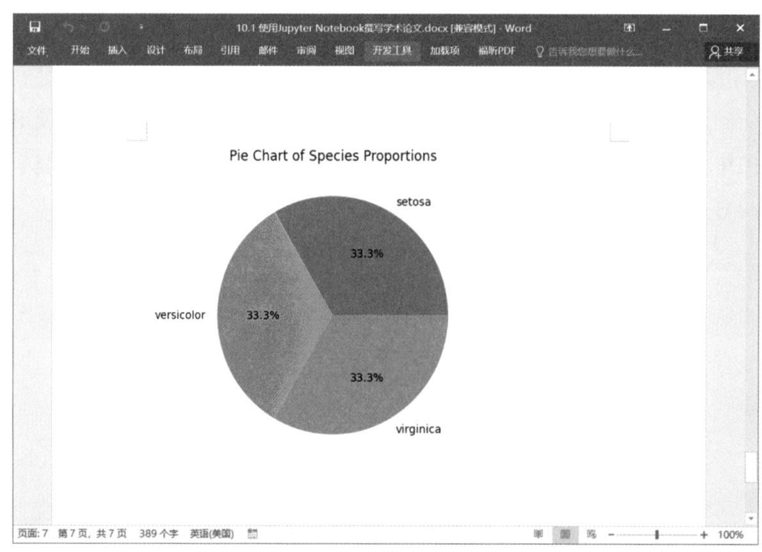

图 10-16　导出 Word 文件

10.2 使用ChatGPT工具辅助制作报告

在这一部分，我们探讨如何使用人工智能工具（如ChatGPT）来辅助报告的制作和优化，包括与ChatGPT对话，制作思维导图、表格，以及自动化Excel和PPT演示文稿。

10.2.1 思维导图在数据学术报告中的作用

思维导图是一种用于组织和表示概念及其关系的图表工具。它由一个中心主题发散出相关的分支主题，层层递进，直观地呈现思路和逻辑关系。

在数据学术报告中，使用思维导图有以下作用。

（1）梳理报告的逻辑结构：思维导图可以直观地展示报告的主要章节和内容，梳理报告的逻辑顺序，对报告内容建立层级关系。

（2）明确重点内容：通过思维导图上的主题-子主题层级，可以明确报告要表达的核心观点和重点内容。

（3）构建报告框架：思维导图构建的结构可以直接转换为报告的框架，如各章节标题等。

（4）统整研究素材：将读到的文献、数据结果等素材以节点的形式添加到思维导图，统整归纳研究内容。

（5）识别逻辑漏洞：检查思维导图的连续性，识别报告逻辑的不完整之处。

（6）团队协作：在团队报告写作中，使用思维导图进行头脑风暴和构建报告框架。

（7）清晰展示：在报告演示时，使用思维导图能更清晰地展示报告的主要内容和结构。

总之，思维导图是一个很好的制作报告工具，如果使用恰当，可以大大提高报告的质量。

10.2.2 绘制思维导图

可以手绘或使用电子工具创建思维导图。专业的软件或在线工具，如MindManager、XMind、Google Drawings、Lucidchart等，这些工具可以提供丰富的绘图功能和模板库，帮助读者快速创建各种类型的思维导图。

XMind绘制的思维导图如图10-17所示。

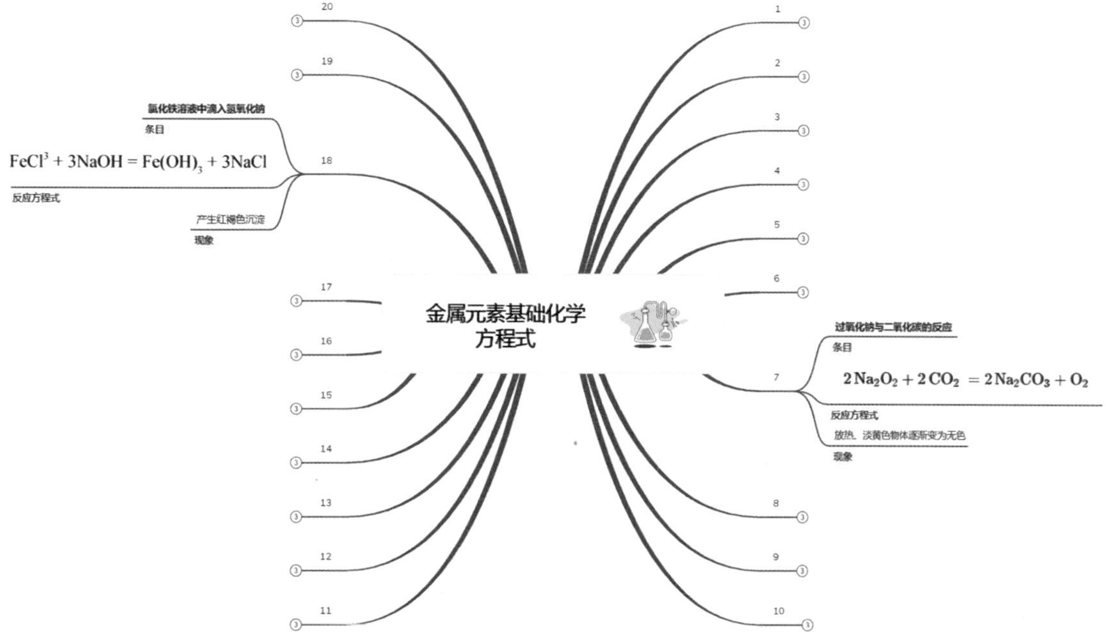

图10-17　XMind绘制的思维导图

10.2.3 使用ChatGPT绘制思维导图

ChatGPT是一种自然语言处理模型，它并不具备直接绘制思维导图的功能，但是它可以通过如下方法实现。

方法1：通过ChatGPT生成Markdown代码描述的思维导图，再使用一些思维导图工具以Markdown文件格式导入。

方法2：使用ChatGPT通过文本的绘图语言PlantUML或Mermaid绘制思维导图，图10-18是一个使用PlantUML工具绘制的思维导图。

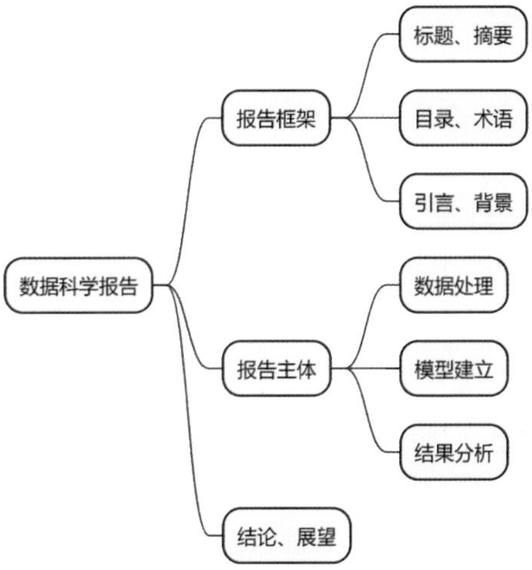

数据科学报告
报告框架
标题、摘要
目录、术语
引言、背景
报告主体
数据处理
模型建立
结果分析
结论、展望

图10-18　使用PlantUML绘制的思维导图

10.2.4 示例：使用Markdown绘制“基于机器学习的信用评分模型研究”思维导图

下面通过一个示例给大家介绍一下如何使用Markdown借助ChatGPT绘制思维导图。

我们向ChatGPT发送如下提问：

有如下论文背景，返回Markdown代码文档，注意主题层次关系。

标题：基于机器学习的信用评分模型研究

摘要：本研究构建了多个机器学习模型来预测个人信用评分，使用German Credit数据集，经过数据预处理，建立了Logistic回归、随机森林和神经网络模型，并进行了模型评估和比较，结果显示集成学习模型效果最优。

关键词：信用评分；机器学习；逻辑回归；随机森林；神经网络

1. 引言

- 研究背景和意义
- 相关工作综述
- 本文研究内容和贡献

2. 数据与方法

- German Credit数据集介绍
- 数据预处理流程
- 模型选择和评估指标

3. 模型建立与比较

- 逻辑回归模型
- 随机森林模型
- 神经网络模型
- 模型评估指标比较

4. 结果分析

- 不同模型效果可视化
- 特征重要性分析
- 案例预测和错误分析

5. 结论与展望

- 研究工作总结
- 局限性和未来工作

ChatGPT回答：

以下是你提供的论文背景信息的Markdown代码文档，注意主题层次关系。

基于机器学习的信用评分模型研究

摘要

本研究构建了多个机器学习模型来预测个人信用评分，使用German Credit数据集，经过数据预处理，建立了Logistic回归、随机森林和神经网络模型，并进行了模型评估和比较，结果显示集成学习模型效果最优。

关键词

信用评分；机器学习；逻辑回归；随机森林；神经网络

1. 引言

1.1 研究背景和意义

1.2 相关工作综述

1.3 本文研究内容和贡献

2. 数据与方法

2.1 German Credit数据集介绍

2.2 数据预处理流程

2.3 模型选择和评估指标

3. 模型建立与比较

3.1 逻辑回归模型

```
### 3.2 随机森林模型
### 3.3 神经网络模型
### 3.4 模型评估指标比较

## 4. 结果分析

### 4.1 不同模型效果可视化
### 4.2 特征重要性分析
### 4.3 案例预测和错误分析

## 5. 结论与展望

### 5.1 研究工作总结
### 5.2 局限性和未来工作
```

将上述Markdown代码复制到文本编辑工具中，并保存为“基于机器学习的信用评分模型研究.md”文件。

由于XMind工具提供了从Markdown文件导入的功能，可以使用XMind工具导入这个刚刚生成的Markdown文件：打开XMind工具，单击菜单“文件”→“导入”→Markdown，在弹出的导入文件对话框中选择要导入的XMind文件，如果导入成功，思维导图如图10-19所示。

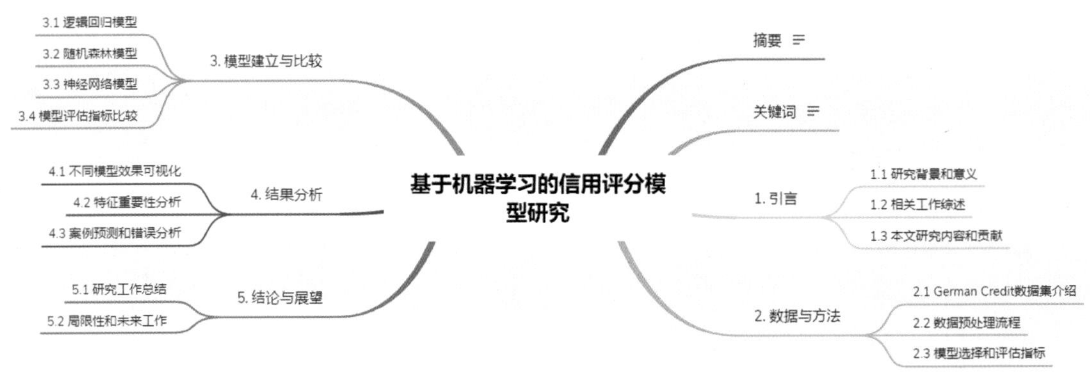

图10-19 导入Markdown文件的思维导图

10.2.5 示例：使用PlantUML绘制“基于机器学习的信用评分模型研究”思维导图

下面通过一个示例给大家介绍一下如何使用PlantUML绘制思维导图，该示例背景还是“基于机器学习的信用评分模型研究”。

我们向ChatGPT发送请求消息:

有如下论文背景，帮我使用PlantUML绘制思维导图，注意主题层次关系。

标题：基于机器学习的信用评分模型研究

摘要：本研究构建了多个机器学习模型来预测个人信用评分，使用German Credit数据集，经过数据预处理，建立了Logistic回归、随机森林和神经网络模型，并进行了模型评估和比较，结果显示集成学习模型效果最优。

关键词：信用评分；机器学习；逻辑回归；随机森林；神经网络

1. 引言

- 研究背景和意义
- 相关工作综述
- 本文研究内容和贡献

2. 数据与方法

- German Credit数据集介绍
- 数据预处理流程
- 模型选择和评估指标

3. 模型建立与比较

- 逻辑回归模型
- 随机森林模型
- 神经网络模型
- 模型评估指标比较

4. 结果分析

- 不同模型效果可视化
- 特征重要性分析
- 案例预测和错误分析

5. 结论与展望

- 研究工作总结
- 局限性和未来工作

ChatGPT回答:

好的，根据你提供的论文背景，我使用PlantUML绘制了对应的思维导图。

```
plantuml
@startmindmap
* 基于机器学习的信用评分模型研究
** 引言
*** 研究背景和意义
```

```
*** 相关工作综述
*** 本文研究内容和贡献
** 数据与方法
*** German Credit 数据集介绍
*** 数据预处理流程
*** 模型选择和评估指标
** 模型建立与比较
*** 逻辑回归模型
*** 随机森林模型
*** 神经网络模型
*** 模型评估指标比较
** 结果分析
*** 不同模型效果可视化
*** 特征重要性分析
*** 案例预测和错误分析
** 结论与展望
*** 研究工作总结
*** 局限性和未来工作
@endmindmap
```

将上述代码复制并粘贴到PlantUML渲染工具，如图10-20所示。

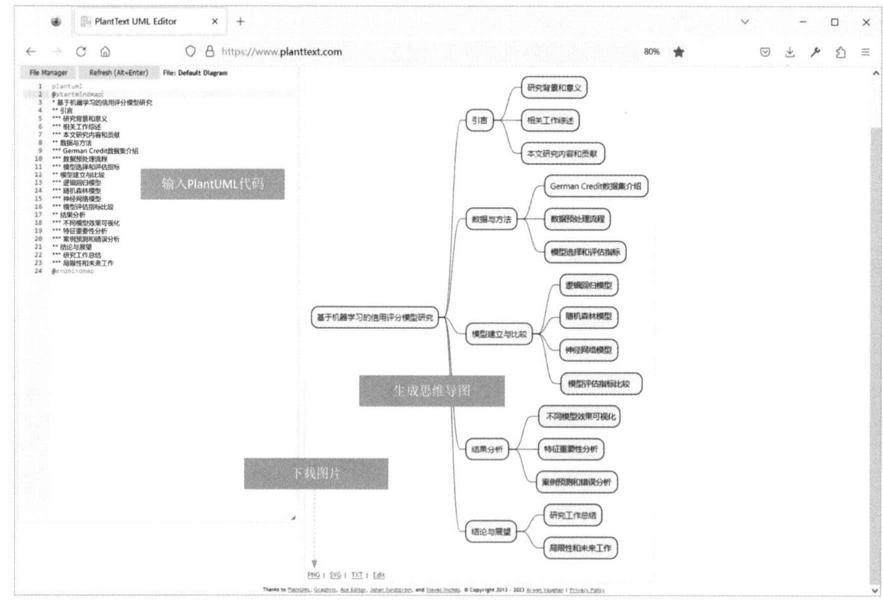

图 10-20　在线渲染工具

渲染完成后可以下载图片，最后得到的结果如图 10-21 所示。

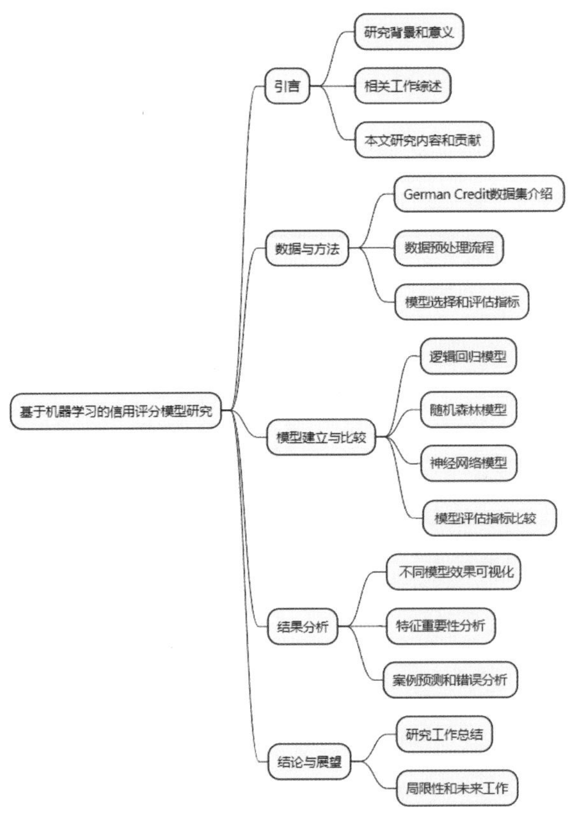

图 10-21　渲染完成后的思维导图

10.2.6 使用ChatGPT制作电子表格

在学术报告中使用表格可以更好地展示结构化的数据信息。学术报告中常见的几种表格如下。

(1)数据集基本信息表：显示所使用数据集的名称、来源、样本量、特征个数等基本信息。

(2)数据预处理表：记录在数据准备阶段进行的缺失值处理、异常值处理、特征工程等预处理步骤。

(3)模型评估指标表：按模型展示各项评估指标的值，如精确率、召回率、F1 分数等。

(4)模型训练参数表：记录不同模型的训练参数设定，如迭代次数、学习率、隐层节点数等。

(5)特征重要性表：展示不同特征在模型中的重要性排名。

(6)预测结果示例表：给出模型预测的几个具体样本，对比真实标签和预测标签。

(7)术语定义表：解析报告中使用的主要术语和概念。

(8)参考文献表：以序号排列出报告引用的所有参考文献。需要根据报告的具体内容，选择适当的表格类型进行展示，并关注表格的清晰、美观。表格需要配有题注进行解释。

下面我们通过示例介绍如何使用ChatGPT制作两种电子表格。

10.2.7 示例：模型评估指标比较Markdown表格

我们向ChatGPT发送请求消息：

根据如下内容帮我制作“模型评估指标比较”Markdown表格。

在研究中，我们评估了不同机器学习模型在特定任务上的性能。该任务涉及对某一问题的解决，这些模型在解决问题时可能表现出不同的性能。

我们列出了不同机器学习模型的性能指标，包括准确率、精确率、召回率和F1值。这些指标是用于评估每个模型在某个任务上的性能的关键度量标准。

逻辑回归模型有0.789的准确率、0.824的精确率、0.811的召回率和0.817的F1值。

决策树模型的性能稍低，准确率为0.701、精确率为0.726、召回率为0.688，F1值为0.707。

随机森林模型表现出色，准确率为0.805、精确率为0.819、召回率为0.798，F1值为0.808。

SVM模型在准确率方面表现稳定，准确率为0.798，但精确率和召回率略低，分别为0.763和0.762，F1值为0.763。

神经网络模型有0.812的准确率、0.801的精确率、0.824的召回率和0.812的F1值。

这些性能指标可以帮助我们比较不同模型在任务中的效果，根据具体需求选择最适合的模型。

ChatGPT回答：

好的，根据你提供的内容，我生成了下面的“模型评估指标比较”Markdown表格。

```
| 模型 | 准确率 | 精确率 | 召回率 | F1值 |
|-|-|-|-|-|
| 逻辑回归 | 0.789 | 0.824 | 0.811 | 0.817 |
| 决策树 | 0.701 | 0.726 | 0.688 | 0.707 |
| 随机森林 | 0.805 | 0.819 | 0.798 | 0.808 |
| SVM | 0.798 | 0.763 | 0.762 | 0.763 |
| 神经网络 | 0.812 | 0.801 | 0.824 | 0.812 |
```

将上述代码复制粘贴并保存为“模型评估指标比较.md”文件，然后使用Markdown工具预览，预览效果如图10-22所示。

模型	准确率	精确率	召回率	F1值
逻辑回归	0.789	0.824	0.811	0.817
决策树	0.701	0.726	0.688	0.707
随机森林	0.805	0.819	0.798	0.808
SVM	0.798	0.763	0.762	0.763
神经网络	0.812	0.801	0.824	0.812

图10-22　预览效果

10.2.8 示例：模型评估指标比较CSV表格

利用ChatGPT制作“模型评估指标比较”CSV表格的实现过程如下。

我们向ChatGPT发送请求消息：

根据如下内容帮我制作“模型评估指标比较”CSV表格。

在研究中，我们评估了不同机器学习模型在特定任务上的性能。该任务涉及对某一问题的解决，这些模型在解决问题时可能表现出不同的性能。

我们列出了不同机器学习模型的性能指标，包括准确率、精确率、召回率和F1值。这些指标是用于评估每个模型在某个任务上的性能的关键度量标准。

逻辑回归模型有0.789的准确率、0.824的精确率、0.811的召回率和0.817的F1值。

决策树模型的性能稍低，准确率为0.701、精确率为0.726、召回率为0.688，F1值为0.707。

随机森林模型表现出色，准确率为0.805、精确率为0.819、召回率为0.798，F1值为0.808。

SVM模型在准确率方面表现稳定，准确率为0.798，但精确率和召回率略低，分别为0.763和0.762，F1值为0.763。

神经网络模型有0.812的准确率、0.801的精确率、0.824的召回率和0.812的F1值。

这些性能指标可以帮助我们比较不同模型在任务中的效果，根据具体需求选择最适合的模型。

ChatGPT回答：

好的，根据你提供的内容，我生成了下面的”模型评估指标比较”CSV表格。

模型,准确率,精确率,召回率,F1值
逻辑回归,0.789,0.824,0.811,0.817
决策树,0.701,0.726,0.688,0.707
随机森林,0.805,0.819,0.798,0.808
SVM,0.798,0.763,0.762,0.763
神经网络,0.812,0.801,0.824,0.812

CSV文件是文本文件，因此可以使用任何文本编辑工具编辑。图10-23所示是使用“记事本”工具编辑CSV代码。

将文件保存为“模型评估指标比较.csv”文件格式，如图10-24所示，注意编码要选择ANSI。

保存好CSV文件后，我们可以使用Excel和WPS等Office工具打开。使用Excel打开CSV文件，如图10-25所示。

*无标题 - 记事本
文件(F) 编辑(E) 格式(O) 查看(V) 帮助(H)
模型,准确率,精确率,召回率,F1值
逻辑回归,0.789,0.824,0.811,0.817
决策树,0.701,0.726,0.688,0.707
随机森林,0.805,0.819,0.798,0.808
SVM,0.798,0.763,0.762,0.763
神经网络,0.812,0.801,0.824,0.812

图10-23 在记事本中编辑CSV代码

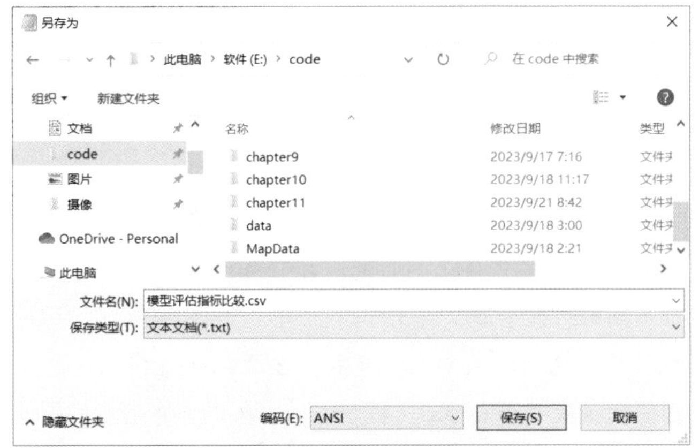

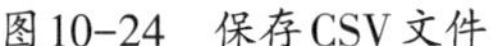
图 10-24　保存CSV文件

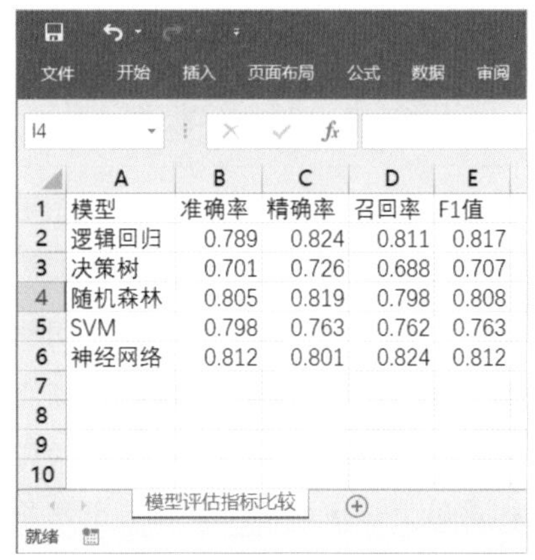

	A	B	C	D	E
1	模型	准确率	精确率	召回率	F1值
2	逻辑回归	0.789	0.824	0.811	0.817
3	决策树	0.701	0.726	0.688	0.707
4	随机森林	0.805	0.819	0.798	0.808
5	SVM	0.798	0.763	0.762	0.763
6	神经网络	0.812	0.801	0.824	0.812

图 10-25　使用Excel打开CSV文件

10.3 本章总结

本章介绍了如何准备和制作数据学术报告、学术论文。我们首先学习了如何使用Jupyter Notebook来撰写学术论文，包括设置文档结构和导出文档。接着，我们探讨了如何使用ChatGPT工具来辅助制作报告，包括绘制思维导图和制作电子表格。通过示例，我们展示了如何使用Markdown和PlantUML来绘制思维导图，以及如何创建模型评估指标比较的表格。这些技能对于将数据分析结果清晰、简洁地呈现给他人及进行学术研究和报告都非常有用。通过学习本章内容，读者能够更有效地组织和展示数据科学成果。

11 第11章 实战训练营

在本章中，我们将深入研究两个实际案例，展示如何应用数据分析和可视化技巧来解决实际问题。这些案例将帮助读者将之前学到的知识应用到实际情境中，加深对数据分析的理解。

11.1 案例1：用t检验评估X药品治疗效果对比分析

这个案例将教我们如何在Python语言中执行t检验，评估药物治疗效果，并对结果进行解释和可视化呈现。它是一个典型的实际数据分析案例，将帮助科研人员理解如何应用统计方法来解决医疗领域的问题。

（1）背景：

在本案例中，我们将探讨一种新药物（X药）的治疗效果。我们希望确定这种药物是否在患者的治疗中表现出显著的效果，以及与对照组相比是否有统计学上的差异。

（2）目标：

- 评估X药在治疗组中的平均治疗效果。
- 与对照组进行比较，判断治疗组是否显著优于对照组。
- 使用t检验来进行统计检验，确定差异是否显著。

（3）案例实现步骤：

- 数据准备；
- 假设检验；
- 结果解释；
- 可视化。

11.1.1 步骤1：数据准备

我们获取的数据是"clinical_trial_data.csv"文件，该文件的部分内容如图11-1所示，注意该文件的字符集编码为GBK。

该文件中包含了三个关键列，具体的解释如下。

- Patient_ID（患者ID）：这一列是患者的唯一标识符，每个患者都有一个独特的ID。
- Treatment_Group（治疗组）：这一列是每位患者所属的治疗组。有两个可能的取值，即“治疗组”和“对照组”，表示患者随机分配到了这两个不同的治疗组中。
- Treatment_Effect（治疗效果）：这一列是与每位患者相关的治疗效果数据。治疗效果通常是一个数值，用于衡量治疗对患者的影响。正值表示治疗效果增强，负值表示治疗效果减弱。

读取“clinical_trial_data.csv”文件的代码如下。

```
# 使用 pandas 读取 CSV 文件，指定文件编码为 GBK
import pandas as pd
clinical_data = pd.read_csv("data/clinical_trial_data.csv", encoding="GBK")

# 查看数据的前几行
print(clinical_data.head())
```

运行上述代码，结果如图11-2所示。

	A	B	C
1	Patient_ID	Treatment_Group	Treatment_Effect
2	1	治疗组	-2.687042816
3	2	治疗组	1.243551107
4	3	治疗组	1.60174933
5	4	对照组	-2.777784824
6	5	治疗组	-1.428713718
7	6	对照组	-0.648122105
8	7	对照组	1.381285991
9	8	对照组	0.501095803
10	9	治疗组	2.014704542
11	10	治疗组	1.146469369
12	11	对照组	-1.831621038
13	12	对照组	2.622194897
14	13	对照组	1.977452629
15	14	治疗组	3.307857372
16	15	对照组	-2.881610467
17	16	治疗组	3.894712868
18	17	对照组	3.473872354
19	18	治疗组	0.774966651
20	19	治疗组	4.560067944
21	20	治疗组	3.075766624
22	21	治疗组	-0.949207616

图11-1 clinical_trial_data.csv文件（部分）

	Patient_ID	Treatment_Group	Treatment_Effect
0	1	治疗组	-2.687043
1	2	治疗组	1.243551
2	3	治疗组	1.601749
3	4	对照组	-2.777785
4	5	治疗组	-1.428714

图11-2 运行结果

11.1.2 步骤2：假设检验

假设检验是统计学中一种常用的推断性统计方法，用于评估关于总体或总体参数的统计假设是否成立。它帮助我们通过样本数据作出关于总体的推断，判断某种效应是否存在，并在统计显著性水平上进行判断。

本案例我们采用t检验。t检验是一种统计假设检验方法，用于比较两组数据的均值是否存在显著差异。

t检验通常用于以下情况。

（1）比较两个样本的均值：当我们有两组数据，想知道它们的均值是否有显著差异时，可以使用t检验。

（2）确定一个样本的均值是否不同于已知的理论值：我们可以使用t检验来验证一个样本的均值是否与某个理论值或已知的参考值存在显著性差异。

t检验的基本思想是通过比较样本均值与样本标准误差之间的比值（t值）来评估均值之间的差异是否显著。

通常，t检验的步骤如下。

（1）提出假设：建立零假设（H0）和备择假设（H1），其中H0表示没有显著差异，H1表示存在显著差异。

（2）计算t值：通过将样本均值之差除以标准误差来计算t值。t值表示观察到的差异相对于样本误差的大小。

（3）计算自由度：自由度用于确定t分布的形状。它取决于样本大小和研究设计。

（4）计算p值：使用t值和自由度计算出p值，p值表示观察到的差异在零假设下出现的概率。较小的p值表示较强的证据支持备择假设。

（5）做出决策：根据p值与显著性水平的比较，可以决定是否拒绝零假设。如果p值小于显著性水平（通常为0.05），则拒绝零假设，认为存在显著差异。

t检验可以应用于许多领域，包括医学、社会科学、自然科学等，以评估两组数据之间的差异是否具有统计学意义。它是一种常见的统计工具，用于研究和决策分析。

以下是进行假设检验（t检验）的Python代码，用于比较治疗组和对照组的平均治疗效果是否存在显著差异。

```
# 按治疗组分割数据
treatment_group = clinical_data['Treatment_Group']                        ①
treatment_effect = clinical_data['Treatment_Effect']                      ②

# 计算治疗组和对照组的平均治疗效果
mean_treatment = treatment_effect[treatment_group == '治疗组'].mean()     ③
mean_control = treatment_effect[treatment_group == '对照组'].mean()       ④

# 进行假设检验（t 检验）来评估治疗效果
from scipy import stats                                                   ⑤
t_test_result = stats.ttest_ind(treatment_effect[treatment_group == '治疗组'],
                                treatment_effect[treatment_group == '对照组'])
                                                                          ⑥

# 输出结果
```

```
print(" 治疗组的平均治疗效果 :", mean_treatment)
print(" 对照组的平均治疗效果 :", mean_control)
print("t 检验结果 :")
print(t_test_result)
```

上述代码的解释如下。

代码第①行和第②行从clinical_data数据框中提取出治疗组(Treatment_Group)和治疗效果(Treatment_Effect)这两列数据，并将它们存储在名为treatment_group和treatment_effect的变量中，以便后续分析使用。

代码第③行计算了治疗组的平均治疗效果。它使用了条件索引，只选择了治疗组的数据进行平均值计算，并将结果存储在mean_treatment变量中。

代码第④行计算了对照组的平均治疗效果，并将结果存储在mean_control变量中。

代码第⑤行导入scipy模块中的stats，为后续的t检验做准备。scipy模块是Python中的一个重要的科学计算模块，提供了大量的科学计算、工程计算、数据分析方面的算法和函数。

代码第⑥行执行了t检验(假设检验)，比较了治疗组和对照组的平均治疗效果是否存在显著差异。ttest_ind函数中有两个样本，分别是治疗组和对照组的治疗效果数据。它会计算t值、自由度(df)、p-value等统计信息。

这段代码的主要目的是进行t检验，比较两组数据的平均值是否存在显著差异，并将结果输出到控制台中，以帮助判断治疗效果是否显著。

上述代码运行的结果如下。

```
治疗组的平均治疗效果： 0.48645788603952317
对照组的平均治疗效果： -0.08402642917276239 t
检验结果：
TtestResult(statistic=1.417123502791191, p-value=0.15961816144139054, df=98.0)
```

11.1.3 步骤3：结果解释

进行t检验后，我们会得到一些统计信息，包括t值、自由度(df)、p-value等，具体的解释如下。

- t值(t-statistic)：t值是用来衡量两组数据均值之间差异的统计量。它的绝对值越大，表示两组数据的均值差异越显著。在t检验中，我们关注t值的绝对值。
- 自由度(Degrees of Freedom，df)：自由度是用来确定t分布的参数之一。它的值取决于样本大小和假设检验的类型。在t检验中，自由度通常等于两个样本的大小之和减2(df = n1 + n2 − 2)，其中n1和n2分别是两个样本的大小。
- p-value(p-值)：p-value是一个非常重要的统计指标，用于判断假设检验的结果是否显著。

它表示在零假设成立的情况下，观察到样本数据或更极端情况的概率。通常，如果p-value小于预先设定的显著性水平（通常是0.05或0.01），我们拒绝零假设，认为两组数据的均值存在显著差异。如果p-value大于显著性水平，我们接受零假设，认为没有显著差异。

对步骤2运行结果的解释如下。

（1）治疗组的平均治疗效果：0.4864579：这是治疗组中患者的平均治疗效果值，表示在治疗组中患者的平均治疗效果是0.4864579。

（2）对照组的平均治疗效果：-0.08402643：这是对照组中患者的平均治疗效果值，表示在对照组中患者的平均治疗效果是-0.08402643。可以看出，治疗组的平均治疗效果略高于对照组。

（3）t检验结果：关于t检验的结果。

11.1.4 步骤4：可视化

通过可视化方式呈现分析结果，以便更好地理解和传达研究的结论。在这个案例中，由于我们采用t检验比较两组的治疗效果，可视化可以帮助我们更清晰地展示结果。

我们可以使用柱状图或箱线图来比较治疗组和对照组的治疗效果分布。这些图表可以帮助科研人员直观地看到两组数据的差异。

以下是一些可能用于可视化治疗组和对照组治疗效果分布的示例代码，使用了Seaborn库进行绘图。请注意，这些代码只是示例，读者可以根据需要进行自定义和扩展。

示例代码如下。

```
import matplotlib.pyplot as plt
import seaborn as sns
import matplotlib
matplotlib.rcParams['font.sans-serif'] = ['SimHei'] # 设置中文字符显示
matplotlib.rcParams['axes.unicode_minus'] = False    # 设置负号显示

# 提取需要用于可视化的数据
data = clinical_data[['Treatment_Group','Treatment_Effect']]

# 创建柱状图
ax = sns.barplot(x='Treatment_Group', y='Treatment_Effect',
data=data,errorbar=None)
ax.set_xlabel('组别')
ax.set_ylabel('平均治疗效果')
ax.set_title('治疗组和对照组治疗效果对比')

plt.show()
```

在上述示例代码中，第一个示例绘制了一个柱状图（见图11-3），显示了治疗组和对照组的平均治疗效果，并使用颜色对两组进行了区分。

读者可以根据需要进一步自定义这些图表，添加标签、颜色、图例等，以便更好地呈现你的分析结果。

此外，我们还可以绘制一个箱线图来比较治疗组和对照组治疗效果的分布情况，如图11-4所示。

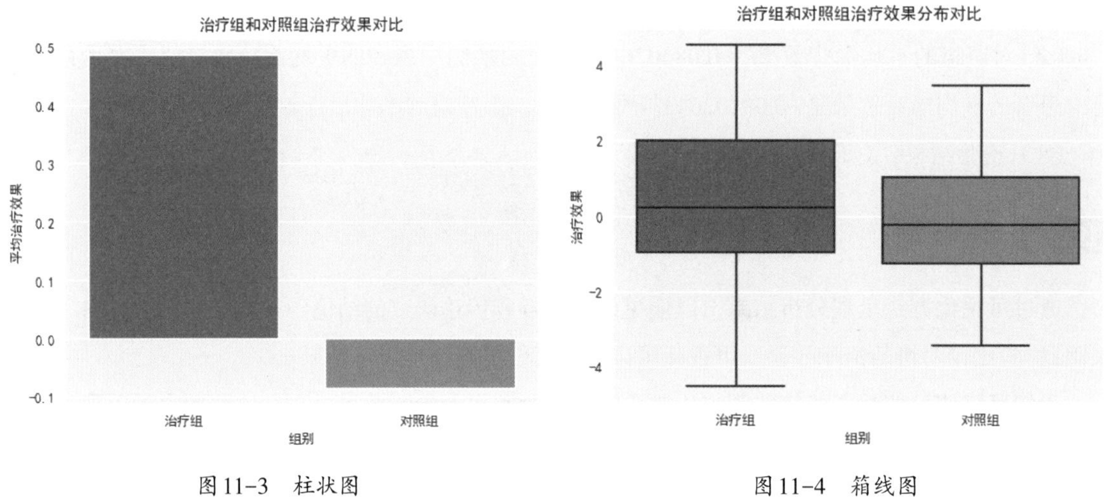

图11-3　柱状图　　　图11-4　箱线图

11.2 案例2：美国大豆品种数据集可视化分析

大豆是世界上最重要的粮食作物之一，美国是一个世界性的大豆生产和出口国。不同大豆品种的识别对确保食品安全及大豆生产和贸易至关重要。

本案例使用公开的美国大豆品种数据集Soybean.csv，该数据集收录了669个大豆样本，每个样本包含35个形态和病害相关的特征。我们对数据集进行可视化分析，以便更深入地了解不同大豆品种的特征分布。

我们尝试从以下几个方面进行可视化分析。

（1）可以绘制不同大豆品种样本数量的柱状图或饼图，展示类别分布。

（2）可以通过散点图、相关性热图等观察不同特征之间的关系。

（3）可以使用箱线图、小提琴图等比较不同大豆品种在某一属性指标上的差异。

（4）可以尝试使用矩阵散点图分析多个不同特征之间的相互影响。

11.2.1 步骤1：数据准备

我们获取的数据是“Soybean.csv”文件，该文件的部分内容如图11-5所示。

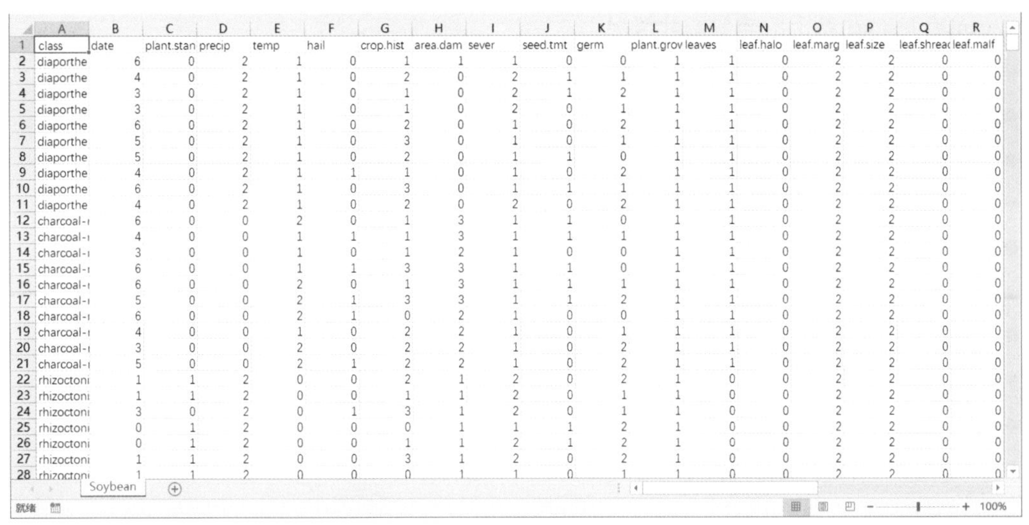

	A	B	C	D	E	F	G	H	I	J	K	L	M	N	O	P	Q	R
1	class	date	plant.stan	precip	temp	hail	crop.hist	area.dam	sever	seed.tmt	germ	plant.grov	leaves	leaf.halo	leaf.marg	leaf.size	leaf.shreac	leaf.malf
2	diaporthe	6	0	2	1	0	1	1	1	0	0	1	1	0	2	2	0	0
3	diaporthe	4	0	2	1	0	2	0	2	1	1	1	1	0	2	2	0	0
4	diaporthe	3	0	2	1	0	1	0	2	1	2	1	1	0	2	2	0	0
5	diaporthe	3	0	2	1	0	1	0	2	0	1	1	1	0	2	2	0	0
6	diaporthe	6	0	2	1	0	2	0	1	0	2	1	1	0	2	2	0	0
7	diaporthe	5	0	2	1	0	3	0	1	0	1	1	1	0	2	2	0	0
8	diaporthe	5	0	2	1	0	2	0	1	1	0	1	1	0	2	2	0	0
9	diaporthe	4	0	2	1	1	1	0	1	0	2	1	1	0	2	2	0	0
10	diaporthe	6	0	2	1	0	3	0	1	1	1	1	1	0	2	2	0	0
11	diaporthe	4	0	2	1	0	2	0	2	0	2	1	1	0	2	2	0	0
12	charcoal-	6	0	0	2	0	1	3	1	1	0	1	1	0	2	2	0	0
13	charcoal-	4	0	0	1	1	1	3	1	1	1	1	1	0	2	2	0	0
14	charcoal-	3	0	0	1	0	1	2	1	0	0	1	1	0	2	2	0	0
15	charcoal-	6	0	0	1	1	3	3	1	1	0	1	1	0	2	2	0	0
16	charcoal-	6	0	0	2	0	1	3	1	1	1	1	1	0	2	2	0	0
17	charcoal-	5	0	0	2	1	3	3	1	1	2	1	1	0	2	2	0	0
18	charcoal-	6	0	0	2	1	0	2	1	0	0	1	1	0	2	2	0	0
19	charcoal-	4	0	0	1	0	2	2	1	0	1	1	1	0	2	2	0	0
20	charcoal-	3	0	0	2	0	2	2	1	0	2	1	1	0	2	2	0	0
21	charcoal-	5	0	0	2	1	2	2	1	0	2	1	1	0	2	2	0	0
22	rhizoctoni	1	1	2	0	0	2	1	2	0	2	1	0	0	2	2	0	0
23	rhizoctoni	1	1	2	0	0	1	1	2	0	1	1	0	0	2	2	0	0
24	rhizoctoni	3	0	2	0	1	3	1	2	0	1	1	0	0	2	2	0	0
25	rhizoctoni	0	1	2	0	0	0	1	1	1	2	1	0	0	2	2	0	0
26	rhizoctoni	0	1	2	0	0	1	1	2	1	2	1	0	0	2	2	0	0
27	rhizoctoni	1	1	2	0	0	3	1	2	0	2	1	0	0	2	2	0	0
28	rhizoctoni	1	1	2	0	0	0	1	1	0	1	1	0	0	2	2	0	0

图 11-5　Soybean.csv 文件（部分）

Soybean数据集的所有特征属性说明如下。

- class：类别标签，表示每个样本所属的类别，通常用于分类任务。
- date：数据记录的日期或时间戳，用于跟踪数据采集的时间。
- plant.stand：大豆植株的生长状态或植株的立场。
- precip：观察期间的降水量或降雪量。
- temp：观察期间的气温。
- hail：是否有冰雹发生。
- crop.hist：大豆作物的历史或种植历史情况。
- area.dam：植株所在地区的损坏程度。
- sever：植株的损坏严重性。
- seed.tmt：种子处理情况。
- germ：大豆种子的发芽情况。
- plant.growth：大豆植株的生长状态。
- leaves：大豆植株叶子的数量。
- leaf.halo：叶子周围的光环或边缘情况。
- leaf.marg：叶子的边缘状态或特征。
- leaf.size：叶子的大小。
- leaf.shread：叶子的撕裂或损坏情况。
- leaf.malf：叶子的异常情况。
- leaf.mild：叶子的疾病或病害情况。
- stem：植株茎的信息。
- lodging：植株倾斜或倒伏情况。
- stem.cankers：植株茎上的病变情况。

- canker.lesion：茎上的病变病灶情况。
- fruiting.bodies：产生水果体的情况。
- ext.decay：外部腐烂情况。
- mycelium：真菌丝状体的情况。
- int.discolor：内部褪色或变色情况。
- sclerotia：硬块体的情况。
- fruit.pods：水果荚的信息。
- fruit.spots：水果上的斑点情况。
- seed：种子的信息。
- mold.growth：霉菌生长情况。
- seed.discolor：种子的褪色或变色情况。
- seed.size：种子的大小。
- shriveling：植株或种子的皱缩情况。
- roots：植株根部的信息。

读取的数据代码如下。

```
# 导入 pandas 模块
import pandas as pd
# 读取 CSV 文件
# 读取 Soybean 数据集
data = pd.read_csv('data/Soybean.csv')
data
```

上述代码的运行结果如图 11-6 所示。

	class	date	plant.stand	precip	temp	hail	crop.hist	area.dam	sever	seed.tmt	...	int.discolor	sclerotia	fruit.pods	fruit.spots	seed	mold.growth
0	diaporthe-stem-canker	6.0	0.0	2.0	1.0	0.0	1.0	1.0	1.0	0.0	...	0.0	0.0	0.0	4.0	0.0	0.0
1	diaporthe-stem-canker	4.0	0.0	2.0	1.0	0.0	2.0	0.0	2.0	1.0	...	0.0	0.0	0.0	4.0	0.0	0.0
2	diaporthe-stem-canker	3.0	0.0	2.0	1.0	0.0	1.0	0.0	2.0	1.0	...	0.0	0.0	0.0	4.0	0.0	0.0
3	diaporthe-stem-canker	3.0	0.0	2.0	1.0	0.0	1.0	0.0	2.0	0.0	...	0.0	0.0	0.0	4.0	0.0	0.0
4	diaporthe-stem-canker	6.0	0.0	2.0	1.0	0.0	2.0	0.0	1.0	0.0	...	0.0	0.0	0.0	4.0	0.0	0.0
...	...	...	...	...	...	...	...	...	...	...	...	...	...	...	...	...	...
678	2-4-d-injury	0.0	NaN	NaN	NaN	NaN	NaN	2.0	NaN	NaN	...	NaN	NaN	NaN	NaN	NaN	NaN
679	herbicide-injury	0.0	1.0	NaN	0.0	NaN	0.0	0.0	NaN	NaN	...	NaN	NaN	3.0	NaN	NaN	NaN
680	herbicide-injury	2.0	1.0	NaN	0.0	NaN	0.0	0.0	NaN	NaN	...	NaN	NaN	3.0	NaN	NaN	NaN
681	herbicide-injury	0.0	1.0	NaN	0.0	NaN	1.0	3.0	NaN	NaN	...	NaN	NaN	3.0	NaN	NaN	NaN
682	herbicide-injury	2.0	1.0	NaN	0.0	NaN	1.0	3.0	NaN	NaN	...	NaN	NaN	3.0	NaN	NaN	NaN

683 rows × 36 columns

图 11-6　运行结果（部分）

11.2.2 步骤2：清洗数据

仔细查看运行结果，会发现其中有很多NA数据，这些数据需要清洗，示例代码如下。

```
data = pd.read_csv('data/Soybean.csv', dtype={'precip': float, 'temp': float})
# 填充数值特征的空值
for col in data.columns:
    if data[col].dtype != 'object':
        median = data[col].median()
        data[col].fillna(median, inplace=True)

# 填充类别特征的空值
data = data.fillna('Unknown')
data
```

上述代码的运行结果如图11-7所示。

	class	date	plant.stand	precip	temp	hail	crop.hist	area.dam	sever	seed.tmt	...	int.discolor	sclerotia	fruit.pods	fruit.spots	seed	mold.growth
0	diaporthe-stem-canker	6.0	0.0	2.0	1.0	0.0	1.0	1.0	1.0	0.0	...	0.0	0.0	0.0	4.0	0.0	0.0
1	diaporthe-stem-canker	4.0	0.0	2.0	1.0	0.0	2.0	0.0	2.0	1.0	...	0.0	0.0	0.0	4.0	0.0	0.0
2	diaporthe-stem-canker	3.0	0.0	2.0	1.0	0.0	1.0	0.0	2.0	1.0	...	0.0	0.0	0.0	4.0	0.0	0.0
3	diaporthe-stem-canker	3.0	0.0	2.0	1.0	0.0	1.0	0.0	2.0	0.0	...	0.0	0.0	0.0	4.0	0.0	0.0
4	diaporthe-stem-canker	6.0	0.0	2.0	1.0	0.0	2.0	0.0	1.0	0.0	...	0.0	0.0	0.0	4.0	0.0	0.0
...	...	...	...	...	...	...	...	...	...	...	...	...	...	...	...	...	...
678	2-4-d-injury	0.0	0.0	2.0	1.0	0.0	2.0	2.0	1.0	0.0	...	0.0	0.0	0.0	0.0	0.0	0.0
679	herbicide-injury	0.0	1.0	2.0	0.0	0.0	0.0	0.0	1.0	0.0	...	0.0	0.0	3.0	0.0	0.0	0.0
680	herbicide-injury	2.0	1.0	2.0	0.0	0.0	0.0	0.0	1.0	0.0	...	0.0	0.0	3.0	0.0	0.0	0.0
681	herbicide-injury	0.0	1.0	2.0	0.0	0.0	1.0	3.0	1.0	0.0	...	0.0	0.0	3.0	0.0	0.0	0.0
682	herbicide-injury	2.0	1.0	2.0	0.0	0.0	1.0	3.0	1.0	0.0	...	0.0	0.0	3.0	0.0	0.0	0.0

683 rows × 36 columns

图 11-7　运行结果

11.2.3 不同大豆品种的样本数量分布柱状图

根据不同大豆品种样本数量分布的柱状图，我们可以熟悉和了解以下几个方面的内容。

（1）数据集中的大豆品种构成：通过查看柱状图的横轴和柱子数量，可以了解数据集中包含了哪些大豆品种，共有多少种大豆品种。

（2）每个品种的样本量：柱状图直观显示了每个品种对应的样本数量的多少，可以快速对比不同品种的样本量。

（3）样本数量的分布情况：看柱状图的柱子高度分布，来判断数据集中不同品种的样本数量分布是否均匀，存在哪些数据分布不平衡的情况。

示例代码如下。

```
import pandas as pd
import seaborn as sns
import matplotlib.pyplot as plt

# 数据处理
...
plt.figure(figsize=(10, 8))
sns.set_style('darkgrid',{'font.sans-serif':['SimHei','Arial']})

ax = sns.countplot(x="Class", data=data)
ax.set_xticklabels(ax.get_xticklabels(), rotation=40, ha="right")

ax.set_xlabel(' 大豆品种 ')
ax.set_ylabel(' 样本数量 ')
ax.set_title(' 不同大豆品种的样本数量分布 ')
```

运行上述代码，生成的柱状图如图 11-8 所示。

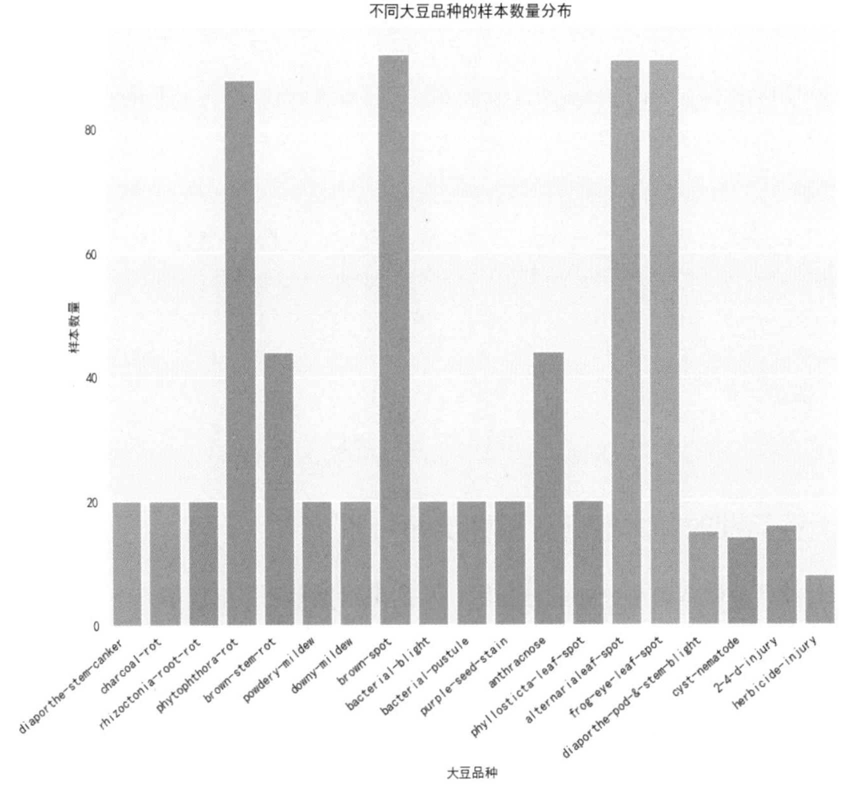

图 11-8　不同大豆品种的样本数量分布柱状图

11.2.4 叶边缘、撕裂、畸形三者相关性分析

对大豆的叶边缘（leaf.marg）、撕裂（leaf.shread）和畸形（leaf.malf）三个特征相关性的研究，可以帮我们解决如下问题。

（1）探索植物发育机理：研究不同叶片特征的相关性，可以揭示植物发育过程中的内在关联，理解不同生理症状的成因机制。

（2）评估生长环境和处理的影响：比较同一植株在不同生长环境或处理条件下这三个特征的相关性变化，可以评估外界条件对植物发育的影响。

（3）为进一步研究提供方向：相关性的差异可提示需要进一步研究的问题，如探究相关性变化的具体机制。

（4）发现新现象：相关性分析可能发现植物学界尚未注意到的特征关联，为进一步的新发现提供线索。

示例代码如下。

```
import seaborn as sns
import matplotlib.pyplot as plt

# 设置中文字体和负号正常显示
plt.rcParams['font.family'] = ['SimHei']
plt.rcParams['axes.unicode_minus'] = False

# 选择数据
columns = ['leaf.marg', 'leaf.shread', 'leaf.malf']
sub_data = data[columns]

# 计算相关性矩阵
corr_matrix = sub_data.corr()

# 绘制热力图
fig, ax = plt.subplots(figsize=(6, 6))
sns.heatmap(corr_matrix,
            annot=True,
            cmap='Blues',
            ax=ax)

# 设置标签
ax.set_title(' 叶片特征相关性 ')
ax.set_xlabel(' 特征 ')
ax.set_ylabel(' 特征 ')

plt.show()
```

运行上述代码，生成的热力图如图11-9所示。

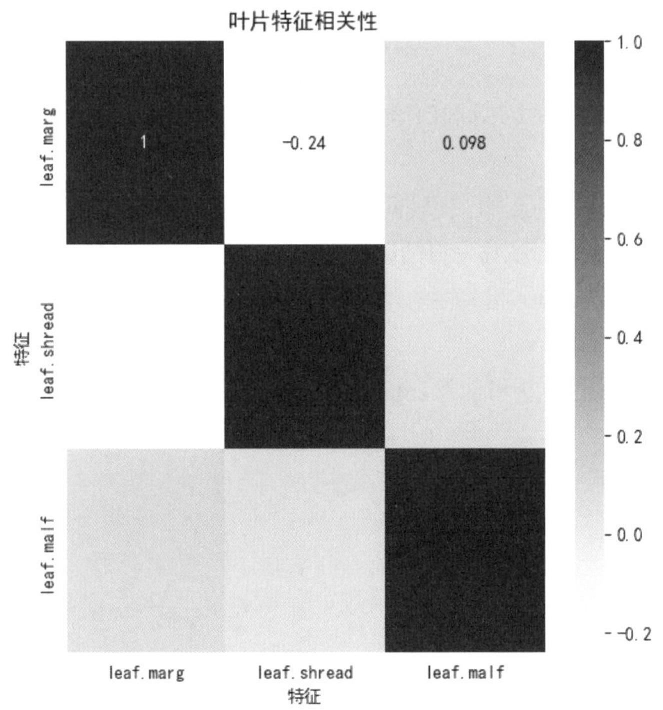

图11-9　叶边缘、撕裂、畸形三者相关性热力图

11.2.5 计算产量指数

为了比较不同大豆品种在某一属性指标上的差异，我们需要考察大豆的产量。然而，原始数据集中没有直接的产量这一数值列，所以我们可以使用与产量相关的多个特征来合成一个产量指数，从而反映不同品种的产量水平。这里选择了三个特征。

（1）fruit.pods：果实豆荚数，反映产量多少。

（2）seed：种子数，也和产量相关。

（3）fruit.spots：果斑病症状，可能影响产量。

然后给每个特征赋予一个权重。

（1）fruit.pods：果荚数，直接反映产量水平，所以给了较高的权重0.5。

（2）seed：种子数，也是产量的关键指标，给了权重0.3。

（3）fruit.spots：果实斑点病症状，采用负权重-0.2，因为该特征与产量为负相关。

计算产量指数的代码如下。

```
import pandas as pd

data = pd.read_csv('data/Soybean.csv', dtype={'precip': float, 'temp': float})
```

```
# 填充数值特征的空值
for col in data.columns:
    if data[col].dtype != 'object':
        median = data[col].median()
        data[col].fillna(median, inplace=True)

# 填充类别特征的空值
data = data.fillna('Unknown')

# 构建产量指数
data['yield_index'] = data['fruit.pods'] * 0.5 + data['seed'] * 0.3 -
data['fruit.spots'] * 0.2
data
```

运行上述代码，输出结果如图11-10所示，可见增加了yield_index列。

temp	hail	crop.hist	area.dam	sever	seed.tmt	...	sclerotia	fruit.pods	fruit.spots	seed	mold.growth	seed.discolor	seed.size	shriveling	roots	yield_index
1.0	0.0	1.0	1.0	1.0	0.0	...	0.0	0.0	4.0	0.0	0.0	0.0	0.0	0.0	0.0	-0.8
1.0	0.0	2.0	0.0	2.0	1.0	...	0.0	0.0	4.0	0.0	0.0	0.0	0.0	0.0	0.0	-0.8
1.0	0.0	1.0	0.0	2.0	1.0	...	0.0	0.0	4.0	0.0	0.0	0.0	0.0	0.0	0.0	-0.8
1.0	0.0	1.0	0.0	2.0	0.0	...	0.0	0.0	4.0	0.0	0.0	0.0	0.0	0.0	0.0	-0.8
1.0	0.0	2.0	0.0	1.0	0.0	...	0.0	0.0	4.0	0.0	0.0	0.0	0.0	0.0	0.0	-0.8
...	...	...	...	...	...	...	...	...	...	...	...	...	...	...	...	...
1.0	0.0	2.0	2.0	1.0	0.0	...	0.0	0.0	0.0	0.0	0.0	0.0	0.0	0.0	0.0	0.0
0.0	0.0	0.0	0.0	1.0	0.0	...	0.0	3.0	0.0	0.0	0.0	0.0	0.0	0.0	1.0	1.5
0.0	0.0	0.0	0.0	1.0	0.0	...	0.0	3.0	0.0	0.0	0.0	0.0	0.0	0.0	1.0	1.5
0.0	0.0	1.0	3.0	1.0	0.0	...	0.0	3.0	0.0	0.0	0.0	0.0	0.0	0.0	1.0	1.5
0.0	0.0	1.0	3.0	1.0	0.0	...	0.0	3.0	0.0	0.0	0.0	0.0	0.0	0.0	1.0	1.5

图11-10　输出结果

11.2.6 不同大豆品种在产量上的差异

我们可以通过箱线图来分析不同大豆品种的产量差异。箱线图同样适用于比较不同品种在产量指标上的差异，主要可以从以下几个角度进行分析。

（1）比较中位数线：中位数线较高的品种产量水平较高。

（2）对比四分位距：四分位距表示产量的波动范围，可以看出品种间变异程度的差异。

（3）观察异常值：可以发现产量特别高或低的样本。

综合这几个角度，箱线图也可以清晰直观地显示不同大豆品种间在产量分布和变异方面的差异。

示例代码如下。

```
sns.set_style('darkgrid',{'font.sans-serif':['SimHei','Arial']})

# 先设置 figure 尺寸
plt.figure(figsize=(10, 8))

# 然后绘制箱线图
ax = sns.boxplot(x='Class', y='yield_index', data=data)

# 其他自定义设置
plt.setp(ax.get_xticklabels(), rotation=90)
ax.set_title('不同大豆品种的产量指数箱线图')
#   保存图片
plt.savefig('boxplt.png', dpi=300)
plt.show()
```

运行上述代码，生成的箱线图如图11-11所示。

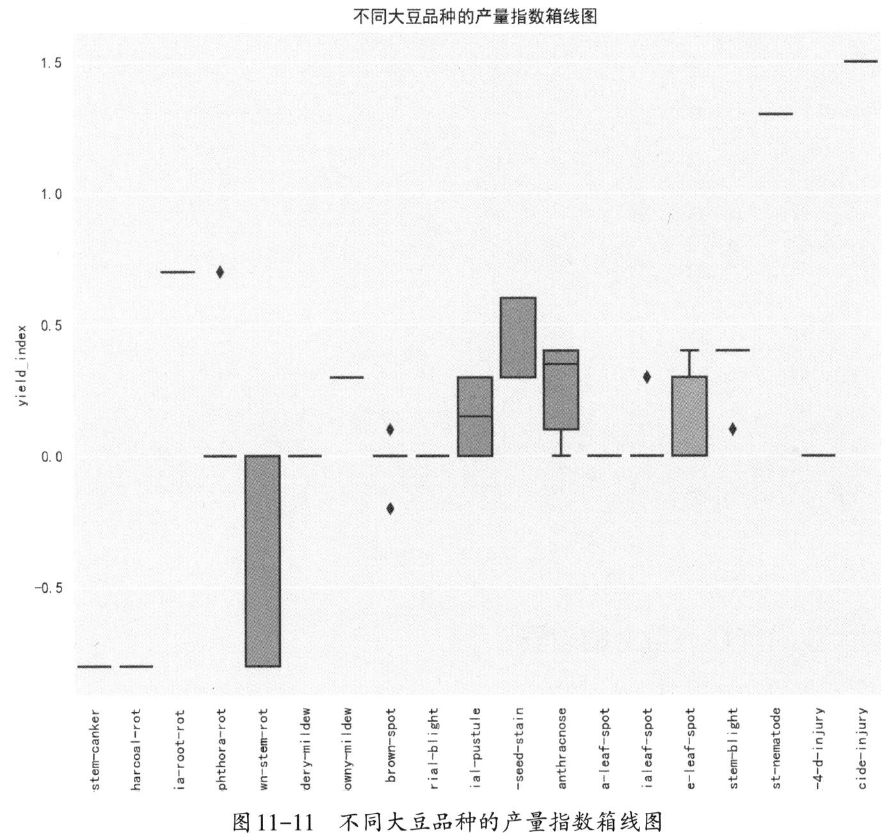

图 11-11　不同大豆品种的产量指数箱线图

11.2.7 大豆产量影响因素分析散点矩阵图

大豆是重要的经济作物，其产量受诸多因素的影响。为了分析影响大豆产量的关键因素，我们采用了多变量可视化分析的方法——散点矩阵图，同时展示了影响产量的多个因素之间的关系。多变量关系的全面可视化可以揭示产量变化的内在机制。本节通过Python代码绘制了大豆产量数据集的散点矩阵图，根据气候、土壤等不同类别因素，观察它们与产量指数的相关分布。分析结果发现，降水量和温度等气候因素是影响产量的主要限制因素，而土壤的透水性和肥力也有显著影响。我们还发现，温度和降水的交互作用会加剧产量的波动。

通过可视化分析，确定了影响大豆产量的关键环境因子及其机制，为改善产量水平提供了指导。

示例代码如下。

```
# 选择特征
num_features = ['precip', 'temp', 'yield_index']                    ①
# 绘制散点矩阵图
sns.pairplot(data[num_features], kind='scatter', diag_kind='kde')    ②

# 设置标题并显示图形
plt.suptitle(' 大豆产量影响因素分析散点矩阵图 ', y=1.05)
plt.tight_layout()
plt.show()
#  保存图片
plt.savefig('boxplt.png', dpi=300)
```

主要代码的解释如下。

代码第①行选择3个有代表性的特征，即precip（降水量）、temp（气温）和yield_index（产量指数），它是一个1～5之间的连续数值，值越大代表产量越好。

代码第②行使用sns.pairplot函数绘制散点矩阵图，其中kind='scatter'指定绘制散点图，diag_kind='kde'指定用对角线绘制每个特征的核密度估计图。

运行上述代码，生成的散点矩阵图如图11-12所示。

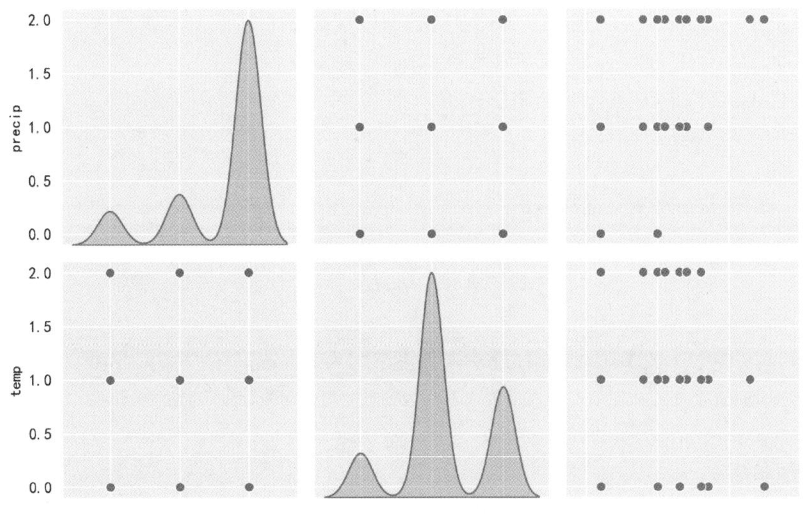

图11-12 散点矩阵图

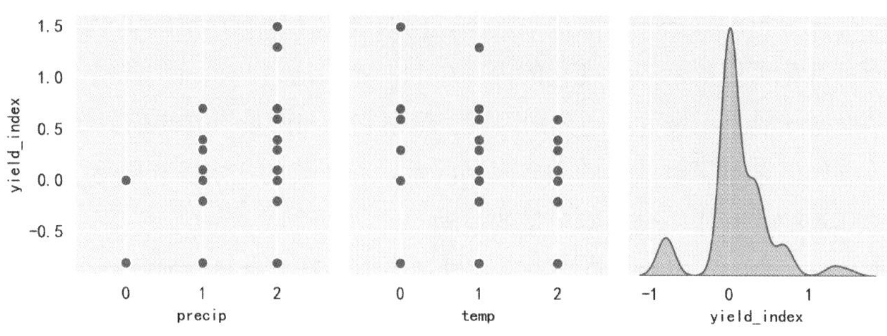

图 11-12　散点矩阵图（续）

从图 11-12 所示的散点矩阵图中我们分析的结果如下。

（1）从对角线的核密度图可以看出，降水量、温度和产量指数总体上都是右偏的分布。

（2）从降水量和温度的散点图可以看出，两者之间存在正相关，高温、高降水分布在图的右上部。

（3）从降水量和产量指数的散点图可以看出，两者之间存在较强的正相关，更多的高降水样本对应更高的产量指数。

（4）从温度和产量指数的散点图也可以看出，两者之间存在正相关，但相关性不如降水量强。

（5）综合来说，降水量是影响产量最关键的气候因素，温度的影响次之。两者结合会增强对产量的影响。

（6）根据正相关分布，我们可以采取增加降水量和适度控制温度的措施来提高大豆产量。

11.2.8 不同大豆品种在产量上的差异峰峦图

通过绘制不同大豆品种在产量上的差异峰峦图，可以帮助我们可视化不同大豆品种之间的产量分布，并显示它们之间的差异。

示例代码如下。

```
import numpy as np
import pandas as pd
import joypy
from matplotlib import pyplot as plt
import seaborn as sns

# 使用 Seaborn 调色板生成鲜艳的颜色
cmap = sns.color_palette("husl", as_cmap=True)

# 创建峰峦图
fig, axes = joypy.joyplot(data, by='Class', column='yield_index', figsize=(10,
8), colormap=cmap)                                    ①

# 设置图表标题和标签
plt.title('不同大豆品种的产量分布 Joyplot')
```

```
plt.xlabel('产量指数 (yield_index)')

# 保存峰峦图为图片文件
plt.savefig('joyplot.png', dpi=300, bbox_inches='tight')  # 将文件保存为PNG格式，dpi指定分辨率，bbox_inches='tight'用于确保图像边界适应图表

# 显示图形（如果需要）
plt.show()
```

主要代码的解释如下。

代码第①行使用joypy.joyplot()函数用于创建峰峦图。以下是该函数的各个参数的说明。

- data：要绘制的数据集，通常是一个DataFrame对象。这是要可视化的数据。
- by：指定数据分组的列，通常是一个分类变量。在峰峦图中，每个不同的分组将在同一图表中生成一条密度分布曲线。在代码中，by='Class' 表示根据"Class"列的不同取值来分组数据。
- column：指定要在峰峦图中显示的数值列。在代码中，column='yield_index' 表示要显示"yield_index"列的数据分布。
- figsize：一个元组，指定生成图表的尺寸。元组的两个值分别表示图表的宽度和高度。在代码中，figsize=(10, 8) 意味着生成的图表尺寸宽度为10个单位、高度为8个单位。
- colormap：用于指定颜色映射的参数。颜色映射将应用于不同分组的密度分布曲线，以区分它们。在代码中，colormap=cmap 使用了之前创建的 cmap 颜色映射对象。

运行上述代码，生成的图形如图 11-13 所示。

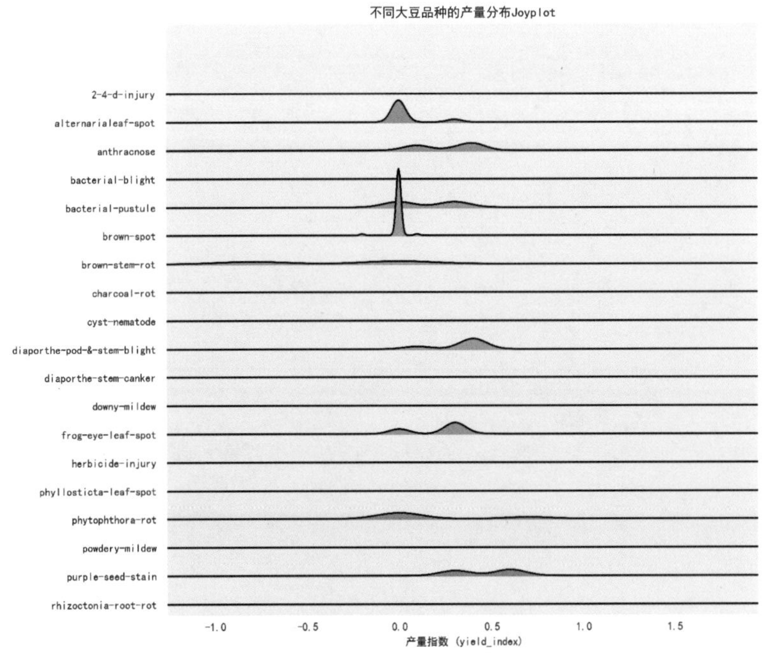

图 11-13　不同大豆品种在产量上的差异峰峦图

11.3 本章总结

本章提供了两个实际案例，展示了如何应用数据分析和可视化技巧来解决实际问题。首先，我们深入研究了X药品治疗效果的评估案例，包括数据准备、假设检验、结果解释和可视化。接着，我们转向了美国大豆品种数据集的可视化分析，包括数据准备、清洗数据、样本数量分布柱状图、相关性分析、计算产量指数、产量差异分析、散点矩阵图和峰峦图。这些案例展示了如何在实际问题中运用数据科学的方法，为读者提供了宝贵的实践经验。通过本章的学习，我们将更好地理解数据分析的实际应用和技巧，以及如何用它们来解决复杂问题。

附录
科研论文中图表的绘制与配色

在科研论文中，图表的绘制和配色是至关重要的，它们直接影响了论文的质量和可读性。以下是一些关于科研论文图表绘制和配色的基础指导。

1.1 选择合适的图表类型

以下是一些常见的图表类型及它们适用的情况。

1. 柱状图

用于比较不同类别或项目之间的数量。

适用于离散数据，如产品销售额、城市人口等。

2. 线图

用于显示随时间变化的数据趋势。

适用于连续数据，如股票价格、气温变化等。

3. 散点图

用于显示两个变量之间的关系或相关性。

适用于查看数据的分布和离群点。

4. 饼图

用于显示各部分相对于整体的比例。

适用于表达占比，但要注意避免使用过多的饼图。

5. 箱线图

用于显示数据的分布和统计信息，如中位数、四分位数和离群点。

适用于比较多个数据集的分布。

6. 热力图

用于显示矩阵数据的关系，通常通过颜色来表示数值。

适用于展示相关性或模式。

7. 雷达图

用于比较多个项目在多个维度上的性能。

适用于多维数据的可视化。

8. 直方图

用于显示数据的分布情况，特别是数据的频率分布。

适用于了解数据的形状和中心趋势。

9. 地图

用于地理数据可视化，显示地区的数据差异。

适用于地理空间分析和定位数据。

在选择图表类型时，需要考虑数据的性质、表达的目的及受众的需求。同时，也要注意避免滥用某种图表类型，确保图表的设计能够有效传达信息。

例如，为了比较不同产品销售额，我们可以使用如附图 1-1 所示的柱状图。每个产品对应一个条形，销售额在纵轴上表示。这种图表类型清晰地比较了不同产品的销售额。

附图 1-2 所示是用饼图来比较不同地区的销售额。由于饼图通常用于显示占比数据，而不适用于对不同类别之间的数量进行直接比较。因此，当我们需要精确对比各个扇区代表的销售额时，饼图可能不是最佳选择。

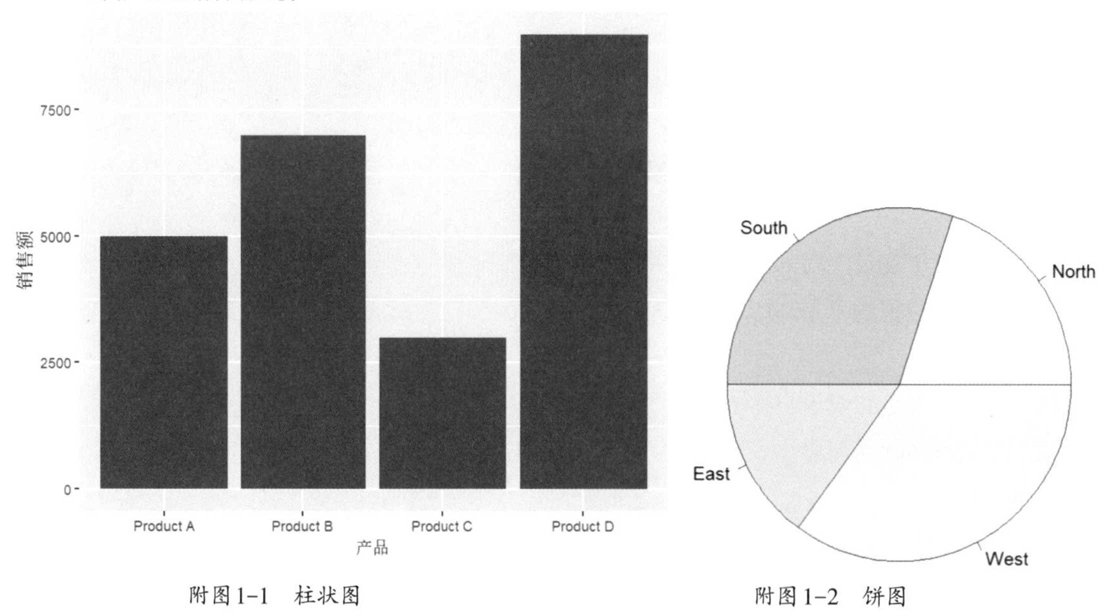

附图 1-1 柱状图　　附图 1-2 饼图

正确的方法是使用柱状图或条形图，因为它们可以清晰地显示不同地区之间的差异，更适合比较不同地区的销售额。

1.2 善于把握色彩

善于把握色彩是非常重要的，正确使用色彩可以提高图表的可读性和吸引力。

1.2.1 了解色彩的规律

无论我们能看到多少种色彩，实际上都是由三种颜色的光交映混合而成的，也就是我们所说的“光谱三原色”。而我们现在要讨论的色彩搭配理论知识建立在“物理三原色”的基础上（见附图1-3）。

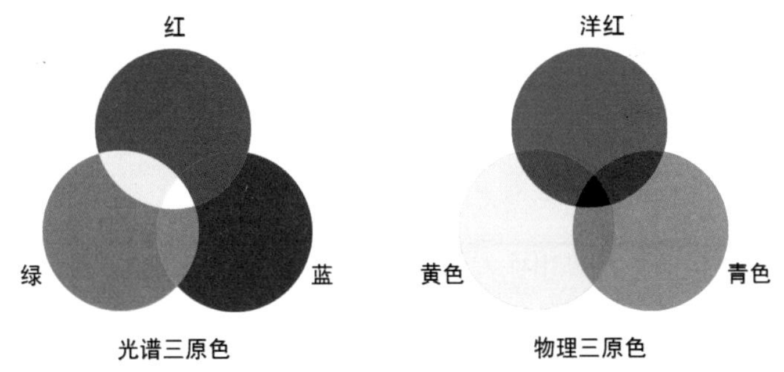

附图1-3　色彩的三原色

红、绿、蓝三原色之间相互独立而又密切相关，它们可以相互混合、过渡。我们将这三种颜色及它们之间的渐变称为色相环（见附图1-4）。色相环包含了所有可能的颜色，但仅限于颜色的基本属性。这个色相环是我们日后进行科研论文配图中的颜色选择和搭配的重要参考工具和样本。

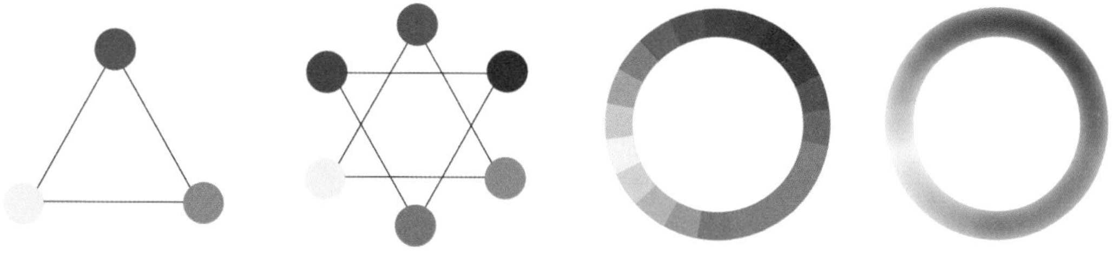

附图1-4　色相环的形成

色相环上的每一个色相都有两个发展趋势：一个是明暗变化，即逐渐变亮成为白色或逐渐变暗成为黑色；另一个是纯度（也称饱和度）变化，就是逐渐褪色变成灰色。我们可以通过Photoshop里的“色相/饱和度”工具来操作（见附图1-5）这两个属性。这样，我们就得到了一个球状立体的色谱，我们把它称为“色立体”，如附图1-6所示。

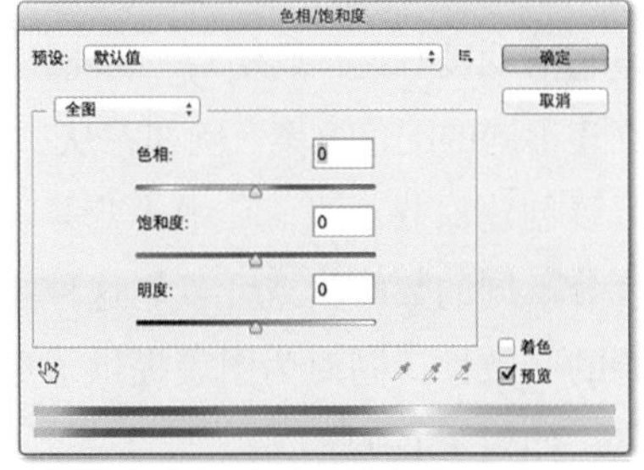

附图1-5　Photoshop里的“色相/饱和度”工具

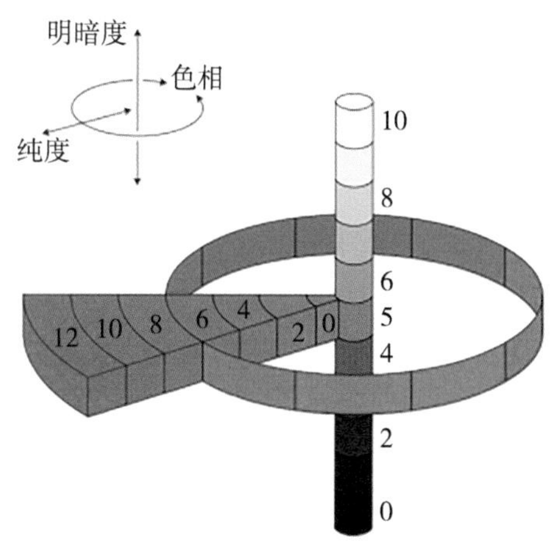

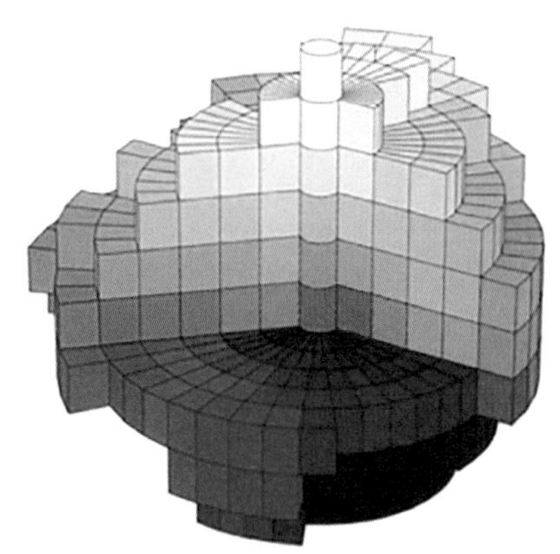

附图 1-6　色立体

掌握色彩立体的诀窍，就是以色相环为基础，所有的颜色在向圆心发展的过程中经历纯度的逐渐减弱，也就是逐渐褪色变成灰色；向上发展逐渐增加明度变成白色，向下发展逐渐减少明度变成黑色。由于圆心的色彩已经完全褪去，成为白色到黑色的渐变，白色、黑色及它们之间过渡的各种灰色我们统称为“无彩色”。

1.2.2 控制色调

需要明确一个观点：配图的本质不在于添加颜色，而在于控制颜色。具体来说，在一个图表中，不是颜色越多越好看。颜色越多，往往会导致视觉混乱，不容易给读者留下深刻的印象。因此，在学习绘制图表和进行配色时最关键的是学会掌握色调。无论内容多么丰富多变，我们都应该将它们限制在一个特定的色彩范围内，以保持整个图表的风格一致性。只要能够做到这一点，我们的图表绘制和配色就成功了一半，因此色调的理念非常重要。

如果我们想在科研论文图表的配套中使用不同的颜色，可以考虑以下方法。

方法一：明度或纯度的调整

我们可以选择一种基础颜色，然后通过调整它的明度（变亮或变暗）或纯度（饱和度）来创建不同的配色方案。例如，从一种蓝色开始，可以创建深蓝、浅蓝、中等蓝等不同的色调来区分不同的数据集或元素。这种方法保持了色调的一致性，同时为图表提供了更多的视觉变化，如附图 1-7 所示。

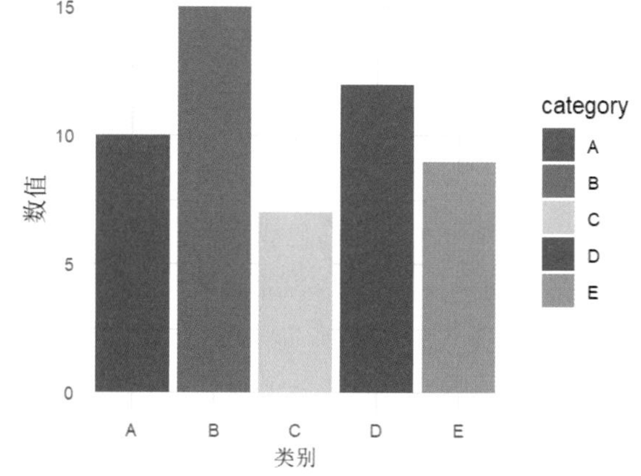

附图 1-7　明度或纯度的调整

方法二：邻近色或相似色

另一种方法是使用邻近色或相似色。邻近色或相似色都是针对色相环而言的，顾名思义，就是在色相环上邻近的或相似的颜色，如附图1–8所示。

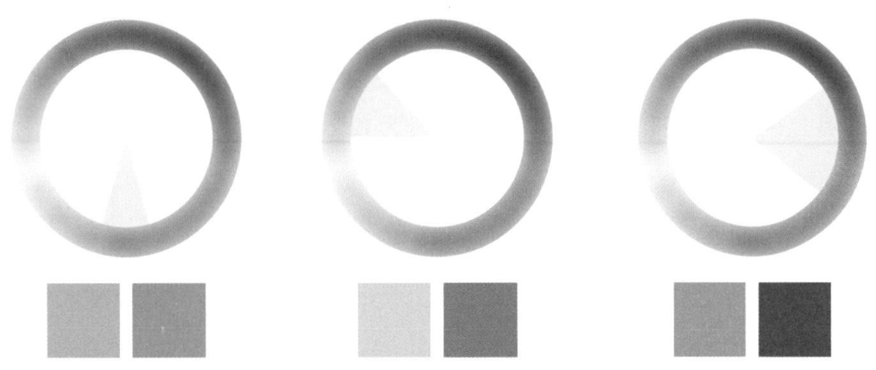

附图1–8　邻近色或相似色

邻近色一般在色相环上挨得比较近，因此色彩的差异比较小。

相似色就相对来说远一点，色彩差异比邻近色大一些。由于在色相环上的位置彼此接近，这些颜色看上去比较相像。这意味着选择色相环上接近或相似的颜色来进行配色。例如，我们可以选择蓝色和绿色，它们在色相环上是相邻的，以表示不同的数据集或元素，如附图1–9所示。

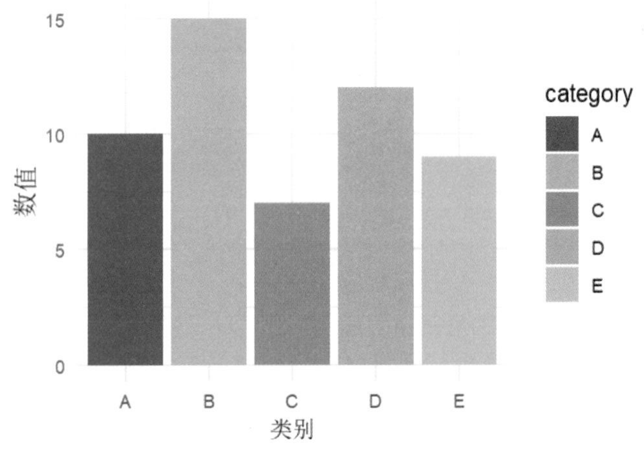

附图1–9　邻近色或相似色

1.3 字体和字号

在科研论文图表中，通常需要遵循一定的字体和字号规范，以确保图表的一致性和可读性。以下是一些常见的字体和字号规范。

1.3.1 主标题（图表标题）

主标题通常使用粗体字，字号一般为14号或更大，以突出图表的主题。示例如下。

- 主标题：14号粗体无衬线字体

1.3.2 坐标轴标签

坐标轴标签包括X轴标签和Y轴标签，字号通常为12号，使用无衬线字体，以确保标签清晰可读。示例如下。

- X轴标签：12号无衬线字体
- Y轴标签：12号无衬线字体

1.3.3 刻度标签

刻度标签是坐标轴上的数字或标记，字号通常为10号，使用无衬线字体，以清晰表示数值。示例如下。

- 刻度标签：10号无衬线字体

1.3.4 图例

图例包括图表中不同元素的标签，字号通常为12号，使用无衬线字体，以区分不同的元素。示例如下。

- 图例文本：12号无衬线字体
- 图例标题：12号无衬线字体

1.3.5 数据标注

如果图表中需要添加数据标注，字号通常应该比刻度标签稍大，以确保数据标注的可读性。示例如下。

- 数据标注：通常与刻度标签相近，根据需要可以略大于刻度标签。

1.4 标注清晰

图表上的每一个元素都需要标注清晰，包括标题、轴标签、图例等，以确保自解释性。附图1-10就是带有清晰标注的柱状图。

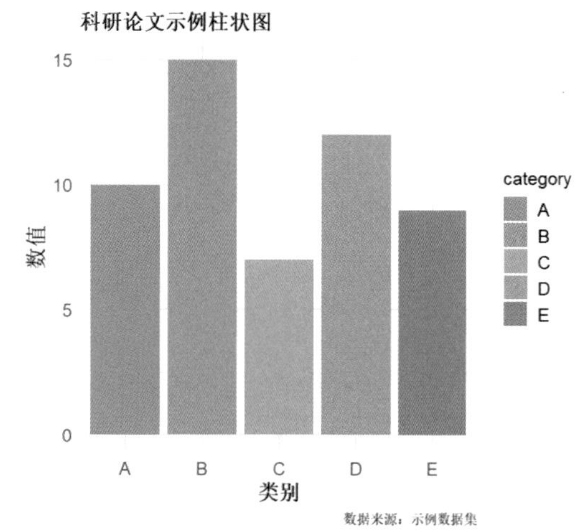

附图1-10　清晰标注的柱状图

1.5 分辨率足够

图表的分辨率最好在300～600dpi，以确保阅读和打印效果出色。使用矢量图形格式，以允许图像缩放而不失真。

1.6 布局规整

确保图表的布局规整，图表占比适中，边距充足，文字和图形排列紧凑但不拥挤，给人整洁美观的感觉。

为了确保科研论文图表的高分辨率和布局规整，我们可以使用以下方法。

（1）设置图像分辨率：在保存图表时，可以设置分辨率为300～600 dpi，以确保图像在打印和显示时具有良好的清晰度。

（2）使用矢量图形格式：推荐使用矢量图形格式，如PDF或SVG，以允许图像缩放而不失真。矢量图形基于数学描述，可以在不损失质量的情况下缩放到任意大小。

（3）调整图表布局：确保图表的布局规整，包括适当的边距、文字和图形的合理排列，以及整洁美观的感觉。

（4）控制图表大小：在保存图表时，通过设置图表的宽度和高度来控制图表的大小。确保图表占比适中，不要过于拥挤或过于稀疏。

1.7 风格一致

科研论文强调图表元素的一致性和清晰度。以下是一些关于如何绘制符合风格一致的科研论文图表的建议。

（1）颜色一致性：在图表中使用一致的颜色方案，以表示不同的数据系列或图表元素。可以使用明亮的颜色来突出重要信息，但不要过分使用鲜艳的颜色。

（2）线条一致性：如果需要在图表中使用线条，应确保线条的类型（如实线、虚线、点线等）和粗细一致。例如，在折线图中，使用相同类型和宽度的线来表示不同的数据系列。

（3）字体一致性：使用一致的字体风格和大小来标记图表元素，包括坐标轴标签、图例、数据标签等。字体应该足够大，以便于阅读，但不要太大以至于影响图表的清晰度。

（4）标记一致性：如果在图表中标记数据点或特殊事件，请使用一致的标记符号（如圆圈、方块、三角形等）。确保标记的大小和颜色在整个图表中一致。

（5）坐标轴一致性：在不同的图表中使用一致的坐标轴标度和刻度。这有助于比较不同图表中的数据。

（6）背景一致性：考虑使用白色或淡色的背景，以减少干扰并提高图表的可读性。整个文档的背景颜色应一致。

（7）图例一致性：如果使用图例来标识数据系列，请确保图例的位置、样式和字体一致。图例应该清晰地说明每个数据系列的含义。

（8）图表尺寸一致性：如果在同一篇论文中使用多个图表，请尽量保持它们的尺寸一致，以便于比较。

（9）避免过度装饰：确保图表简洁清晰，避免不必要的装饰。每个元素都应有明确的目的。

（10）测试可打印性：在提交论文之前，确保图表在打印时保持清晰和可读。打印时可能会出现颜色问题，因此要确保图表在黑白打印时也具有良好的可读性。

最重要的是，在绘制科研论文图表时，始终考虑读者的理解和传达信息的有效性。确保图表清晰、简洁且一致，以帮助读者更好地理解你的研究成果。